重庆科技学院人才引进科研启动项目（182001006）
国家自然科学基金面上项目“页岩气储层纳米尺度非均质性研究”（51674211）
国家自然科学基金重点项目 “致密气藏储层干化、提高气体渗流能力的基础研究”（51534006）

致密砂岩储层差异致密化机理及其对渗流的影响研究

ZHIMI SHAYAN CHUCENG CHAYI ZHIMIHUA JILI
JI QI DUI SHENLIU DE YINGXIANG YANJIU

王猛　唐洪明　著

吉林大学出版社
长春

图书在版编目（CIP）数据

致密砂岩储层差异致密化机理及其对渗流的影响研究 / 王猛，唐洪明著 . -- 长春：吉林大学出版社，2020.10

ISBN 978-7-5692-7297-0

Ⅰ . ①致… Ⅱ . ①王… ②唐… Ⅲ . ①致密砂岩－砂岩储集层－研究 Ⅳ . ① P618.130.2

中国版本图书馆 CIP 数据核字（2020）第 199629 号

书　　名：致密砂岩储层差异致密化机理及其对渗流的影响研究
ZHIMI SHAYAN CHUCENG CHAYI ZHIMIHUA JILI JI QI DUI SHENLIU DE YINGXIANG YANJIU
作　　者：王　猛　唐洪明　著
策划编辑：卢　婵
责任编辑：卢　婵
责任校对：单海霞
装帧设计：汤　丽
出版发行：吉林大学出版社
社　　址：长春市人民大街 4059 号
邮政编码：130021
发行电话：0431-89580028/29/21
网　　址：http：//www.jlup.com.cn
电子邮箱：jdcbs@jlu.edu.cn
印　　刷：广东虎彩云印刷有限公司
开　　本：787mm × 1092mm　　1/16
印　　张：18
字　　数：240 千字
版　　次：2020 年 10 月　第 1 版
印　　次：2020 年 10 月　第 1 次
书　　号：ISBN 978-7-5692-7297-0
定　　价：168.00 元

前 言

目前我国天然气对外依存度已达到45.3%，随着常规资源不断开发利用，加速开发非常规油气资源成为必然趋势，是我国油气发展的重要战略接替。苏里格气田作为我国最大的致密砂岩气田，二叠系纵向发育多套产气层，砂体叠置模式复杂、致密砂岩储层质量“因层而异”“因砂体而异”，储层层间/层内非均质性强、致密孔隙结构特征复杂等问题制约着其优质储层的预测和高效开发。目前，国内关于砂岩致密化的研究主要集中于砂岩成岩（致密）演化机理与成岩相划分、厘清不同尺度的层间/层内差异致密机理与控制因素、泥页岩隔夹层对砂岩致密化影响规律和表征差异致密化对储层渗流机理与控制程度等科学问题，力求明确致密砂岩气藏优质储层形成机理，为致密气藏预测提供理论基础。针上述科学问题，本书在总结前人研究成果的基础上，以苏里格气田东区上古生界二叠系盒8段、山1段和山2段致密砂岩储层为研究对象，以储层差异致密化机理为研究重点，利用电子探针、流体包裹体、高压压汞、恒速压汞、核磁共振和数字岩心等手段，结合测井–概率神经网络成岩相预测方法，开展了砂体结构、孔隙结构、成岩作用与演化和渗流机理等方面的差异性对比研究，建立沉积–成岩–成藏–渗流间耦合关系。取得主要成果如下。

（1）研究区山 2~ 盒 8 段储层沉积类型以辫状河、曲流河为主，发育心滩、边滩和河床滞留沉积等微相，具有 14 种典型砂体形态；砂岩以中、粗粒岩屑砂岩为主，不同微相间及微相内部砂岩岩屑、填隙物类型与含量差异大；储层具有低孔、特低孔，特低渗、超低渗特征，储层层内 / 层间孔隙度极差大于 4，渗透率极差大于 10，非均质性强。

（2）压实作用与胶结作用是储层普遍致密化的关键因素，欠压实和溶蚀相影响了优质储层的发育。根据孔隙发育程度、成岩路径和致密化主控因素等特征的差异，砂岩可划分为强压实相、强胶结相、欠压实相和溶蚀相等4类，细分为8种成岩演化模式。结合测井响应开展成岩相分布预测。

（3）基于普遍的砂体结构内的成岩相组合规律研究，针对特征砂体进行致密化分析，建立了差异致密化成因模式：薄层砂体及中厚层砂体顶 – 低界面砂岩在早成岩阶段 A 期受强压实致密化，同期在厚砂体内部形成欠压实相，发育绿泥石环边胶结；随着埋藏增大，在持续压实和有机质生烃作用下，早成岩阶段 A 期晚期率先在砂岩边界形成 0.1~ 1.5 m 方解石胶结相；储层经历了二期油气充，充注期有机酸与 CO_2 等对长石等颗粒溶蚀，形成了溶蚀相；溶蚀作用后发育胶结作用，中成岩 A 期、中成岩 B 期酸性环境中形成了石英加大边胶结相、自生石英胶结相；中成岩 B 晚期随着流体 pH 值增高，形成铁方解石胶结相，溶蚀成岩相和铁方解石胶结相主要发育在厚层砂体中部。

（4）砂岩 – 泥岩组成的成岩系统内，压实相与方解石胶结相促进了封闭成岩系统的形成，欠压实相保存了成岩系统内部的异常高孔隙度，强溶蚀作用对储层内部进行有效改造，多形式的强胶结相联合加剧了成岩系统内部致密化，隔夹层泥页岩封隔砂岩成岩系统的同时，为溶蚀作用、胶结作用提供流体与物质来源。

（5）多手段联合定量刻画差异致密化对储层渗流特征的影响程度，

明确了差异致密化导致的连通孔隙与喉道特征分异，促进了渗透率、可动流体饱和度和气－水相渗差异的形成。优选 12 种孔隙结构参数将成岩相分为 4 类，孔隙结构与渗流特征优次程度依次为Ⅰ类（含欠压实相与溶蚀相）、Ⅱ类（微裂缝发育的铁方解石胶结相、富刚性颗粒强压实相）、Ⅲ类（石英加大胶结相）、其余成岩相为Ⅳ类。

（6）成岩相是微观－宏观渗流研究的有效结合点，同一成岩相带可被视为一个均质流动单元，选取渗透率、气水相渗等渗点相对渗透率、两相共渗区范围作为渗流特征评价参数，依据不同成岩相对储层的渗流贡献程度，综合评价典型沉积砂体渗流特征，明确优质储渗砂体主要为中厚层钟形河道滞留沉积、厚层箱形河道滞留沉积，其次为中厚层箱形心滩砂体、中层到中厚层滞留－边滩沉积叠加砂体。

对于砂岩差异致密过程而言，构造是格局，沉积是基础，成岩是核心，成藏是改造。在砂岩－泥岩完整成岩系统内，综合分析岩层间存在的成岩流体“阶段性、差异性、交换性”，厘清了岩性、砂体/页岩厚度、沉积微相和成藏等对差异致密化成岩的影响。研究区构造运动以整体升降为主，内部构造稳定，对致密化的差异性影响程度低；沉积砂体原始组分与结构特征是控制差异致密化的内因和物质基础；成岩作用路径与成岩流体性质是影响差异致密化的关键因素，控制着致密化多样性；有机质演化通过溶蚀作用减缓致密化程度，促进优质储层形成。

王猛　唐洪明
2020 年 11 月

目　录

第1章 绪 论

1.1 研究目的

致密砂岩是孔隙度小于10%，覆压渗透率＜0.1 mD的砂岩（SY/T6832-2011）。1927年，美国圣胡安盆地发现的布兰科气田是最早的低孔渗致密砂岩，此后世界范围内大型致密砂岩气田被陆续发现。随着世界各国对石油天然气资源需求的不断上升，而常规油气资源日渐枯竭，在这种能源供需矛盾日益深化的背景下，非常规油气资源逐渐成为地质学家关注的重点。《2018国内外油气行业发展报告》指出我国2018年天然气进口量预计为1 254×10^8 m^3，超越日本成为全球第一大天然气进口国，对外依存度上升至45.3%，我国天然气供应安全已经处于警戒状态（李宏勋等，2018）。《能源发展战略行动计划（2014—2020年）》指出2020年我国天然气消费比重将由目前的6.4%提高到10%，年消费量将达到3 600亿m^3。为保证国家能源安全与天然气的稳定供应，在优化进口来源的同时，必须进一步加强国内天然气的供应能力。

《中国矿产资源报告2018》显示，截至2017年底，天然气（致密气）地质资源量为90.3 ×10^{12} m^3、可采资源量为50×10^{12} m^3，探明地质储量为

$11.7\times10^{12}\,m^3$，累计产量为 $1.4\times10^{12}\,m^3$。页岩气埋深 4 500 m 以浅地质资源量为 $122\times10^{12}\,m^3$，可采资源量为 $22\times10^{12}\,m^3$。这些天然气资源主要分布在四川、鄂尔多斯、塔里木和柴达木盆地。在 $212.3\times10^{12}\,m^3$ 的总天然气资源量中，致密气资源量为 $24.2\times10^{12}\,m^3$。其中，鄂尔多斯盆地致密气资源最丰富，为 $10.37\times10^{12}\,m^3$，占全国致密气资源总量的 43%，占鄂尔多斯盆地天然气资源总量的 68.4%。目前，长庆气区建成苏里格、靖边、榆林、子洲和神木五大主力气田。其中，苏里格、神木大型致密砂岩气田在 2016 年产量达到 $240.6\times10^{8}\,m^3$，占长庆气区年产量的 66%。随着天然气工业近年来的快速发展，2016 年底非常规气产量在总天然气产量的占比已经达到了 33%，而低渗－致密砂气又占据着非常规天然气的主体。在常规天然气田逐渐进入递减期、页岩气尚未进入大规模工业化生产的背景下，良好的勘探开发现实性与规模发展的可能性使致密砂岩气勘探开发成为天然气持续上产的重点。

2016 年国内新增天然气探明地质储量为 $7\,265.6\times10^{8}\,m^3$，其中，苏里格气田新增 $3\,111\times10^{8}\,m^3$，占全国新增天然气储量的近一半。苏里格气田属于低孔、低渗、低产和低丰度大型气藏，是致密砂岩储层的典型代表。东区作为苏里格气田的重要组成部分，目前开发井 500 余口，盒 8 段、山 1 段是该区致密气主力产层。复杂的地质特征导致气田勘探开发过程中面临多重考验：①储层发育的有效砂体叠置模式复杂，连通性差，同期沉积砂体，由于砂体类型的不同，储集性差异较大，储层预测和气田开发难度很大；②致密气藏储层物性差，非均质性强，储量丰度低，自然产能低，递减快，稳产条件差，动用程度和采出程度低，开发难度大；③气藏气水关系复杂，储集层含水饱和度高，出水严重；④气井生产压差大，采气指数小，生产压降大，井口压力低，储层应力敏感性较强，容易受到伤害。要实现对气藏的高效勘探开发，就必须围绕这些关键问题开展研究，明确储层差异致密化与优质储层的成因机理、储层非均质特征及影响因素、砂体与储层的关系和气水两相流体渗流规律。

国内外学者对致密化成因与优质储层控制因素等科学问题进行了广泛而深入的探讨，并取得了丰硕的认识，但基本都局限在将沉积相（含亚相、微相）、小层或者流动单元作为研究尺度范畴。不难发现，前期研究存在两方面的问题：宏观上未将沉积体系作为整体研究对象，包括隔夹层泥页岩，纵、横向岩相差异性等因素；微观上未考虑不同成因砂体内部差异性特征，包括孔隙结构、成岩作用与孔隙演化、渗流特征等。而在储层的形成与演化过程中，同一砂体或者砂体间因其经历的成岩作用、油气充注等后期改造控制因素明显不同，形成致密砂岩在岩石物理性质、孔隙结构等方面存在显著差异的致密化现象，差异致密化促进了储层层内、层间与平面非均质性的形成（见图 1-1）。揭示致密化形成机理及控制因素，厘清差异致密化对渗流特征影响，为优质储层预测及开发提供科学依据，须深化以下科学问题的研究。

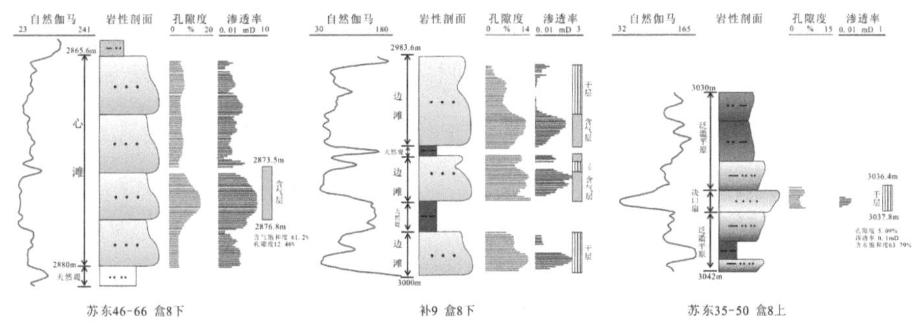

图 1-1　储层非均质性差异对比（据王卫红，2014 修改）

1.1.1　砂岩储层差异致密化成因

砂岩的致密化进程决定了是否能形成储层，并控制着储层的物性、孔隙结构等非均质性特征。而储层质量的差异本质上即为砂岩差异致密化的产物。早期的研究中，研究人员多根据物性参数差异进行分类研究，由于忽略了同一成因的砂岩可能具有不同物性，而同一物性的砂岩也可能形成于不同进程，因此研究难以解释成因的差异性。近年来，越来越多学者主张在储层差异致密化分析中结合地质背景要素，例如：层序格架（曹铮等，2018）、沉积相（Einsele，2000）、砂体类型（李咪等，2018）、构造部位（袁静等，2018）、源储相对位置（高永利等，2018）或多因素组合（纪友亮等，2014；唐颖等，2015；庞小军等，2018；曹铮等，2018）。这些研究强调宏观因素对储层差异性的绝对性控制，并倾向于将储层砂体作为一个整体开展研究，因此结论更适用于砂体尺度的差异对比，而由于忽略了砂体内部流体、组构特征对于致密化路径的影响，单一砂体内部具有差异化成岩过程的客观事实被掩盖（李杪等，2015）。大量研究表明宏观因素决定着原始条件差异，而微观演化则进一步促进储层非均质性的形成。基于以上原因，一些学者已经着眼于根据微观成岩、组分和岩性特征差异进行分类研究（古娜等，2014；张茜等，2017；罗静兰等，2014），这些研究突破了宏观分类研究中的局限，但分类方法仍存在一定不足。砂岩致密化是一个长期的、动态的演化过程，不同成岩事件可能表现出相互承转或重叠（纪友亮等，2014），不同成岩序列中也存在成岩作用的重叠（郭正权等，2012）。因此，不同岩性的致密成岩演化并非绝对独立、互不相关。

如何在微观分析中兼顾致密化进程的“关联性”，进行“差异化成因”研究，实现微观演化与宏观影响相结合，揭示储层差异致密化成因机理，仍是一个需要深入研究的科学问题。

1.1.2 差异致密化对优质储层的控制

在砂岩差异致密化研究基础上，明确优质储层成因，从而在普遍致密、叠置关系复杂的砂体中寻找有利开发“甜点”，是气藏勘探的核心内容。

成岩作用对于储层的改造一直以来是储层研究的重点，大部分研究通过分析每种成岩作用对于孔隙结构的影响，进行成岩作用“建设性”与“破坏性”的类型划分，并认为“建设性”作用的强度决定了优质储层发育程度。由于忽略了成岩过程与影响因素的复杂性，研究结论缺乏系统性论述，首先，成岩作用彼此间存在相互影响，例如溶蚀作用会伴生胶结物的形成，压实也可能促进超压形成，因此成岩作用对孔隙的建设与破坏是相互制约的；其次，成岩作用发生在不同的结构的砂体中，砂体类型差异，以及同一砂体内部不同部位的组构差异、流体特征和成岩系统的封闭性会导致在砂体内部形成复杂的成岩带组合（Moraes et al.，1993；Morad et al.，2010），胡志才等（2017）发现油层、水层、干层和隔夹层共存于一个砂体内部，这表明储层的形成与保存是成岩系统内部多因素协同作用的产物；再者，流体与元素由砂岩成岩体系向泥岩成岩体系迁移，以及有机质成熟后酸与烃类流体进入砂岩的运动，将独立的泥岩和砂岩成岩体系有机地结合在一起（张守鹏等，2018），单纯砂岩成岩作用研究难以系统地解释砂泥岩系统对于储层形成的综合影响（孙海涛等，2010）。

明确储层发育主控因素，开展优质储层预测是勘探研究的主要目标，除成岩因素外，沉积因素也对储层质量具有重要影响。在储层质量主控因素分析时，多数研究以成岩作用影响为重点开展研究，忽略沉积因素的作用。虽然部分研究综合考虑了沉积和成岩因素的影响，但主要采用单因素与物性的相关性分析或单因素比较法确定储层发育主控因素金振奎等（2016）。但由于沉积、成岩因素彼此间存在互相影响，既要尽可能多地引入各类因素，也要选择合适的分析方法克服因素间存在的多重共线性问题。

要突破这些常规研究中存在的局限，需要在砂体结构分类基础上，依据差异致密化研究，建立成岩相类型分类标准，并将砂岩与泥岩作为一个完整的成岩系统，通过对不同成岩系统内成岩相带组合关系的分析，明确优质储层成因，综合考虑沉积、成岩因素开展主控因素的综合评价，为科学预测优质储层提供依据。

1.1.3 差异致密化对砂岩渗流特征控制

认清储层渗流机理，是低渗致密气藏开发的关键。渗流规律的研究主要包括边界层对渗流的影响、启动压力梯度（谭雷军等，2000）、气体滑脱效应（宋付权等，1999）、单相流体非达西渗流规律、两相渗流规律和束缚水饱和度等。渗流规律的研究目的是指导开发，这就要求在微观特征分析的基础上，实现对宏观储集体系统渗流特征的认识。早在 1984 年，Hearn 等在砂岩储层的研究中发现受沉积作用和成岩作用的影响，内部各相带的物性差别较大，提出流动单元的概念。鉴于流动单元在侧向和垂向上具有相似的岩石物理性质，是一个相对的均质体，同时垂向上各流动单元相互连通（Hearn et al.，1974；Ebanks，1987），因此流动单元成为微观与宏观渗流特征研究的最佳结合点。流动单元的划分方法与精度决定了研究结果的客观性，目前，主要分类方法包括岩相和岩石物理参数、孔隙结构特征、渗流特征参数和生产动态资料等，这些方法注重对于致密化结果差异（即储层现今性质与生产特征）的考量，而缺乏对致密化成因差异的关注，研究结果可能规律性不强，甚至无规律可循。为了更客观地认识致密储层的渗流规律，需要在前人的研究经验基础上，开展储层差异本质（差异致密化成因）研究，建立依据成因差异的流动单元（成岩相）分类，分析不同砂体结构中流动单元（成岩相）的组合特征，从而明确差异致密化对渗流的影响，克服渗流特征分布研究的“不可预测性”。

基于对上述问题的考虑，本书以盒 8 段、山 1 段和山 2 段致密砂岩储层为研究对象，在前人对研究区区域地质、测井、物性、岩性、砂岩微观孔隙结构和渗透特征等研究的基础上，进一步开展研究。以储层砂岩差异致密化为研究主线，建立成岩相分类方案，研究成岩相与成岩系统致密化成因机理，分析差异致密化对孔隙结构、渗流特征的影响。从而形成一套基于致密化成因分类的储层致密化与渗流特征分析方法，为苏里格气田及同类型致密砂岩“甜点”储层预测、致密储层的开发方案制定提供科学依据与建议。

1.2 国内外研究现状

1.2.1 砂岩差异致密化研究现状

储层非均质性是油气储层研究的一个基本内容，主要指孔隙度、渗透率与毛细管作用在纵向和横向的变化（Moraes and Surdam，1993），这种变化体现在层内、层间、平面及微观尺度（杜伟，2016），不同尺度上的储层非均质性特征差异较大。非均质性通过影响流体的流动、分布与采收决定了储层质量（Weber，1982）。认识储层非均质性对于油气勘探开发至关重要，特别对于非均质性强烈的致密砂岩，认识非均质性成因及其对储层渗流的影响是致密油气藏开发的关键。前人在非均质性的宏观和微观成因方面取得了较为系统的认识（Dutton et al.，2008；Morad et al.，2010；梁宏伟等，2013；Shan et al.，2015），普遍的观点认为储层非均质性的形成是受沉积环境、构造活动和成岩作用综合控制的（Morad et al.，2010；Maast et al.，2011；Fan et al.，2017）。

致密砂岩的非均质性是沉积物在沉积后受到多因素综合改造而不断趋于致密化过程中形成的（Cade et al.，1994），而由于沉积物本身内在特征、沉积环境、成岩作用、构造影响和成藏的差异，必然会导致砂岩致密化程度与致密化成因的多样性，即差异致密化。由于前人在研究中更倾向于将储层砂体作为一个整体开展致密化成因分析，忽略了砂体内部不同位置流体性质、组构特征差异对致密化路径与产物的影响，因此研究结果往往掩盖了砂岩致密化过程中的差异性信息（李杪等，2015），不能系统地揭示微观－宏观致密化成因机理。近年来，越来越多的学者意识到这种差异性的存在，广泛开展沉积、构造、成岩和有机质生烃等因素对于差异致密化的影响。

（1）沉积作用与致密化

沉积作用是砂岩孔隙演化与储层形成的基础，主要因素包括原始组分类型与含量，碎屑颗粒的粒径、分选、磨圆等结构特征，原始孔隙度和渗透率、砂泥比、沉积砂体结构、孔隙水化学性质和早期成岩变化（Morad et al.，2000；Kim et al.，2007）。沉积作用在根本上控制着沉积物原始性质和物性的空间展布情况，同时也影响成岩作用的进行（Ajdukiewicz and Lander，2010；Milliken et al.，2014；Olivarius et al.，2015）。

在物源供给、沉积的孔隙水介质和水流的强度等因素的共同作用下，会形成不同沉积相与沉积砂体，砂体间及砂体内部物性特征千差万别，具有原始沉积非均质性（张庆等，2009）。

沉积非均质性与砂体的几何形态及垂向、侧向连通性紧密相关。在宏观层序格架约束的沉积作用控制着不同体系域沉积微相的空间展布和砂体发育规模差异，低位体系域砂岩的发育规模大、连通性好，相对优质储层发育（曹铮等，2018）。而在同一体系域内，成岩相间差异性也十分明显。以河流沉积为例，由于沉积模式、可容空间、河流体系形态的差异，曲流河、辫状河、网状河砂体在砂体结构、侧向展布、砂泥比等方面存在明显差异（Einsele，2000），因此可容空间和河流类型的变化导致了沉积非均质性。这种原始沉积非均质性对流体流动速率和路径有决定性的影响（Morad et al.，2000），流体会优先在粒度较粗的高渗透曲流河砂岩与连通性较好的辫状河砂岩中流通（Nelson，1994）。在相同的流体环境中，相比于曲流河，辫状河砂岩中的不稳定硅酸盐矿物更易遭受强烈的溶蚀作用（Nedkvime，1992）。李咪等（2018）研究认为块状、正粒序、叠加型砂体的沉积非均质性，是溶蚀作用、压实作用在强度和分布差异的根本成因。

同一岩层内，由于流体分布、组构特征的差异，复杂的地层流体环境演化及成岩作用，也会引起不同尺度上成岩作用及过程的非均质性（Moraes et al.，1993；Morad et al.，2010），胡志才等（2017）研究发现在一个砂体内部油层、水层、干层、隔夹层共存，隔夹层也不仅限于泥岩层和钙质结核，强烈的非均质性和复杂的油水分布特征表明这些砂体内部不同部分经历了差异明显的致密化过程。

不同沉积作用下形成的碎屑组分、粒径、分选特征对于后续成岩作用具有约束作用（刘占良等，2015）。例如，不同分选程度的砂岩具有差异的原始孔隙度，杂基及黏土矿物含量过高，会降低原始孔隙度、渗透率（Kassab et al.，2017），富长石砂岩由于化学性质不稳定，在地层流体作用下可发生溶蚀与高岭石化（Worden and Morad，2003），富含刚性碎屑颗粒的砂岩能有效抵御压实，保持较高的孔隙度（Mckinley et al.，2011），富塑性颗粒的砂岩由于力学、化学性质都不稳定，易受机械压实影响而急剧致密化（De Ros，1996）。

（2）构造作用与致密化

致密砂岩储层的形成除了沉积和成岩作用的影响，构造应变对于砂岩物性的改造也是不容忽视的。为了表征由于构造应变作用所形成的一系列构造不连续性以及相关构造－流体叠加改造而导致的岩石物性差异，李忠（2009）提出构造非均质性这一概念。而为了强调变形构造或变形过程与沉积物化学变化之间的相互关系研究的重要性，Laubach 等（2010）首次明确提出构造成岩作用（structural diagenesis）概念。近年来，越来越多的学者开始重视沉积－构造－成岩耦合背景下的储层成因研究。

构造作用一般在形成变形构造以外，还具有压实效应以及形成流体超压等大尺度变形效应（袁静等，2018）。对于砂岩致密化的影响，体现在构造变形过程或变形构造通过改变渗流能力、物质迁移方式等影响成岩作用过程（袁静等，2018）。对致密化影响主要的构造产物是变形条带与裂缝，也是当前构造成岩作用研究的重点。

Aydin（1978）首次将变形条带引入砂岩变形研究，并根据动力学观点将变形条带分为压实带、单剪带、扩张带、压实剪切带及扩张剪切带，Fossen 等（2017）则根据成因机制将变形条带划分为解聚带、层状硅酸盐带、碎裂带及溶蚀－胶结带。变形条带普遍形成在各种拉张或挤压构造背景下的高孔隙砂岩中，变形条带之间可以相互转化。变形条带一般主要表现为低孔低渗，也可能因具有较高的渗透率而成为渗流通道，有利于溶蚀作用的进行（Busch et al.，2017）。变形构造对成岩作用影响表现为，受不同变形条带与围岩间的物性差异影响，成岩流体的分布及物质迁移过程呈现出多样性，这也导致在不同变形条带结构中形成特征差异明显的成岩矿物。李忠等（2009）研究砂岩储层中的变形构造，提出变形条带对砂岩储层物性及流体活动有重要影响。

当作用于岩石的应力超过其抗破裂强度时裂缝形成，根据形成机制可分为张裂缝与剪裂缝两种。裂缝的形成受沉积作用、成岩作用、构造作用等多因素影响。开启的裂缝往往会成为致密岩层中流体运移的优势通道，一方面将封闭的成岩系统改变为开放系统（Wilkinson et al.，1997），促进溶蚀产物排除，形成次生孔隙。另一方面裂缝会影响流体流动与波及范围，流体在裂缝中溶蚀矿物形成次生孔隙，也可能形成胶结物充填裂缝。

除了形成变形构造，构造挤压作用对储层演化过程还具有其他影响，特别在我国中西部盆地，多期构造作用的侧向挤压在形成裂缝的同时，也会加剧储层的压实效应，促进储层致密化（寿建峰等，2003；袁静等，

2017）。侧向构造挤压还会促进超压的形成（柳广弟等，2006；刘震等，2016）。超压的形成能有效地减缓了压实，有利于原生孔隙的保存与次生孔隙的形成（Nguyen et al.，2013）。

（3）有机质演化与致密化

砂岩致密化与优质储层的形成诸多影响因素中，水岩作用贯穿了整个成岩演化史（叶聪林等，2010），而在复杂的水岩作用中，有机质热成熟形成的有机酸以及烃类等作为重要的流体组成部分，其对砂岩成岩作用的影响受到了石油地质学家的普遍关注（王琪等，1998；郭佳等，2014）

有机质及烃类对砂岩成岩演化的影响体现在两个方面，一是与有机质成熟有关的水岩反应，二是与烃类活动有关的水岩反应。

自20世纪80年代，Surdam等（1984，1987，1989）提出有机酸在埋藏成岩过程中对次生孔隙的形成具有巨大贡献以来，有机酸对于储层的影响受到广泛重视（王世谦等，1993）。干酪根上含有丰富的含氧基团，其中主要为不饱和脂肪酸、直链一元羧酸和二元羧酸等，在液态烃大量生成前，这些基团在热降解作用或矿物氧化作用下被释放出来，产生多种羧酸和酚类（Surdam，王世谦）。有机质热演化过程与泥质岩中蒙脱石的伊利石化或绿泥石化阶段相一致，由黏土矿物的脱水作用产生的水，将携带有机酸等烃类物质从页岩中排入毗邻的砂岩中，从而减少了砂岩孔隙水的pH值（Burtner et al.，1986）。一方面，由于有机酸具有比碳酸更强的溶蚀能力，会导致大量的长石和碳酸盐矿物溶蚀，形成次生孔隙。另一方面，有机酸的阴离子可以络合并迁移铝硅酸盐中的阳离子，增强埋藏条件下铝离子的迁移，提高了铝硅酸盐的溶解度（黄福堂等，1998；陈启林等，2018）。此外，有机质生烃与异常高压的形成密切相关（Law，1984，1985；张金川等，2008），异常高压的发育会抑制或延缓压实作用，有利于储层孔隙的保存。

当有机质生成的烃类进入储层孔隙后，孔隙水的化学组成改变、pH

值变化、无机离子浓度降低，由于成岩环境发生改变，烃类会对自生矿物以及矿物的交代、胶结、重结晶作用产生一系列影响：①抑制伊利石胶结，油气进入储层使成岩环境发生变化，导致孔隙流体中无机离子浓度大量降低，阻碍了矿物与流体间的质量传递，特别当 Na^+ 的迁移被阻碍时，晶体缺乏充足的生长空间，伊利石的生长被抑制（许静华等，1997；叶聪林等，2010）；②抑制交代作用，交代作用的本质是流体中与围岩反应而导致矿物的溶解、组分的迁移和沉淀作用（叶聪林等，2010），其中，钾长石的钠长石化反应会增加孔隙度、消耗铝硅酸盐矿，从而有利于储层的发育，这种交代作用的影响因素主要是 Na^+ 和 K^+ 活度和孔隙流体的 Na^+/K^+ 值，而当烃类进入储层替代其中的孔隙水后，孔隙流体的黏度会增大，阻碍了 K^+ 迁移，从而抑制交代作用的发生（许静华等，1997）；③促进碳酸盐胶结物形成，烃类流体作为弱还原剂，能够将黏土矿物转化形成的 Fe^{3+} 转化成 Fe^{2+}，Fe^{2+} 会与孔隙流体中的 Mg^{2+}、Ca^{2+} 结合形成铁方解石和铁白云石胶结（郭佳等，2014），Fe^{2+} 还可能与孔隙水中的 H_2S 等气体结合形成黄铁矿颗粒（陈安定等，2009）；④促进溶蚀作用，晚期成岩阶段，烃类在高温下与硫酸盐产硫酸盐热化学还原作用（TSR）生成有机酸和 H_2S、CO_2 等酸性气体，这些产物会储层进行改造，提高孔隙度（Surdam et al.，1991）。

早期研究假设认为烃类充注会导致储层成岩作用终止，但随着越来越多的研究发现，烃类侵位后储层内的石英胶结、钾长石的钠长石化等成岩作用仍持续活跃，只是在强度上有所减弱（Nedkvitne et al.，1993；Aase et al.，2005）。烃类充注与成岩作用可以交替进行（罗晓容等，2010）。

（4）成岩作用与致密化

沉积、构造、有机质演化等都是通过直接或间接地影响成岩环境与成岩作用来影响储层的物性，而成岩作用与表现形式则是直接控制砂岩差异致密化的决定性因素。因此致密化的研究更多是围绕成岩作用展开，最早的研究可追溯到 19 世纪早期，早期研究成果主要体现在成岩作用类型的定性及半定量评价，后期逐步转到对岩相、成岩相、成岩 – 储集相、成岩演化序列的研究（Surdam，1989；徐樟有等，1994；李海燕等，2007；邹才能等，2007；Dutton and Loucks，2010；Bjørlykke，2013）。成岩演化是一个极其复杂的物理化学过程，是长时间水 – 岩作用的结果（Stonecipher et al.，1982；Cerepi et al.，2003；刘建清等，2006；Sadhukhan et al.，2007），成岩演化过程中各种成岩作用持续、动态、叠加地对储层进行综合改造，影响因素多变、演化过程复杂（Salem et al.，2005；Islam，AM，2009；Morad et al.，2010）。致密化进程的研究重点集中在对成岩流体环境及成岩作用于孔隙演化耦合关系的研究。

1）成岩作用类型

储层的最终质量与微观孔隙结构主要是复杂成岩改造后的结果（Morad et al.，2010）。成岩作用类型主要包括机械压实、胶结、交代、溶蚀作用等，成岩作用以不同形式影响储层质量，增强、保持或破坏孔隙度与渗透率（Stonecipher et al.，1982）。

始于沉积作用的机械压实作用对储层性质的影响是绝对的、不可逆的。一些研究认为在 2 km 以内浅的地层成岩作用主要由压实主导（Bjørlykke，1999），随埋深增加，压实作用会改变碎屑颗粒的排列方式，引发塑性颗粒的塑性变形和刚性颗粒的破碎等颗粒形变。Ehrenberg（1995）提出压实强度（机械压实导致的孔隙体积损失）是沉积后对原始沉积格架破坏最强烈的成岩作用。

胶结作用的影响主要表现是各类胶结物填充和堵塞孔隙空间与孔隙喉道。钙质胶结物作为影响储层质量的主要因素之一，某些地区砂岩早期方解石胶结可以导致 75% 甚至更高比例的原生孔隙被破坏（Xiong et al.，

2016）。也有研究认为成岩作用的早期阶段形成的方解石可以抵抗压实，保存原始孔隙度（Hesse and Abid，1998；Liu et al.，2014）。硅质胶结则主要以石英颗粒的加大边与粒间自生石英的形式降低孔隙度（Stonecipher et al.，1982）。多种形态的自生黏土（孔隙填充高岭土、孔隙衬里和填充绿泥石、孔隙衬里和桥接伊利石与伊利石/蒙脱石混层，蒙脱石）能够引起孔隙体积减少和封闭孔喉（Samakinde et al.，2016）。由于纤维状、毛发状和蜂窝状的形态，它们极大地影响了砂岩的岩石物理和流体特性，从而决定了孔隙几何结构（Samakinde et al.，2016）。高岭石可作为长石的、岩屑的蚀变或溶蚀产物充填原生粒间孔隙，随埋藏增加高岭石会逐渐减少，当温度超过130℃时因为伊利石化作用，高岭石会被伊利石大部分乃至全部取代（Ehrenberg and Nadeau，1989）。伊利石主要作为颗粒包膜或孔隙衬里可以增强石英颗粒的压力溶解、堵塞孔隙和喉道（Morad et al.，2010）。孔隙衬里或孔隙桥接伊利石倾向于堵塞孔隙喉道，影响孔隙/孔喉半径和表面积，从而显著降低渗透率（Ozkan et al.，2011）。绿泥石能抑制石英加大，从而保持孔隙度（Thomson，1982；Ehrenberg et al.，1993；Gould et al.，2010），同时绿泥石也能降低喉道半径，影响渗透率，由于绿泥石晶体通常较小，不会对孔隙造成严重的堵塞（Morad et al.，2010）。

骨架颗粒与胶结物的溶蚀可以有效改善孔隙度和渗透率，对储层改善具有建设作用。酸性条件下长石、岩屑在深部地层中的溶蚀是可能的（Boles and Franks，1979；Wilkinson et al.，2001）。近年来，碱性条件下石英溶解现象及石英溶解性次生孔隙被认为对储层的改造具有重要意义（邱隆伟，2006）。

2）成岩流体与成岩环境

成岩作用中矿物的溶解与沉淀、成岩系统间的物质交换都与成岩流体密切相关，因此流体的参与是水岩反应的关键因素之一（邱隆伟，2006；

张枝焕等，2000；朱如凯等，2009）。成岩流体根据来源划分主要包括渗入水、沉积水、成岩水（王行信等，1992；单敬福等，2015）。

溶蚀作用形成的致密砂岩储层次生孔隙一直以来都是研究的重点（张哨楠，2008），主要溶蚀类型包括淡水淋滤溶蚀弱、碳酸溶蚀、有机酸溶蚀（Surdam，1993）。次生孔隙被认为主要是酸性流体溶蚀的产物，Franks（1984）提出沉积后的埋藏成岩阶段，当温度达到100℃，有机质产生的CO_2溶于地层水形成碳酸。碳酸作为酸性溶蚀流体，能够与碳酸盐矿物和硅酸盐矿物发生反应。Bjørlykke（1993）研究认为有机质脱羧基作用形成的碳酸，与易溶组分反应程度有限，并不能明显地对储层质量进行改善。相比于碳酸，有机酸具有更强的酸性以及与铝硅酸盐络合的能力（Salman，2002），能有效地溶蚀矿物形成次生孔隙（黄思静等，1995）。有机酸可来源于干酪根的热催化和降解作用（Surdam，1989）以及液态石油的热解作用（王琪等，1999）。储层在中酸性流体的运移促进了溶蚀、胶结、交代等水岩反应的进行。长石、方解石、白云石等易溶矿物组分会在酸性流体作用下发生溶解，产生次生孔隙，同时伊利石、高岭石、二氧化硅等溶蚀伴生产物也会从地层水中析出，充填孔隙。

成岩环境会随着成岩作用的进行发生规律性的阶段变化，成岩流体的成分与酸碱性为保持成岩系统的平衡，也呈现动态的变化。有机质热成熟会使早期的中性或偏碱性的孔隙水逐渐变为弱酸性，晚成岩阶段生烃结束，酸性流体来源减少，细菌的活动以及造岩矿物和流体之间的反应都会减弱地层水酸性程度，导致孔隙水pH值上升，变为弱碱性（邓秀芹，2009）。水岩作用类型会随着成岩环境变化而发生改变。酸性成岩环境中发生的碳酸盐岩矿物、长石溶解和次生石英加大反应，在碱性或弱碱性环境中受到抑制或终止，而石英溶蚀在碱性环境中则相对活跃（王琪等，1999；邱隆伟等，2001）

（5）差异致密化序列与影响因素评价研究现状

1）差异致密演化序列研究

通过对砂岩致密化影响因素的研究，重建成岩与孔隙演化序列是分析致密砂岩非均质成因、开展优质储层预测等研究的基础。早期的研究多综合考虑整个层段砂岩的成岩特征，重建一个典型成岩演化序列，作为一个小层乃至整个层系砂岩的成岩演化依据（Islam，2009；Salem et al.，2005；Gould et al.，2010）。

而随着研究的深入，越来越多的学者认识到单一的成岩序列难以全面地反映因为致密化影响因素多样性和差别性所引起的差异致密化。为了明确储层差异致密化成因，近年来，学者们围绕沉积、构造、成岩、源储关系、岩石组分等因素对砂岩差异致密化的影响开展了广泛的研究。

沉积方面，最初的差异致密化研究聚焦在不同沉积层段间储层质量的差异成因（韩登林等，2012；顾战宇等，2017）。此后层序及砂体尺度的储层差异性也开始受到关注。韩如冰等（2017）以层序格架内的层序界面和层序单元进行对比研究，发现层序界面对胶结作用和溶蚀作用控制较强，而不同层序单元受演化控制，沉积环境、沉积物特征不同，经历相同的成岩过程，但压实、胶结、溶蚀作用强度却不尽相同。李咪等（2018）则在砂体垂向粒度韵律特征划分块状、正粒序型和叠加型砂体，研究不同砂体结构的致密化特征，认为粒度及其垂向分布是制约不同砂体结构成岩演化的直接因素，也影响了储层物性的垂向分布特征。

构造对于储层的影响包括构造压实造成减孔和裂缝发育。不同构造部位、不同构造挤压强度，储层物性变化较大。同等条件下，构造挤压越强，构造压实减孔量越大。杨宪彰等（2016）在对库车前陆冲断带白垩系巴什基奇克组砂岩储层的研究中发现，构造挤压形成的地层褶皱变形，上部张裂缝发育且数量多、开度大，下部则仅发育少量开度较小的剪裂缝；由上到下，储层压实增强，溶蚀变弱，储层物性显著变差。研究认为储层垂向差异分布受构造挤压显著控制。

有学者把机质与烃类的影响作为主要分类依据，开展差异致密化成因研究。高永利等（2018）根据砂岩与烃源岩的相对位置分类，重建烃源岩上、下储层砂岩的成岩序列，认为早期成岩后砂岩物性及孔隙结构决定了有机酸能否进入砂岩孔隙空间，而砂岩是否经历了有机酸溶蚀改造，促进了两类砂岩物性差异。胡才志等（2017）在致密油储层研究中将岩石分为富塑性颗粒压实致密砂岩、钙质胶结致密砂岩、含油砂岩、含水砂岩，前两类在烃类充注前已完成致密化，含水砂岩和含油砂岩经历了相似的多期复杂成岩演化，而含油砂岩中的烃类减缓了胶结作用速率，保持了较好的孔渗性质。储层内部砂岩差异成岩是层内非均质性的主要成岩，烃类充注对这种差异影响明显。

相对于沉积、构造等因素为依据分类的宏观性，更多学者力求基于成岩强度、岩性或组分等微观特征差异开展分析。古娜等（2014）根据砂岩中的主要成岩作用，建立了以压实和石英次生加大为主、以绿泥石环边为主和以早期方解石胶结为主的3种演化序列。张茜（2017）在对鄂尔多斯盆地长6致密油储层研究中，根据砂岩经历的成岩作用强度将砂岩分为最大压实率、最大胶结率、最大溶蚀率和粒间孔隙发育四类，建立成岩序列表明压实是砂岩普遍致密的主要因素，而各类岩石间不同成岩作用强度的差异导致了差异致密化。罗静兰等（2014）认为大多数研究忽略砂岩类型及其岩石学组分对成岩演化路径的控制，根据岩石组分特征将砂岩划分为钙质胶结砂岩、高塑性岩屑砂岩、石英砂岩和岩屑石英砂岩四类。研究认为不同组分的岩石在抵御压实、在水－岩反应中的产物等方面存在差异，这也导致砂岩经历的成岩序列、致密化时间、形成的孔隙结构差异性明显。这一观点在刘占良等（2015）的研究中也得到了验证。

除了上述研究，为了系统地认识差异致密化成因，不断有学者探索基于层序格架、构造活动、沉积作用、成岩作用、流体活动中多个因素的综合分析（纪友亮等，2014；唐颖等，2015；庞小军等，2018；曹铮等，2018）。

2）砂岩致密化影响因素研究方法

对于储层质量的影响，大量研究围绕深部砂岩储层成岩现象记录、解释、孔隙度与渗透率预测开展。近年来，定量表征成岩作用对储层质量的影响及储层质量的综合预测已成为研究热点（ Ajdukiewicz and Lander，2010；Dutton and Loucks，2010；McKinley et al.，2011；Handhal，A. M，2016）。特别是有学者利用数学模拟（任大忠等，2016）、数值模拟（李凤昱，2016）、化学动力学模拟（孟元林等，2013）、成岩物理模拟（冯佳睿等，2014）等方法，反演成岩作用的动态过程，明确不同阶段成岩作用类型与强度，以此评价成岩对储层质量的动态影响过程。也有学者利用回归分析（刘畅等，2013）、神经网络的等数学方法建立预测模型（潘华贤等，2009；曹思远等，2002），对不同地区的致密砂岩储层质量开展预测。

1.2.2 微观孔隙结构研究现状

致密砂岩储层的微观非均质性很大程度取决于孔喉结构的复杂性与差异性。微观孔隙结构通常包括孔隙与喉道的几何形状、尺寸大小、分布特征、组合方式、孔喉配置关系等特性（肖前华，2015；王凤娇，2017），这些微观孔隙结构特性是决定储层储集与渗流能力的关键因素。致密砂岩孔喉空间尺度小、微观孔喉结构复杂，不同致密化成因的砂岩即使具有相同的孔隙度、渗透率，其内部孔隙结构特征可能是截然不同的，因此需要精确评价并明确不同致密化成因砂岩的孔隙结构特征差异，这对于气藏开发至关重要。

各种微观孔隙结构测试技术是致密砂岩微光孔隙特征表征的关键，随着测试设备制造工艺的不断发展，目前已形成了图像直接观测、仪器间接测定和数字岩心与模拟方法三类。图像观测类主要包括铸体薄片法、扫描电镜技术、激光共聚焦显微镜技术、聚焦离子束显微镜技术、微纳米 CT 扫描技术，仪器间接测定类包括高压压汞与恒速压汞法、半渗透隔板法、离心法、气体吸附法、核磁共振法，数字岩心与模拟包括铸体模拟法与三维模型重构技术及基于三维孔隙模型的渗流模拟技术。这些分析测试技术满足了对致密砂岩微观孔喉类型、孔隙尺寸分布、孔隙几何形态、孔喉连通率等的定性或半定量分析的需求，每种方法的测试精度不同（见表 1–1），也具有各自的表 1–1 优势和局限性。

表 1–1 储层孔喉结构表征技术方法对比

研究方法	实验方法	测量精度	观察内容	特点
直接观测法	普通显微镜	3~15 nm	微米－毫米级孔隙大小、形态	孔隙喉道大小、面孔率、孔喉配位数及矿物鉴定
	普通钨丝扫描电镜	1~2 nm	微米级孔隙大小、形态	孔隙分布状况、孔隙喉道形态、半定量描述及矿物形态
	场发射扫描电镜	0.5~2 nm	纳米级孔隙大小、分布	超高分辨率、孔隙结构测试、形貌观察、化学组分分析
	环境扫描电镜	1 nm	原油赋存状态	观察油水、胶体及液体样品，微观结构动态观察
间接测定法	小角散射	1~220 nm	泥页岩孔隙大小	颗粒结构尺寸、比表面积、孔径分布、界面信息
	气体吸附	0.35~200 nm	孔隙大小、孔径分布	孔喉大小分布、比表面积、孔隙体积
	压汞	3.6 nm~950 μm		孔喉大小分布、孔喉分选、孔喉连通性和渗流能力的参数
	核磁共振	0.8 nm~80 μm		对岩心无损害且测试速度快，孔隙大小分布，可动流体参数
数值模拟法	纳米 –CT	＞ 50 nm	纳米级微孔形态、连通性	孔喉结构三维形态，岩石孔隙结构、矿物分布与结构特征
	聚焦离子束	精度 10 nm		孔喉分布、孔喉形态

铸体薄片能直接地观测薄片的孔隙、喉道、面孔率、孔喉配位数、矿物组分，扫描电镜结合 X 射线能谱仪能对样品进行高精度的孔隙结构、

矿物形貌、化学组分综合分析（张俊杰等，2017），受分辨率限制，这两种方法无法反映三维孔隙分布与孔隙连通性。FIB-SEM 和 XCT 成像技术能够实现对孔隙三维空间分布特征的表征（应凤祥等，2002；李易霖等，2016）。FIB-SEM 分析结果为一系列高分辨率的二维图像，依据这些二维图像可以构建三维孔隙结构，但这一分析无法提供定量数据（Gao and Li，2016）。微纳米 CT 是近年来兴起的无损三维成像技术，能够实现对二维断层图像或三维立体图像直观、清晰的观察，特别是微观孔隙结构空间重构，实现了复杂的微纳米级孔隙喉道三维可视化，为孔隙结构的空间形态分析提供了定量依据（刘向君等，2017）。CT 扫描难以兼顾高分辨率和大尺寸样品，这也成为技术应用的主要限制（Espinoza et al.，2016）。

高压压汞技术通过将进汞压力转化为对应孔喉半径，定量表征孔喉半径及分布规律（肖前华，2015），恒速压汞能区分孔道和喉道信息，更适用于孔、喉非均质性强的低渗透致密储层的评价（赵华伟等，2017），但高压压汞需要非常高的压力才能保证汞进入整个孔隙结构（Kuila and Prasad，2013）。压汞分析后岩心被破坏无法开展其他测试，表皮效应等问题会引起毛管曲线偏差。气体吸附法通过测试等温吸附 / 解析曲线，依据相关理论方法计算砂岩孔容积和孔径分布曲线，能够测试 0.35~200 nm 的孔径（曹廷宽，2015；Anovitz and Cole，2015），但这种技术不能测量大的孔隙和孤立的微孔（Kuila and Prasad，2013）。核磁共振技术通过饱和水样品的 T_2 谱反映储集空间的大小与分布及自由流体饱和度，测量范围从几纳米到几百微米（白松涛，2016），通过缩短回波间隔能够识别 3 nm 的小孔隙（Gao and Li，2016），NMR 测量只提供未弛豫时间与孔隙度分量的关系，而不是孔喉半径（Daigle and Johnson，2016），核磁共振需要与高压压汞测量相结合，以确定孔喉大小分布（李鹏举等，2015；肖佃师等，2016），两种测试间的转换系数决定了结果的准确性。数字岩心是近年来兴起的一种依靠数学算法进行岩心孔隙空间三维重构的技术，并在此基础上开展孔隙结构评价与渗流模拟等相关研究，目前对于致密砂岩孔隙大小、形状、孔喉大小、孔喉连通性、有效连通率等参数的定量评价十分有效（林承焰等，2018）。学者们利用上述方法对国内外致密砂岩孔结构进行了评价。

鉴于单一的分析常常难以较为全面地反映砂岩微观结构，因此不断有学者探索测试手段间参数的相互转化或两种方法的联合表征（李海波，2008；明红霞，2015；李爱芬，2015），通过建立经验公式转化系数或与压汞分析结果联合拟合转化系，实现了将核磁共振 T_2 谱弛豫时间转化为孔喉半径。郭思祺等（2016）考虑压汞法主要测量岩石中较大的孔隙，气体吸附发测量岩石中较小的微孔隙。将压汞法和比表面发测试结果进行综合换算和衔接，得到较为完整的微纳米毛细管压力曲线及其孔径分布图。此外，有学者基于图像分析或压汞等测试获取的定量孔喉结构参数，结合分形几何学、自相似理论等对储层微观孔隙结构非均质性开展分析，认为在一定尺度范围内，储层孔喉结构越复杂性与分形维数成正相关，流体在复杂的孔隙中的流动阻力也相对较大（马新仿等，2005；赖锦等，2013；张宪国等，2013）。

利用多手段联合以克服单一方法的局限性，实现定性与定量相结合、宏观与微观相结合、二维与三维相结合系统的开展致密砂岩全尺度喉道结构表征，已成为致密砂岩孔隙结构研究的主要趋势（Lai et al.，2018）。

1.2.3 致密砂岩微观渗流特征研究现状

致密低渗储层中的流体渗流规律异于常规储层，单相流在低孔渗介质中呈非达西渗流（任晓娟等，2006）。致密砂岩储层复杂的渗流规律影响因素较多，主要包括启动压力梯度、渗透率、水膜厚度、滑脱效应及水锁效应等因素的影响（马永平，2013）。

低渗致密储层中孔喉细小，易形成水化膜。气体从静止到流动必须克服水化膜束缚，气体流动时需保持一定的压力梯度，否则孔隙喉道处水化膜又将形成，阻碍气体流动。这种压力梯度即为气体渗流时的启动压力梯度，并且渗透率越低，启动压力梯度越大（刘志远等，2009）。有学者通过室内物理模拟实验，研究启动压力梯度及影响因素，认为致密低渗岩心中气体流动存在低速非达西现象，气体的启动压力梯度随岩心围压的增加而增大（贺伟等，2002；王道成，2006）。刘善华等（2011）测试致密气藏岩心在不同含水饱和度下的气水两相渗流最小启动压力梯度，最小启动压力与流量呈幂函数关系，气体渗流表现具有复合型渗流规律。对于含水饱和度对启动压力的影响，李奇等（2014）提出含水是气体渗流产生阈压梯度的主要原因。

水膜作为束缚水，主要吸附在砂岩颗粒的表面。水膜厚度与储层岩性、润湿性、比表面积、渗透率、孔喉半径、含水饱和度相关。在大孔喉的高渗储层中，水膜厚度仅为毛管半径的十几乃至几十分之一，难以对流体渗流构成影响。但在低渗致密储层中，孔喉半径与水膜厚度为同一数量级，特别在低流速情况下，水膜必然会对流体渗流造成严重影响。致密砂岩气藏含水饱和度通常较高，由于复杂的、细小的孔隙与喉道，水膜厚度决定孔喉半径动用下限，且半径越小的孔喉壁面对流体的物理吸附越强。邹才能等（2010）通过苏里格气田致密砂岩孔喉尺寸和比表面积测试分析，认为多孔介质对流体具有稳定吸附作用。姚广聚等（2008）在致密低渗透砂岩气藏含水岩心实验评价后认为，水膜水膨胀封闭微孔喉是气藏产能下降的原因之一。水膜厚度的表征是多孔介质中渗流规律研究的重点，特别在致密储层中，水膜厚度还对渗流空间截面积有影响（王凤娇，2017）。致密气藏水相通过圈闭和阻碍气相渗流，从而制约了致密多孔介质中气体的连续流动。Conrad （1992）研究证实了岩石固体壁面与被圈闭气体之间存在稳定吸附水膜。姚泾利等（2014）研究证实苏里格气田盒 8 段、山西组均存在超低含水饱和度，认为烃源岩成藏过程中甲烷干气不断流入，天然气携液能力逐渐增强，这种“汽化携液”导致储层束缚水饱和度高于原始含水饱和度。气藏开发过程中“水锁效应”使得气流不能有效地排除外来水，气相渗透率随着含水饱和度增加持续下降。如果含水饱和度持续上升到束缚水饱和度，形成难以消除的水相堵塞，采收率将会受到严重影响。

对于致密砂岩渗流规律研究可以综合核磁共振岩心分析实验、气－水两相渗流实验及数字岩心模拟。核磁共振分析根据核测试得到的横向豫时间谱计算孔隙体积，以合理的截止时间界定可动流体与不可动流体，量化可动流体饱和度。将核磁共振与压汞相结合，将 T_2 频谱转化为孔喉分布半径。致密砂岩气藏开采过程中通常表现出启动压力大、气井见效慢、见水后含水上升快、产气指数下降快等特点（张一果，2014），在孔喉结构特征与可动流体分析的基础上，通过对不同含水饱和度状态的气－水相渗分析，明确两相流体的渗流规律。

随着渗流规律研究的不断深入，借助微观数值模拟的微观孔喉尺寸级别的渗流已经成为当前热点，这也依赖于孔隙网络模型建立和微观数值模拟技术的发展（雷健等，2018）。Fatt（1956）最早应用孔隙网络模型来研究多孔介质中的多相流动模拟。王金勋（2003）通过建立孔隙网络模型和微观模拟计算得到了水驱气过程相渗曲线，克服了气液吸吮过程相渗曲线难以直接测定的问题。姚军等（2005）以数字岩心构建技术为基础，形成了物理实验构建－数值模型重建－多尺度数字岩心构建系列方法。基于孔隙结构特征的微观渗流数值模拟也在逐步开展。赵秀才（2009）综合岩石微观孔喉结构与过程模拟算法，构建了不同岩性样品的数字岩心，基于LKC算法得到与数字岩心等价的孔隙网络模型，通过微观网络模拟揭示了储层及流体物性对流体渗透率的影响。

综合多种研究手段对致密砂岩开展渗流特征研究，能够明确气水两相渗流能力、可动流体与束缚流体分布状态和孔隙结构对渗流的影响程度。这对于提高苏里格气田低压、低渗储层的动用能力，实现气田经济有效开发意义重大。

1.3 主要研究内容及技术路线

本书针对非常规致密砂岩储层，以苏里格气田东区上古生界二叠系砂岩为研究对象，在前人研究成果的基础上，开展砂岩差异致密化机理及其对渗流的影响研究，揭示致密砂岩储层质量差异成因机理，为优质储层优选及针对不同特征的储层开发方案制定提供依据，主要研究内容如下。

1.3.1 主要研究内容

（1）储层基本特征差异对比研究

在前人研究的基础之上，通过岩心观察、测井曲线特征分析，建立辫状河、曲流河沉积典型砂体结构测井相识别标志，开展单井沉积微相划分，总结典型储层发育沉积砂体结构。利用铸体薄片、扫描电镜、X射线衍射、物性测试和高压压汞等实验手段，对比研究层段间及不同类型砂体的储层岩石类型、碎屑结构、填隙物类型、孔隙类型与微观孔隙结构特征。

（2）储层成岩作用与成岩演化差异对比研究

基于储层岩石学与孔隙特征的研究，综合利用图像分析、阴极发光、能谱分析、电子探针和流体包裹体均一温度等测试手段，分析成岩矿物类型、含量和形成时序，对比各层段储层砂岩成岩作用类型、成岩作用强度差异，建立不同层段的砂岩成岩与孔隙演化序列。

（3）差异致密化成岩相划分与预测

在上述研究基础上，依据砂岩组分、成岩矿物、成岩作用和孔隙结构等特征差异，以典型成岩演化序列为约束，建立成岩相分类标准，利用取芯样品微观成岩相类型鉴定结果标定测井信息，结合概率神经网络方法（pulse neutron neutron，PNN）构建成岩相预测模型，开展单井、井间成岩相分布预测，分析典型砂体结构中的成岩相组合规律。

（4）差异致密化机理研究

结合对成岩相分布规律的认识，将砂岩与毗邻泥岩层作为一个完整的成岩系统，在典型成岩演化序列框架内，研究成岩系统内各成岩相成岩演化路径及其对成岩系统的影响，建立差异致密化综合模式，明确不同类型成岩系统的致密化成因，阐明优质储层发育机制。

（5）储层质量主控因素研究

考虑储层质量受沉积与成岩作用共同影响与多因素分析中潜在的多重共线性问题，利用多元线性逐步回归，选取综合分析以石英、长石、刚性岩屑、杂基、塑性岩屑、碳酸盐胶结物、硅质胶结物、高岭石、绿泥石、伊利石含量与压实率、溶蚀率等12种参数为代表的沉积－成岩要素对储层孔隙度、渗透率的影响，找出储层质量主控因素。

（6）不同成岩相孔隙结构特征差异对比研究

综合利用物性测试、铸体薄片分析和扫描电镜观察结合高压压汞、恒速压汞、核磁共振和X-CT扫描测试等实验，定性定量相结合，二维三维相结合，系统对比不同成岩相物性、孔隙类型和微观孔隙结构特征的差异，开展成岩相孔隙结构特征分类。

（7）差异致密化对渗流的影响

利用绝对渗透率测试、数字岩心渗流模拟、可动流体饱和度测试和气水相渗测试，对比分析不同成岩相渗流特征差异，在储层特征、差异致密化成因和孔隙结构特征的研究基础上，分析差异致密化对渗流特征的影响，结合成岩相空间分布特征，开展典型砂体渗流特征对比与分类，明确优质储层发育特征。

1.3.2 技术路线

本书在前人的相关研究基础上，以沉积学、储层地质学、测井地质学和石油地质学等理论为指导，首先进行综合岩心观察，开展地层划分、构造特征与沉积特征研究，进一步结合矿物岩石分析测试明确储层岩石学、成岩作用特征，梳理致密化差异特征，建立差异致密化成岩相划分标准，结合测井数据与神经网络方法构建差异致密化成岩相预测模型，基于成岩相组合及分布特征分析差异致密化成因机理，在上述研究基础上，结合砂岩孔隙结构与渗流测试实验，评价差异致密化成岩相间的孔隙结构与渗流特征差异，从而实现对储层差异致密化及其对渗流影响的科学认识。具体研究思路与技术路线如图 1–2。

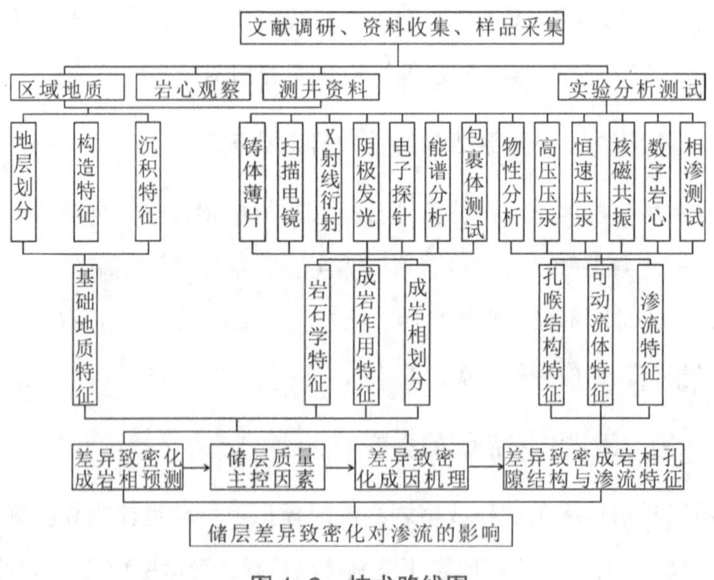

图 1–2 技术路线图

1.4 本书的工作量

根据本书的研究内容与技术路线，首先进行了大量国内外相关文献的调研，选取11口典型井，开展岩心观察，划分砂体结构，收集岩心样品。综合利用多种分析测试手段在砂岩组分、成岩作用、孔隙结构和渗流性质等方面开展研究，工作量见表1–2。

表1–2 本书的主要工作量

项目	工作量	项目	工作量
文献调研	200余篇	岩石力学测试	2件
岩心观察	11口井300 m	阴极发光	30件
沉积相测井识别	50口	包裹体分析	40件（含收集）
单井成岩相预测	12口	高压压汞	200件（含收集）
常规物性测试	800组（含收集）	恒速压汞	10件
铸体薄片	1200件（含收集）	核磁共振	40件
扫描电镜及能谱分析	40件	纳米CT扫描	1件
电子探针分析	20件	微米CT扫描	11件
黏土矿物X衍射	75件	岩心渗流模拟	7件
X射线荧光光谱	2件	气–水相渗	17件

1.5 主要研究成果与创新

本书通过对砂岩储层差异致密化的研究取得了以下几点主要研究成果。

（1）山2段前盒8段发育大型河流–冲积平原沉积典型辫状河与曲流河沉积，储层主要发育在心滩、边滩和河床滞留沉积等微相中，具有14种典型砂体形态，以中–粗粒岩屑砂岩为主。不同微相间及微相内部砂岩岩屑、填隙物类型与含量差异大，孔隙结构与物性空间分异性强，孔隙度极差大于4，渗透率极差大于10，层内/层间不同尺度储层非均质性强。

（2）通过系统成岩作用分析，明确了典型成岩作用特征与主要成岩矿物的形成时代，恢复了研究层段砂岩特征成岩与孔隙演化序列，以此为约束，综合砂岩组分、成岩作用和孔隙结构差异，建立了具有内在关联性的差异成岩相分类标准，将砂岩划分为强压实相、强胶结相、欠压实相和溶蚀相等 4 类，细分为 8 种成岩演化模式。

（3）根据成岩相分类，将取芯样品成岩相微观鉴定分析与自然伽马、声波时差、中子、密度和电阻率等测井响应相结合，利用概率神经网络方法（PNN），构建了成岩相预测方法，预测准确率高于 95%，实现了成岩相空间分布的连续预测。

（4）基于成岩相连续分布预测结果，在完整的砂泥岩成岩系统中明确了成岩相及典型单砂体成岩系统内差异致密化机理。持续埋深至快速沉积期，薄层砂体及中厚层砂体顶 / 低界面砂岩受强压实致密化；同期泥岩向砂岩排水并形成垂向流动屏障，砂体内局部形成欠压实相，相对封闭的成岩环境下的流体介质逐变为碱性，有利于绿泥石形成；埋藏增大，在持续压实和有机质生烃作用下，隔夹层泥岩周期性释放 CO_2，富 Ca^{2+}、Mg^{2+} 地层水向砂岩扩散，在砂岩边界形成方解石等胶结相；油气充注期有机酸与 CO_2 等对长石等颗粒溶蚀，形成了溶蚀相；溶蚀作用引起成岩环境改变，酸性环境中形成了石英加大边胶结相、自生石英胶结相，碱性条件下形成铁方解石胶结相。压实相与方解石胶结相的发育程度决定砂岩体成岩系统的封闭性，隔夹层泥页岩起到封隔砂岩成岩系统的同时，为胶结作用提供物质来源，为溶蚀作用提供酸性流体。厚层砂体中部为硅质胶结相、溶蚀相和欠压实相发育带。

（5）利用多元线性逐步回归综合评价沉积和成岩因素对储层物性的影响，明确塑性岩屑、石英、长石、刚性岩屑、压实作用和碳酸盐岩胶结物是影响孔隙度的主要因素。砂岩渗透率主要受硅质胶结、石英、伊利石、高岭石、压实作用和长石含量的控制。

（6）综合高压压汞、恒速压汞、微米 CT 和核磁共振 T_2 谱等手段，联合对比表征不同的岩相孔隙结构与渗流特征，在 20 余种参数中优选 12

种孔隙结构参数将成岩相分为4类。Ⅰ类包含欠压实相与溶蚀相：粒间孔或次生溶孔发育，孔隙连通性好，孔喉半径大，绝对渗透率分布0.04～0.72 mD，均值大于0.15 mD，核磁测试束缚水饱和度一般低于40%，两相共渗区间，30%～45%，气水干扰程度较弱。Ⅱ类包括富刚性岩屑砂岩强压实致密相、铁方解石强胶结致密相，微孔或微裂缝发育，微裂缝有效连通率大于70%，Ⅱ、Ⅲ、Ⅳ类砂岩渗透率一般小于0.06 mD，束缚水饱和度大于40%，两相共渗区普遍小于30%，气水干扰程度强。根据成岩相渗流特征及砂体成岩相组合规律，综合对比评价，明确了优质储层主要发育在辫状河中厚层钟形河道滞留砂体、中厚层箱形心滩砂体与曲流河厚层箱形河道滞留砂体及河道滞留－边滩沉积叠加砂体。

基于上述成果，总结本书研究中取得的3点创新性成果。

（1）基于特征成岩演化序列，兼顾致密化成因的差异性与关联性，建立差异成岩相分类标准，结合常规测井响应，利用概率神经网络方法（PNN），构建了成岩相预测方法，实现了成岩相空间分布的连续预测。

（2）将砂岩与泥岩作为一个完整的成岩系统，综合考虑不同岩性带间成岩流体“阶段性、差异性、交换性”的影响，以砂－泥系统整体成岩演化为指导，厘清了岩性、砂体－泥页岩厚度、沉积微相和有机质演化等对差异致密化的影响。揭示了成岩相与成岩系统差异致密化机理。

（3）多手段联合定量刻画差异致密成岩化对储层渗流特征与机理的影响。优选连通孔隙平均喉道长度、平均连通孔隙体积、孔喉配位数、有效连通孔隙率、核磁T_2谱分形维数、主流喉道半径、喉道微观均质系数和平均连通孔隙半径等参数，结合可动流体饱和度、水膜厚度等参数，对比评价成岩相渗流特征差异，明确差异成因与优质储层类型。

第 2 章　区域地质概况

2.1　研究区概况与构造背景

鄂尔多斯盆地是中国第二大含油气盆地，地处中国大陆内部，盆地本部面积为 25×10^4 km²，同时盆地由多期原型盆地叠合而成，纵向上沉积类型多样化盆地整体为一个东翼宽缓、西翼陡窄的巨大的不对称向斜，地层平缓，向东、北倾斜 0.5°~ 1.0°，向南、西倾斜 2°~ 3°。根据现今构造形态划分为伊盟隆起、渭北隆起、晋西挠褶带、伊陕斜坡、天环坳陷及西缘掩冲带等 6 个一级构造单元（杨俊杰，2002）。

苏里格气田位于鄂尔多斯盆地陕北斜坡北部中带，气藏类型为发育在上古生界碎屑岩系的大型砂岩岩性圈闭气藏，具有低孔、低渗、低压、低丰度和多层系含气特征。本书研究区位于鄂尔多斯盆地苏里格气田中北部，构造位置纵跨伊陕斜坡北部和伊盟隆起南部（见图 2–1），勘探面积约 11 000 km²。地理位置由内蒙古自治区鄂尔多斯地区向南延伸至陕西省榆林地区，地表多被沙漠覆盖，地形平缓，气候为典型内陆半干旱气候。

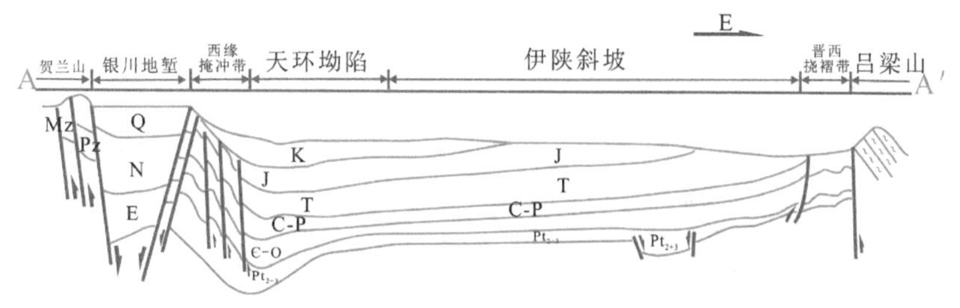

图 2-1　鄂尔多斯盆地东西向剖面图

鄂尔多斯盆地的形成经历了加里东期、印支期、燕山早期、燕山晚期、喜山早期和喜山晚期等 6 个构造旋回。研究区自中生代以来，先后发生了 4 期地层抬升和地层剥蚀，白垩纪末期最为强烈，在苏里格地区的剥蚀厚度为 800 ～ 1 200 m。石盒子组泥岩现今仍然保持欠压实状态（陈义才等，2010），即孔隙流体属于超压状态，难以使相邻储层孔隙流体“倒灌回流”到超压泥岩中。

由于燕山中晚期构造热事件的发生，苏里格地区古地温梯度介于 3.6℃～ 4.0℃ /100m，早白垩世末燕山构造热事件消失，地温梯度下降为现今的 2.8℃～ 3.0℃ /100m。晚白垩世以来地层抬升和剥蚀又进一步使地层温度降低（陈义才等，2010）。苏里格气田盒 8 ～山 2 段从早白垩世末期到现今地层温度大约平均降低了 50℃。

2.2　地层划分与展布特征

关于鄂尔多斯盆地上古生界地层的划分，20 世纪 80 代以来国内大批学者及科研机构开展了大量的工作。鉴于现场划分方案的实际应用较高，本书采取长庆油田地层划分方案为主要依据，主要标志层及特征如下。

2.2.1　二叠系下统山西组

山西组是以“北岔沟砂岩”之底为底界，整合沉积于太原组之上(张海涛，

2010），顶部以“骆驼脖子砂岩”与石盒子组为界。厚度约为 90 ～ 110 m，向西略有减薄趋势。岩性组合包括细－粗粒石英砂岩、岩屑石英砂岩、粉砂岩和灰黑色砂质泥岩夹煤层，为陆源碎屑岩含煤岩系。根据岩性、沉积旋回及含煤性特征划分为上、下两段（赵娟，2011；张海涛，2010）。

下段（山 2）：“北岔沟砂岩”底到煤顶板砂岩之间的一套含煤地层，主力含气层段，发育灰色中－粗粒石英砂岩或岩屑砂岩，夹薄层粉砂岩、泥岩和煤层。厚度一般 30 ～ 60 m。

上段（山 1）：煤层顶板砂岩底到“骆驼脖子砂岩”底。发育灰色砾岩、含砾粗砂岩、中－粗粒岩屑石英砂岩和岩屑砂岩为主，泥岩夹薄煤线。山 1 段主要为冲积扇、辫状河和曲流河沉积，北部发育冲积扇沉积，研究区中部和南部则主要为辫状河和曲流河沉积，山 1 段厚度一般为 40 ～ 50 m。

2.2.2 二叠系中统上、下石盒子组

上、下石盒子组地层属河流相沉积，以“骆驼脖砂岩”之底为底界（陈世悦等，1999），该砂岩顶部发育一层“杂色泥岩”，高自然伽玛值能很好地确定石盒子组与山西组的相对位置。根据沉积序列及岩性组合特征，石盒子组自下而上可划分为 8 段（赵娟，2011）。

盒 8 段～盒 5 段为下石盒子组，地层厚度 120 ～ 160 m，主要为一套浅灰色含砾粗砂岩、中－粗粒砂岩及灰绿色岩屑石英砂岩与灰绿色泥岩互层，砂岩发育板状交错层理和楔状交错层理（张海涛，2010）。盒 7 段底部泥岩与盒 8 段顶部砂岩的岩性差异，盒 8 段顶界存在一个自然伽马 GR 和电阻率 RT 曲线台阶式突变，这可作为盒 8 顶界划分标志。

盒 8 段厚度一般为 70 ～ 80 m。盒 8 段在研究区范围内，主要为一套河流相沉积，主要为辫状河和曲流河，盒 8 段内部以砂体发育情况划分为上下 2 段，盒 8 下亚段形成早，可容空间小，物源充足，发育稳定的厚层

块状砂岩，盒 8 上亚段相对早期层序而言，物源供给减少，可容空间增加，砂岩粒度细，砂体规模小，泥岩标志层稳定。

根据长庆油田开发划分方案，对研究区各单井进行地层划分，并建立地层连井剖面，连井剖面显示各段地层在研究区分布厚度较稳定（见图 2–2，图 2–3）。

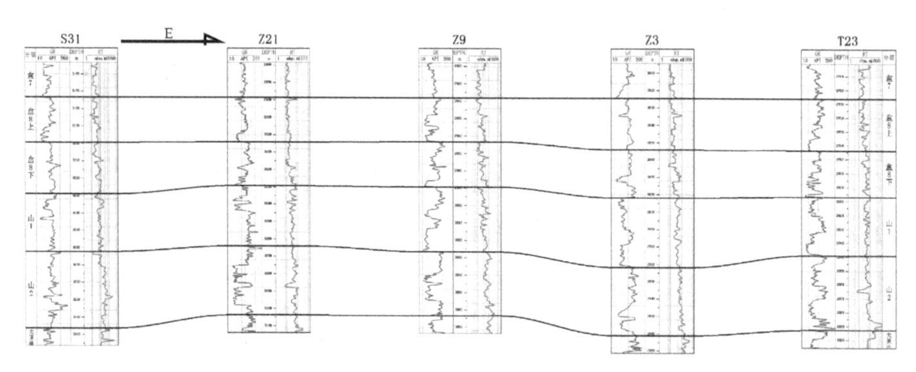

图 2–2　苏里格气田东区 S31~T23 盒 8 段、山 1 段、山 2 段地层对比剖面图（东西向）

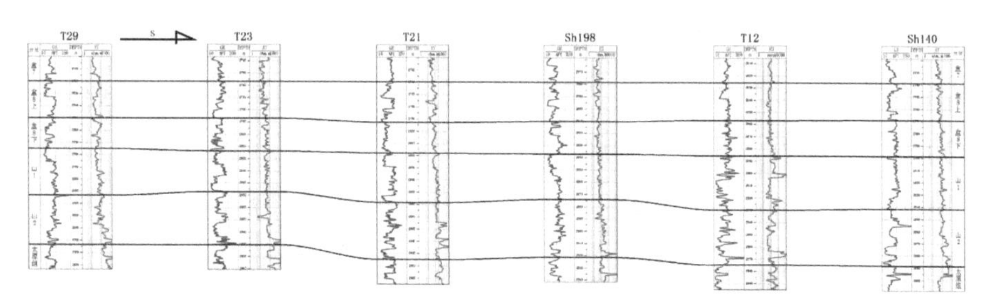

图 2–3　苏里格气田东区 T29~Sh140 盒 8 段、山 1 段、山 2 段地层对比剖面图（南北向）

2.3　沉积演化特征

鄂尔多斯盆地基底为前寒武纪结晶变质岩系，沉积盖层经历了中晚元古代坳拉谷、早古生代陆表海、晚古生代海陆过渡、中生代内陆湖盆及新生代周边断陷等五大阶段，形成了下古生界陆表海碳酸盐岩、上古生界海陆过渡相煤系碎屑岩及中新生界内陆湖盆碎屑岩沉积的三层结构（张海涛，2010）。

早古生代以来，鄂尔多斯地块由于加里东运动抬升为陆，经历了130 ~ 150 Ma 的风化淋滤剥蚀，形成了奥陶系岩溶地貌和碳酸盐岩岩溶孔隙型储层。晚古生代区域下沉接受沉积，形成海陆交互及陆相碎屑岩为特点的沉积组合。石炭－二叠系下部煤岩与暗色泥岩属优质烃源岩，发育于气源岩之间及其上的三角洲平原分流河道砂岩、三角洲前缘水下分流河道砂岩、海相滨岸砂岩及潮道砂岩等构成了上古生界的主要储集岩体（黎菁，2012）。二叠纪山西期－石千峰期是以陆相为主的沉积盆地演化阶段，山西早期为陆缘近海含煤盆地，属于陆缘近海盆地。山西晚期及早石盒子期属内陆盆地，以河流相冲积平原为主；晚石盒子－石千峰期湖泊范围增大。在山西期及早石盒子期，盆地北缘构造活动强烈，陆缘碎屑供给充分。

鄂尔多斯盆地古生界具有广覆型生烃，储集岩多层系发育，区域性封盖层广泛分布等有利条件（李先锋，2012）。石炭－二叠系太原组及山西组海陆交互相的含煤层系中的灰黑色泥岩、煤层，因有机质丰度较高形成了优质烃源岩，发育于气源岩之间及其上的高能水道心滩和叠置边滩砂（Zhu et al.，2009）、三角洲平原分流河道砂岩、三角洲前缘水下分流河道砂岩、海相滨岸砂岩及潮道砂岩等构成了上古生界的主要储集岩体。中石炭统本溪组底部的铝土质泥岩横向分布稳定、岩性致密，为下古生界风化壳气藏的区域盖层，同时分隔上、下古生界两套含气层系。晚二叠世早期沉积的上石盒子组河漫湖相泥岩则构成了上古生界气藏的区域盖层（李先锋，2012）。苏里格地区上古生界位于有利生烃中心，发育大面积展布的三角洲沉积砂体，并且在地质历史时期稳定下沉，区域封盖保存条件良好，有利于大型岩性气藏的形成与富集（赵娟，2011）。

下二叠统山西组至石盒子组盒 8 段是主力产气层段，气藏的平均埋深 2 750 ～ 3 250 m，地热梯度为 3.09 ℃ /m，地层压力为 24.188 ～ 27.804 MPa，压力系数一般为 0.83 ～ 0.97。盒 8 段为曲流河与辫状河沉积环境（Zhu et al.，2009），厚度为 45 ～ 60 m，山 1 段、山 2 段为曲流河沉积境，厚度分别为 40 ～ 50 m 和 45 ～ 60 m。

2.4　储层砂体特征

鄂尔多斯盆地苏里格气田的上古生界地层发育海陆过渡相 – 陆相碎屑岩沉积。苏里格气田的沉积相早期研究争议不断，特别是山 2 段～盒 8 段沉积环境有四类代表性观点：三角洲沉积体系（魏红红等，1999；何自新等，2003），辫状河 – 三角洲沉积体系（沈玉林等，2006；唐颖等，2015），辫状河体系或辫状河复合体沉积系统（兰朝利等，2005；王涛等，2014；郭智等 2015），以及李文厚等（2002）提出的缓坡型辫状河和低弯度曲流河沉积，向南延伸至三角洲地区。单敬福等（2012）对研究区山西组山 1 段、山 2 段沉积微相进行了研究，并提出这两段沉积期发育洪泛曲流河沉积体系。文华国（2007）认为苏里格气田盒 8 段沉积期主要与北部内蒙古陆抬升有关，盒 8 段发育大型河流 – 冲积平原沉积体系并向南推进。早期沉积物源丰富，随着北部内蒙古陆抬升减弱，中晚期物源供给减少，河流进积作用减弱，沉积模式由辫状河逐渐转变为曲流河（陈兆荣，2009；王世成，2010；白振华，2013）。王卫红（2016）在前人的研究基础上，针对研究区盒 8 段进行沉积相研究，发展性的提出盒 8 下～盒 8 上河流相沉积由辫状河逐渐演化为曲流、网状河。高能水道心滩和叠置边滩砂体构是研究层段的主要储集砂体。

长庆油田在实际勘探过程中通过实际钻井不断更新认识，建立了苏里格地区盒 8 段～山 1 段大型河流—冲积平原沉积典型辫状河与曲流河沉积模式。

辫状河沉积发育泛滥平原和决口扇沉积；多条河道带之间交互汇聚频繁，辫状河道带网络发育；河道带间发育泛滥平原，洪泛期河道决口，可形成决口扇；河道带内，河道分隔心滩，形成了复杂的辫状河道网络（见图 2–4 A）。曲流河沉积由多条低弯度曲流河（或交织河）共同组成，并非简单的单河道曲流河沉积（见图 2–4 B）。

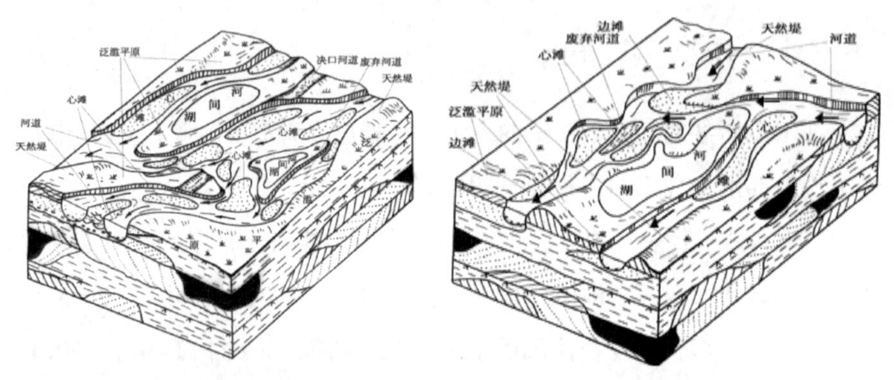

A 盒 8 下段辫状河沉积模式图　　B 多河道低弯度曲流河沉积模式

图 2–4　苏里格地区辫状河、曲流河沉积模式

结合前人对苏里格气田及本区目的层段沉积相类型的认识，开展不同沉积类型主要砂体结构的特征分析。

2.4.1　沉积构造特征

据岩心观察，山 2 段～盒 8 段层面构造主要为河道底部冲刷面，分别对辫状河与曲流河的沉积构造进行识别，辫状河相典型沉积构造（见图 2–5）包括砾岩块状层理（A，B）、砂岩块状层（C）、砾岩 – 粗砂岩韵律层理（D）、砾岩正向递变层理（E）、砂岩反向递变层理（F）、板状交错层理（G，I，J）、平行层理（J）、突变界面（H）、冲刷面（K）和煤线平行层理（L）。

A 砾岩块状层理 召56井，3 235.08 m，盒8下

B 砾岩块状层理 召48井，2 916.39 m，盒8下

C 砂岩块状层理 统31井，2 816.67 m，盒8下

D 砾岩-粗砂岩韵律层理 统31井，2 811.86 m，盒8下

E 砾岩正向递变层理 召53井，2 704.69 m，盒8下

F 砂岩反向递变层理（细砂岩-粗砂岩） 召48井，2 903.07 m，盒8下

G 板状交错层理 召36井，3 096.64 m，盒8下

H 粗砂岩与粉砂岩突变界面 召36井，3 090.35 m，盒8下

I 岩性突变界面、砂岩板状交错层理 召36井，3 096.64 m，盒8下

J 板状交错层理、平行层理 召39井，2 876.58 m，盒8下

K 冲刷面 召53井，2 695.45 m，盒8下

L 砂岩中煤线近平行层理 召34井，3 121.04 m，盒8下

图 2-5　辫状河砂岩典型沉积构造

曲流河典型构造见（见图 2-6）包括砂岩块状层（A，B），砾岩块状层理（C，D）、砾岩 - 粗砂岩韵律层理（E）、砂岩韵律层理（F）、水平层理（G）、楔状交错层理（H，I）、板状交错层理（J）、正向递变层理（K）、反向递变层理（L）、冲刷面（M，N）、岩性突变界面（O，P）和砾石层发育碳屑（Q）。

A 粗砂岩块状层理 召36井，3 130.56 m,山1

B 中砂岩块状层理 统31井，2 907.52 m,山1

C 砾岩块状层理 召36井，3 306.7 m,山2

D 砾岩块状层理 召48井，2 986.83 m,山2

E 砾岩-粗砂岩韵律层理 统31井，2 938.13 m,山2

F 砂岩韵律层理,水平层理 召39井，2 922.89 m,山1

G 水平层理 召48井，2 993.96 m,山2

H 楔状交错层理 召48井，2 993.96 m,山2

I 楔状交错层理 召34井，3 206.38 m,山2

J 板状交错层理 召34井，3 206.04 m,山2

K 正向递变层理,顶部见煤质薄夹层 统31井，2 941.78 m,山2

L 反向递变层理 统31井，2 941.78 m,山2

M 冲刷面 召39井，2 918.01 m,山1

N 弱冲刷面 召39井，2 924.0 m,山1

O 岩性突变接触,顶部为泥砾层 召34井，3 206.04 m,山2

P 岩性突变接触 召39井，2 945.06 m,山2

Q 砾石层发育薄煤线 召48井，2 982.38 m,山2

图 2-6　曲流河砂岩典型沉积构造

2.4.2　沉积相与测井相

在沉积构造研究分析基础上，结合前人研究认识，研究区盒 8 下亚段“砂包泥”特征明显，砾岩、粗砂岩比例高，泥岩呈灰色、浅灰色，反映季节性干燥气候，属于辫状河沉积体系，发育河床滞留、心滩和泛滥平原等典型沉积微相。山 1、山 2 和盒 8 上亚段呈现“泥包砂”特征，暗色泥岩比例高，砂岩粒度相对盒 8 下亚段细，中、细砂岩比例高，气候条件湿润，属于曲流河沉积体系，河床滞留、边滩、天然堤、泛滥平原及决口扇等沉积微相发育（表 2–1）。

表 2–1　苏里格气田东区山 2 段～盒 8 段沉积相划分表

<table>
<tr><th>层位</th><th>沉积相</th><th>主要沉积微相</th></tr>
<tr><td>盒 8 上亚段</td><td>曲流河</td><td>河床滞留沉积、边滩、决口扇、天然堤、泛滥平原</td></tr>
<tr><td>盒 8 下亚段</td><td>辫状河</td><td>河床滞留沉积、心滩、泛滥平原</td></tr>
<tr><td>山 1 段</td><td>曲流河</td><td rowspan="2">河床滞留沉积、边滩、决口扇、天然堤、泛滥平原</td></tr>
<tr><td>山 2 段</td><td>曲流河</td></tr>
</table>

测井信息是沉积环境和沉积物特征的响应，不同的沉积相、岩性组合具有差异的测井曲线响应特征。通常可根据自然伽马、自然电位和电阻率等曲线形态进行测井相划分（时卓等，2012）。特别是自然伽马（GR）曲线幅度特征与碎屑岩粒度关系最为明显，泥岩段伽马高，砂岩伽马值往往呈负异常（贡一鸣，2016）。因此可依据测井曲线幅度、形态、顶 – 底接触关系和光滑程度等解释粒度、泥质含量等的变化，刻画垂向岩性与砂体结构序列，进行沉积微相划分。

通过对区域近 50 口典型井测井曲线与取芯岩心标定，建立了辫状河与曲流河沉积典型砂体类型的测井相类型识别标。

辫状河沉积心滩主要为箱形、齿化箱形及钟形 + 箱形组合，河道砂体呈钟形，河道底部漏斗形砂体发育程度较低。泛滥平原泥岩、粉砂岩等细粒沉积物在剖面上呈微齿化 + 线形特征（见图 2–7，见表 2–2）。

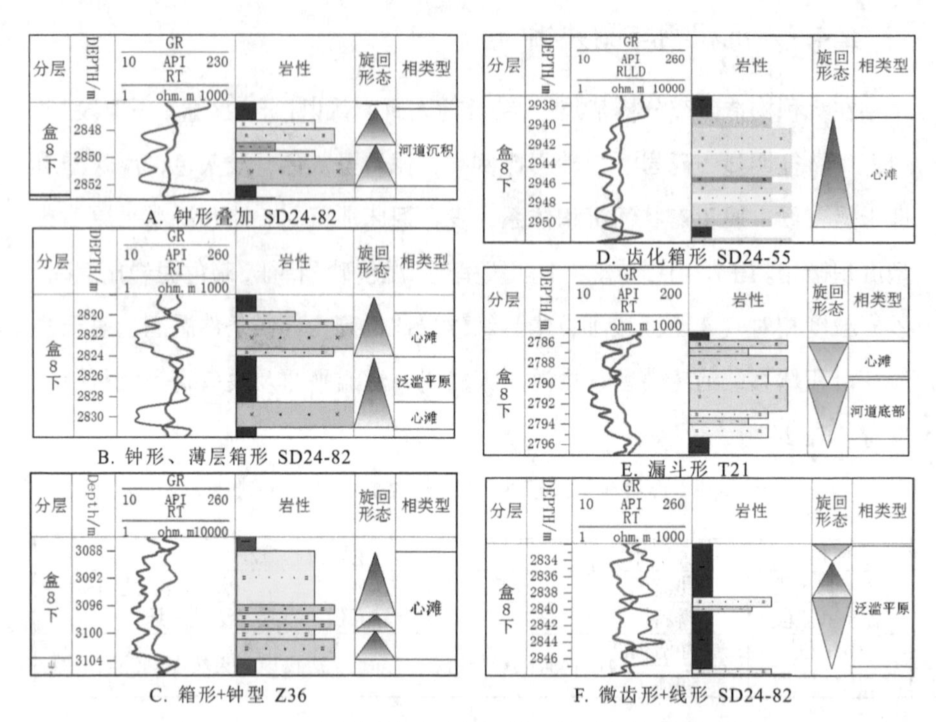

图 2-7 研究区辫状河沉积典型测井相形态及沉积特征

表 2-2 辫状河沉积典型测井相（自然伽马）形态类型及沉积特征

沉积类型	曲线形态	曲线特征	岩性	微相类型
辫状河	钟形	中幅，曲线微齿化	河流相典型曲线形态，具正韵律结构，砂岩与下伏泥岩突变接触，具冲刷面，顶部与泥岩渐变接触	河道沉积
	箱形	中－高幅，曲线光滑或平直	砂岩顶、底与泥岩突变接触。纵向上无明显韵律，箱形岩性较粗，粉砂或泥质夹层欠发育，水动力较强	心滩
	齿化箱形	中－高幅，曲线平直或微齿化	齿化箱形为多个正旋回叠加，泥粉砂薄夹层发育，水动力强弱交替	
	钟形＋箱形	中－高幅，曲线微齿化	纵向上为多个正韵律叠加，底部发育中－薄层箱形砂体，以粗砂岩为主，向上逐渐演变为细砂岩，水动力变弱	
	漏斗形	中幅，漏斗形，曲线光滑或微齿	发育反韵律，河道底部发育泥砾层，与下伏泥质层呈冲刷接触，冲刷面明显，向上泥砾减少，向上与钟形或箱形叠加	河道底部
	微齿化＋线形	低幅，曲线平直、微齿化	泥岩、粉砂岩及泥质粉砂岩，发育水平层理，具块状构造，泥岩层中发育砂岩透镜体，纵向上无明显韵律	泛滥平原

曲流河沉积边滩多为钟形，滞留沉积 + 边滩的沉积组合呈齿化箱形或箱形 + 钟形，滞留沉积表现为高幅平滑箱形，决口扇呈漏斗形或指形 + 漏斗形。泛滥平原呈微齿化 + 线形特征（见图 2-8，见表 2-3）。

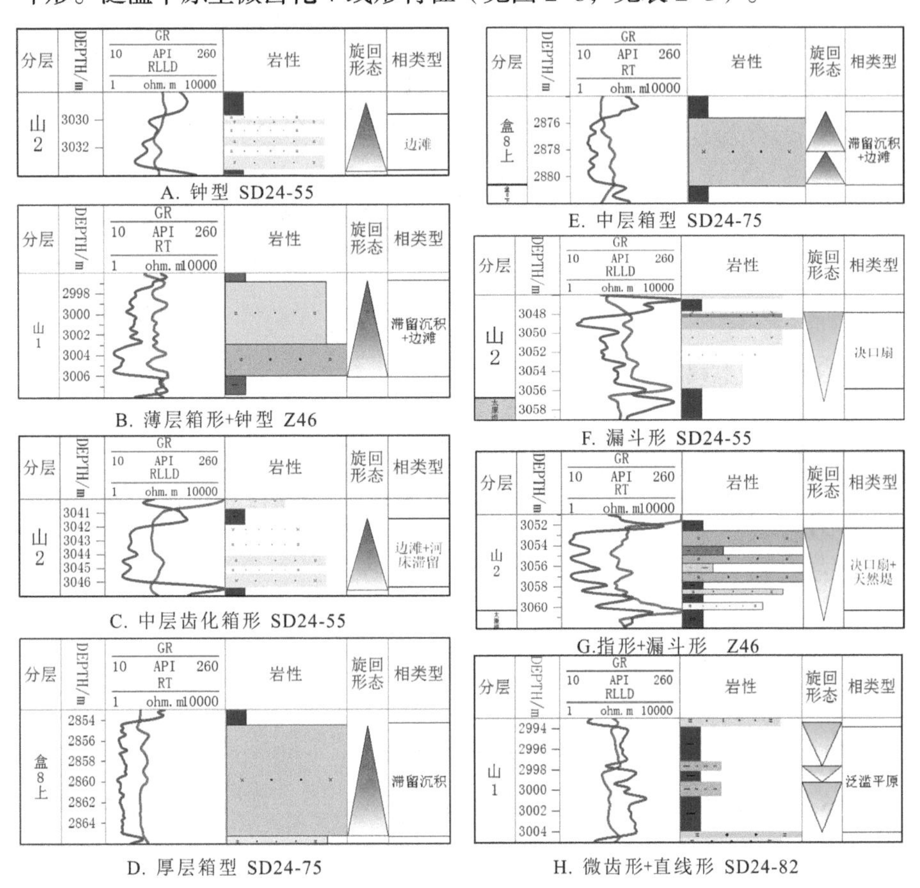

图 2-8　研究区曲流河沉积典型测井相形态及沉积特征

表 2-3　曲流河沉积典型测井相形态类型及沉积特征

沉积类型	曲线形态	GR 曲线特征	岩性	微相类型
曲流河	钟形	中幅，曲线微齿化	具正韵律结构，底部为河床滞留沉积，向上过渡为天然堤，砂岩与下伏泥岩突变接触，具冲刷面，顶部与泥岩渐变接触	边滩

续表

沉积类型	曲线形态	GR 曲线特征	岩性	微相类型
曲流河	齿化箱形	中－高幅，曲线齿化或微齿化	砂岩顶、底与泥岩突变接触。纵向上呈弱正韵律，为多个正旋回叠加，底部发育粗粒砂岩或含砾粗砂岩	滞留沉积＋边滩
	箱形＋钟形	中－高幅，曲线微齿化	正韵律发育，箱形与钟形渐变或突变接触，底部为河床滞留沉积，含砾粗砂岩或粗砂岩发育，向上演变为边滩沉积，发育中－细粒砂岩	
	平滑箱形	高幅，曲线光滑	砂岩顶、底面均与泥岩突变接触。岩性较粗，块状结构发育，岩性为含砾砂岩及粗砂岩，物源充足、水动力强，底部具冲刷面	滞留沉积
	漏斗形	中幅，漏斗形，曲线光滑或微齿	反韵律，局部冲刷明显，侧向延伸有限，细砂岩、粉砂岩为主，发育小型交错层理，具冲刷、充填构造	决口扇
	指形＋漏斗形	中－高幅，曲线呈指状，指状漏斗形	纵向上整体呈反韵律，是多个指状砂体与泥岩、粉砂质岩层的组合，与上下界面泥岩突变或渐变接触，水动力变化较快，强弱交替频繁	决口扇＋天然堤
	微齿形＋直线形	低幅，曲线平直、微齿化	泥岩、粉砂岩及泥质粉砂岩，发育水平层理，具块状构造，泥岩层中发育砂岩透镜体，纵向上无明显韵律	泛滥平原

2.5 苏里格气田上古气藏构造特征

研究区区域构造为一宽缓的区域性西倾大单斜，坡降 3 ～ 10 m/km，倾角小于 1° 。在宽缓的斜坡上发育多排北东走向、西南倾覆的低缓鼻隆，鼻隆宽 5 ～ 15 km，长 10 ～ 35 km，幅度普遍小于 20 m（见图 2–9）。整个区域的构造分布从历史演化来看，由沉积时期的北西高南东低，转为现今的东高西低（张海涛，2010；金文辉，2013）。

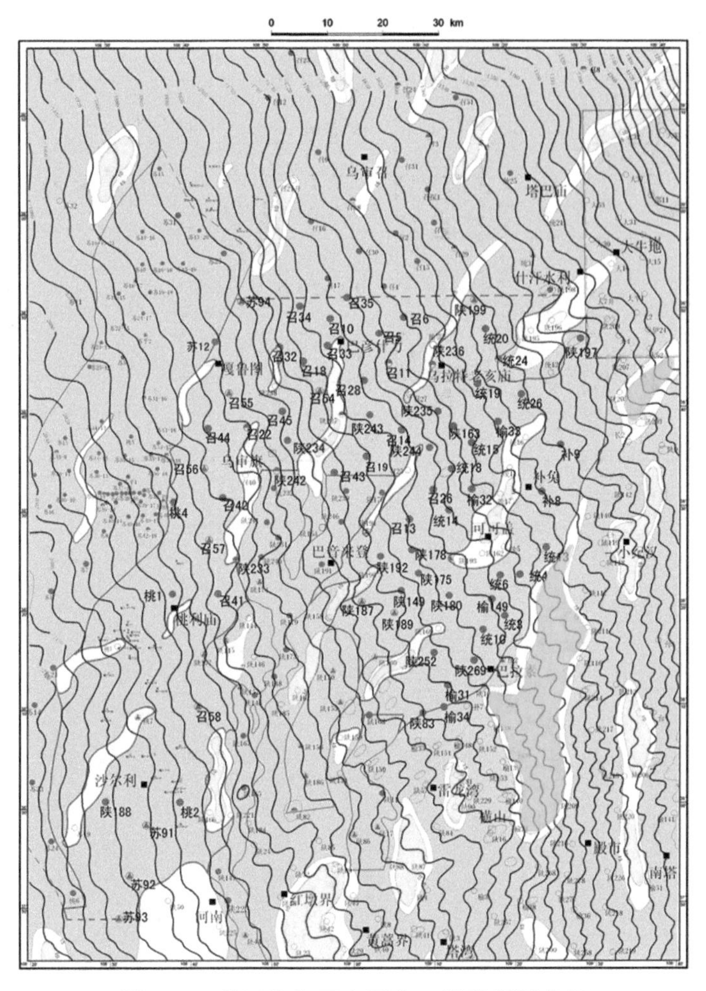

图 2–9　苏里格气田东区盒 8 段圈闭要素图

（据长庆油田勘探开发研究院）

在区域西倾单斜构造背景之上，盒 8 气藏沿主砂体近南北向展布，东侧为泥岩遮挡。气藏分布不受局部鼻隆构造控制，为典型的砂岩岩性圈闭气藏。山 1、山 2 段气藏受河道砂体控制，圈闭类型与盒 8 基本类似，为大型岩性圈闭，储盖组合特征明显（见表 2–4）。气藏未见边、底水，属弹性驱动层状定容气藏。

表 2-4　苏里格气田东区气层储盖组合表

层位		层位代号	储盖组合	油气层位	地层厚度 /m	储层厚度 /m	储层分类	岩性简述
气层组	层组							
下石盒子组	盒 7	P_{2x7}						
	盒 8	P_{2x8}			45 ~ 60	15 ~ 40	气层	岩屑石英砂岩、石英砂岩
山西组	山 1	P_{1s1}			40 ~ 50	10 ~ 20	气层	岩屑石英砂岩、岩屑砂岩
	山 2	P_{1s2}			45 ~ 60	10 ~ 25	气层	石英砂岩、岩屑石英砂岩
太原组	太原组	P_{1t}			25 ~ 40			

盖层　　储层　　气层

第 3 章　储层基本特征

储层的基本特征是致密砂岩储层差异致密化研究的基础。岩石学特征反映原始沉积环境类型，岩石组分与结构特征决定了储层的原始性质，并对砂岩成岩作用与孔隙演化具有控制作用。储集空间类型与物性特征是储层对储层整体质量评价和差异致密化程度认识的基础。本章利用铸体薄片分析、扫描电镜、X- 射线衍射、物性测试和压汞分析等测试手段，对盒 8 段、山 1 段和山 2 段致密砂岩储层基本特征进行对比研究。

3.1　储层岩石学特征

3.1.1　岩石结构特征

对研究区三个层段 2 000 余块砂岩薄片进行岩石结构特征分析，粒径区间 0.25 ~ 1 mm 的砂岩样品在三个层段占比最高，大于 50%，砂岩粒度以中粒和粗粒为主。碎屑颗粒分选中等比例超过 50%，分选好的样品比例为 30% 左右。颗粒磨圆度盒 8 段与山 1 段主要为次棱状及次棱 – 次圆状，山 2 段次圆状比例达 37%，次棱状及次棱 – 次圆状比例为 30% 左右。胶结类型多样，主要为孔隙胶结、再生 – 孔隙胶结、压嵌胶结和接触胶结，其

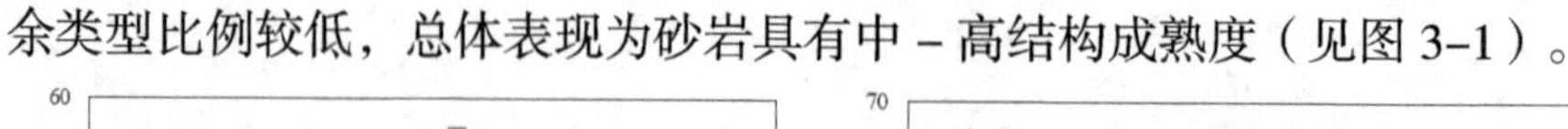

余类型比例较低，总体表现为砂岩具有中－高结构成熟度（见图 3–1）。

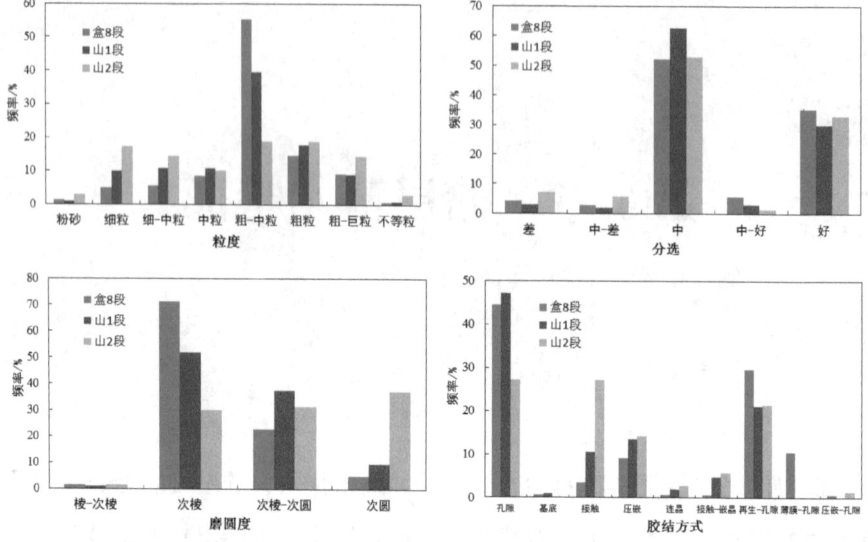

图 3–1 苏里格气田东区山 2 ～盒 8 段砂岩结构特征参数分布直方图

3.1.2 碎屑组分与岩石类型

对研究区三个层段 2 500 余块砂岩铸体薄片鉴定结果进行统计，依据 Folk（1974）砂岩岩石类型划分方案，三个层段岩石类型均以岩屑砂岩为主，山 1 段比例最高，为 83.98%；其次为岩屑石英砂岩，山 2 段比例最高，为 30.50%，山 1 段比例最低，仅为 11.69%；长石岩屑砂岩三段比例均不超过 5%，这也反映了整体长石含量偏低；石英砂岩仅在盒 8 段与山 2 段可见，山 2 段石英砂岩比例达到了 14.37%（见图 3–2，见图 3–3）。

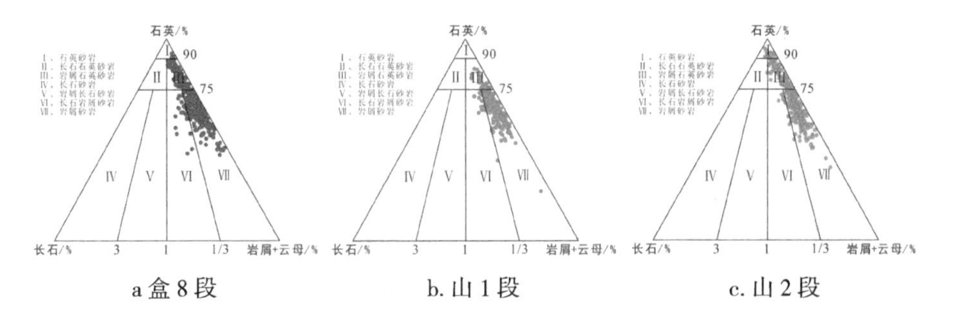

a 盒 8 段　　b. 山 1 段　　c. 山 2 段

图 3-2　苏里格气田东区盒 8、山 1、山 2 段砂岩类型三角图

a. 中粒岩屑砂岩，正交偏光，SD24-55，2 946.09 m，H8

b. 中粒岩屑砂岩，正交偏光，SD24-55，2 979.09 m ，S1

c. 细粒石英砂岩，正交偏光，SD24-55，3 047.58 m，S2

图 3-3　砂岩微观特征

受沉积相类型影响，三个层段的岩性及物质组成虽然具有一定差异，

但差异较弱，碎屑成分都以石英(45%～60%)为主，其次为岩屑(20%～30%)和长石（8%～13%）。岩屑组分以刚性岩屑（砂岩屑、花岗岩屑、碳酸盐岩屑、白云母石英片岩屑、多晶石英岩屑和石英岩屑）为主，质量分数平均为23.5%，塑性岩屑（泥岩屑、粉砂岩屑、板岩屑、片岩岩屑和千枚岩屑）质量分数约为6.5%。各类岩屑中变质岩岩屑比例最高，各段平均含量为11%～14%。砂岩碎屑含量平均值高于85%，其余组分为杂基和胶结物。各段砂岩的成分成熟度均值都大于2，属于中~高成熟。（见表3–1）。

表3–1 研究区各层段砂岩碎屑含量统计表

层段	参数类型	陆源碎屑绝对含量/%									Q/(F+L)	样数/个
		石英	燧石	长石		岩屑			总岩屑含量	碎屑总量		
				钾长石	斜长石	岩浆岩	变质岩	沉积岩				
H8	范围	37~79	0.5~8	1~9	0.5~4	1~10	2~32.5	2~23	5~42.5	66~99	0.9~13.2	1 431
	均值	58.31	2.21	2.00	2.32	3.68	14.03	5.34	23.00	86.14	2.9	
S1	范围	23~67	0.5~10	1~8	1~6	1~32	4~31	2~26	9~68	59~97	0.3~4.8	738
	均值	56.45	2.61	2.59	2.26	4.10	12.98	7.73	24.73	87.39	2.3	
S2	范围	20~90	1~8.5	1~6	0.5~5	2~10	1~43.5	2~29	3~50.5	59~99	0.7~16.8	334
	均值	58.68	3.82	2.70	2.11	3.24	11.65	7.96	22.46	88.63	4.4	

3.1.3 填隙物特征

研究区各层段填隙物主要包括硅质、碳酸盐胶结物、黏土矿物和少量硫化物，含量一般分布在5%~20%，平均值为12.9%，少数样品胶结物含量可达40%（见表3–2）。

表3–2 研究区各层段样品填隙物含量统计

层位	参数类型	硅质胶结物含量/%		碳酸盐胶结物含量/%			黏土矿物含量/%	样品数/块
		石英加大边	自生石英	方解石	白云石	菱铁矿		
盒8段	范 围	0.15~8.0	0.3~5.0	0.2~30	0.1~5	0.05~2	1.81~15.79	1 431
	平均值	2.23	0.81	3.54	0.21	0.02	4.88	
山1段	范 围	0.5~6.0	0.3~2.0	0.5~36	0.2~2	0~2.5	1.48~4.87	738
	平均值	2.13	0.50	5.21	0.15	0.06	3.26	
山2段	范 围	0.5~9	0.1~6.5	0.3~37.5	0.2~3	0.1~2.4	0.79~4.4	334
	平均值	2.86	1.14	3.95	0.35	0.07	2.36	

硅质胶结物是研究层段储层中最常见的胶结物之一，产出形式为石英次生加大边或自生石英，强烈的硅质胶结会破坏粒间孔隙和喉道（见图 3–4）。山 2 段石英次生加大边含量最高，一般分布 0.5% ～ 9.0%，平均值为 2.86%，其次为盒 8 段，含量分布 0.15% ～ 8%，平均值为 2.23%，山 1 段含量最低，平均值为 2.13%。自生石英含量同样为山 2 段最高，平均值达到了 1.14%，盒 8 段平均含量为 0.81%，山 1 段平均含量为 0.5%（见表 3–2）。

a. 粒间孔隙中见晶型较好的自生石英微晶，T29，2 885.72 m，H8

b. 石英次生加大边发育，正交偏光，SD24–55，2 995.21 m，S1

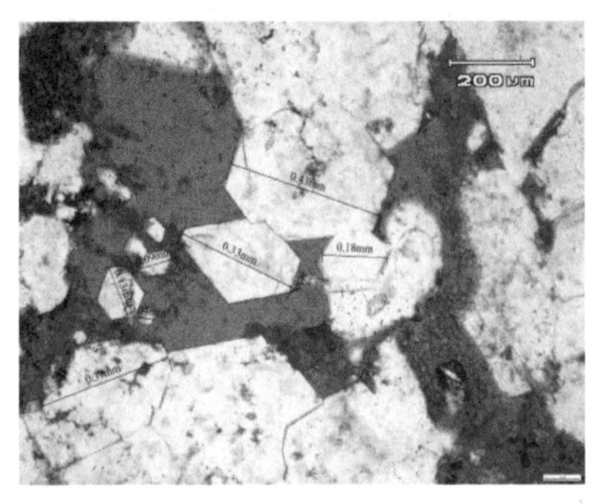

c. 粒间孔隙中的自生微晶石英，–，Z24，3 001.29 m，S2

图 3–4　不同层段硅质胶结显微特征

碳酸岩胶结物作为主要胶结物，在部分样品中含量超过硅质胶结物。主要为方解石（见图 3–5），其次为白云石以及菱铁矿，方解石含量一般分布在 0.2%~37.5%，平均值山 1 段最高，为 5.21%，方解石通常呈嵌晶胶结于颗粒间，当方解石含量大于 18% 时，多以连晶胶结产出，破坏、堵塞孔隙与喉道。白云石的含量一般为 0.1%~5%，平均值小于 0.5%，菱铁矿作为胶结物，在三个层段含量一般不超过 3%（见表 3–2）。

a. 方解石嵌晶胶结，方解石茜素红染色呈紫红色，Y33，2 871.55 m，H8

b. 方解石连晶胶结，正交偏光，SD24–55，2 978.01 m，S1

c. 方解石嵌晶胶结，单偏光，Z24，3 009.7 m，S2

图 3–5　不同层段方解石胶结显微特征

黏土矿物包含伊利石、绿泥石、高岭石及伊 – 蒙混层矿物，为定量分析各类型黏土矿物含量，选取三个层段部分样品通过沉降法抽提（＜10 μm）的储层岩石中黏土，砂岩中黏土矿物绝对含量为 0.79%~15.79%。其中，盒 8 段平均含量为 4.88%，山 1 段平均含量为 3.26%，山 2 段平均含量为 2.36%。

从黏土矿物绝对含量盒 8 段＞山 1 段＞山 2 段（见表 3–3）。

对三个层段 75 个砂岩样品抽提＜ 2μm 的黏土进行 X– 衍射黏土矿物相对含量分析（见表 3–3）：盒 8 段砂岩黏土矿物平均含量伊利石为 16.02%，伊 – 蒙间层矿物为 5.17%，高岭石为 58.57%，绿泥石为 20.25%；山 1 段砂岩黏土矿物平均含量伊利石为 15.76%，伊 – 蒙间层矿物为 4.81%，高岭石为 61.09%，绿泥石为 18.35%；山 2 段砂岩黏土矿物平均含量伊利石为 16.88%，伊 – 蒙间层矿物为 5.61%，高岭石为 59.57%，绿泥石为 17.95%。总体上以高岭石和绿泥石为主，其次为伊利石和伊 – 蒙间层。

表 3–3 研究层段砂岩 X– 射线衍射黏土矿物含量统计表

层位	参数类型	黏土绝对含量 /%	黏土矿物相对含量 /%				间层比	样品数 / 个
			伊利石	伊 – 蒙间层	高岭石	绿泥石		
盒 8 段	范 围	1.81~15.79	2.2~62.3	0~24.9	9.3~75.5	6.1~33.4	0~15	35
	平均值	4.88	16.02	5.17	58.57	20.25		
山 1 段	范 围	1.48~4.87	2.2~62.3	0~24.9	9.3~84.5	0~33.4	0~15	20
	平均值	3.26	15.76	4.81	61.09	18.35		
山 2 段	范 围	0.79~4.4	2.2~62.3	0~24.9	9.3~83	0~33.4	0~15	20
	平均值	2.36	16.88	5.61	59.57	17.95		

书页状、蠕虫装高岭石（见图 3–6a）作为研究区主要的黏土矿物相对含量最高达 84.5%，衍射图谱发育两个衍射峰，晶面间距分别为 7.2Å 和 3.58Å（见图 3–7b）。片状、丝缕状伊利石（见图 3–6b）富集的样品，伊利石相对含量最高可达 62.3%，衍射图谱发育两个衍射峰，晶面间距分别为 10.1Å，5.0Å（见图 3–7c）。绿泥石多表现为颗粒包壳，以叶片状垂直于颗粒生长（见图 3–6c），包壳厚度一般为 3 ～ 5μm。各段砂岩中绿泥石的相对含量一般小于 35%，绝对含量不超过 5%，个别富绿泥石样品中相对含量达 65.7%，衍射图谱发育四个衍射峰，晶面间距分别为 1.42Å，7.1Å，4.8 Å，3.53 Å（见图 3–7a）。黏土矿物的存在主要会堵塞孔隙喉道，降低渗透率。

a. 集合状高岭石充填孔隙，SD35-57，2 969.74 m，H8

b. 片状伊利石胶结孔隙，Z28，3 155.44 m，S1

c. 绿泥石包膜或栉壳状生长，Y149，3 054.42 m，S2

图 3-6　典型黏土矿物显微特征

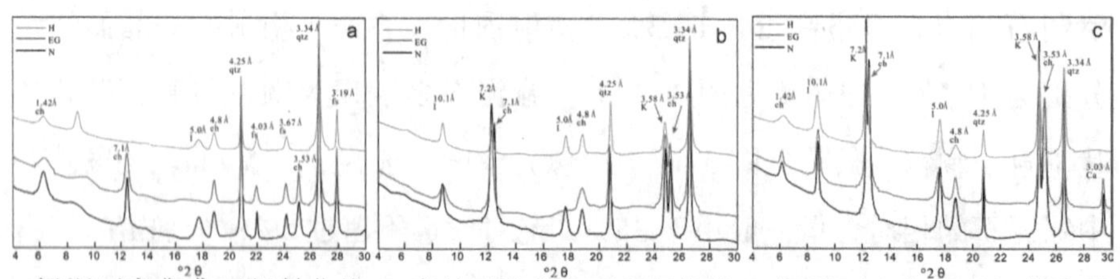

a. 绿泥石富集典型衍射曲线 SD24-55，2 944.99 m，H8　b. 高岭石富集典型衍射曲线 SD24-55，2 968.24 m，S1　c. 伊利石富集典型衍射曲线 SD24-55，3 029.56 m，S2

图 3-7　黏土矿物（＜2 μm）X- 射线衍射图谱

（qtz——石英；fs——长石；ch——绿泥石；I——伊利石；K——高岭石；N——自然风干片；EG——乙二醇饱和片；H——500℃高温片）

3.2　储层物性与储集空间特征

3.2.1　储层物性特征

研究区三个层段，80 余口取芯井，近 2 300 余块岩心物性测试结果表明（见表 3–4）：孔隙度分布盒 8 段 0.51% ～ 22.98%，平均值 9.17%，山 1 段 0.27% ～ 15.54%，平均值 9.58%，山 2 段 0.42% ～ 13.71%，平均值 7.38%；渗透率测试结果三个层段最低值为 0.004 mD，最高值盒 8 段可达 163.57 mD，这与局部存在高渗层段有关，其余两个层段均小于 5 mD。孔隙度与渗透率呈指数相关，相关系数盒 8 段最大，为 0.6489，其次为山 1 段，为 0.5191（见图 3–8）。根据储层划分标准（SY/T 6285–2011），三个层段均为低孔 – 特低孔，特低渗 – 超低渗储层。

表 3–4　研究区储层物性参数统计表

层段	样品数 / 个	孔隙度 /%	渗透率 /mD	相关方程	相关系数 R^2
盒 8 段	1 370	0.51~22.98	0.004~163.57	$K=0.0228e^{0.27\Phi}$	0.5641
		9.17	1.15		
山 1 段	679	0.27~15.54	0.006~1.99	$K=0.0392e^{0.2039\Phi}$	0.5191
		9.58	0.34		
山 2 段	274	0.42~13.71	0.004~3.39	$K=0.0268e^{0.3217\Phi}$	0.3782
		7.38	0.38		

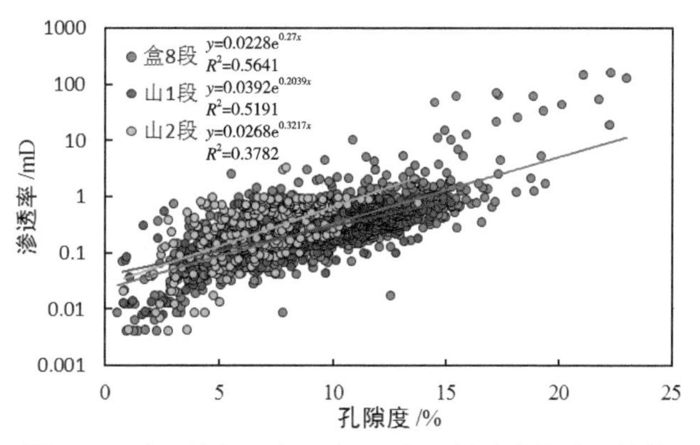

图 3–8　苏里格气田东区山 2~ 盒 8 段砂岩物性相关关系

孔隙度总体三个层段都呈单峰分布，盒 8 段峰值区间为 6%~12%，累计频率为 65%，山 1 段峰值区间为 8%~14%，累计频率为 70%，山 2 段峰值区间为 4%~10%，累计频率 78.6%（见图 3-9a）。渗透率分布同样呈单峰分布，三个层段峰值区间都为 0.1~1 mD，各段比例都超过 75%，忽略＜0.01 mD 与大于 1 mD 的少数样品，三个层段砂岩渗透率均值分别为盒 8 段 0.35 mD，山 1 段 0.34 mD，山 2 段 0.37 mD，各段砂岩渗透率相差不大（见图 3-9b）。综合对比认为山 1 段砂岩物性最好，其次为盒 8 段，山 2 段较差。

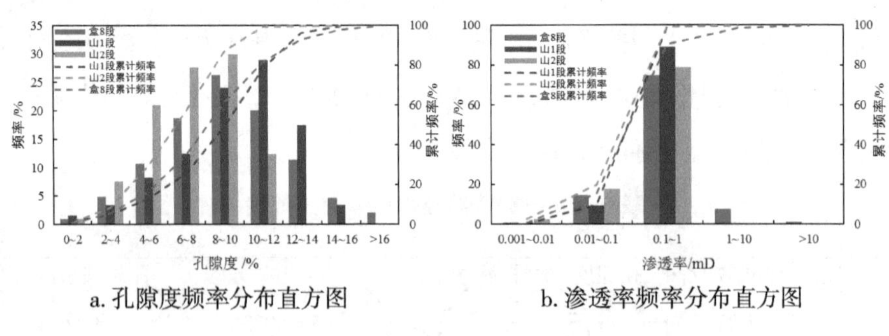

a. 孔隙度频率分布直方图　　b. 渗透率频率分布直方图

图 3-9　研究区山 2~ 盒 8 段孔隙度、渗透率频率分布图

3.2.2　储集空间形态特征

砂岩铸件薄片微观观察结果表明，山 2 ～盒 8 段储层砂岩孔隙类型丰富，包括原生粒间孔、粒内溶孔、粒间溶孔、铸模孔、杂基溶孔和黏土矿物晶间等多种孔隙类型。原生粒间孔隙仅在局部发育，原生孔隙度的面孔率一般是 0.4% ～ 2.1%，平均为 0.75%（见图 3-10 a），次生孔隙包括长石、岩屑溶蚀孔隙及溶蚀形成的黏土矿物晶间孔（图 3-10 b，c，d，e，f），面孔率一般是 1% ～ 2.5%，平均为 1.6%。喉道主要表现为管束状和弯片状（见图 3-10a，e）。

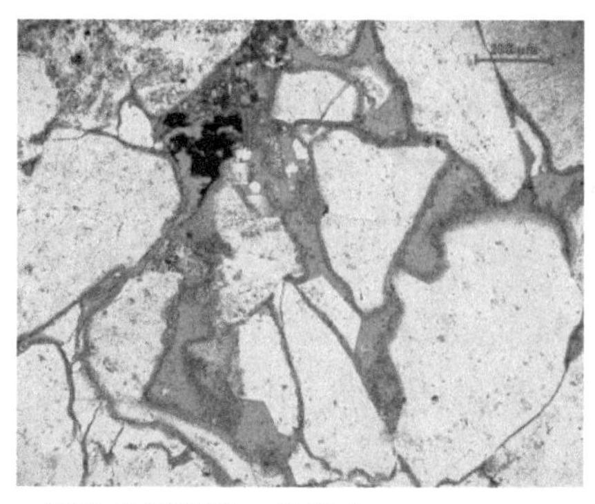

a. 原生粒间孔隙，单偏光，SD24–55，2 974.32 m，S1

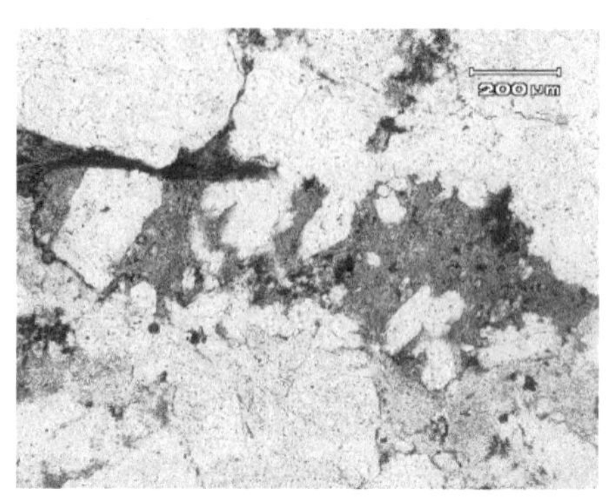

b. 长石颗粒内溶孔，单偏光，T22，2 869.53 m，H8

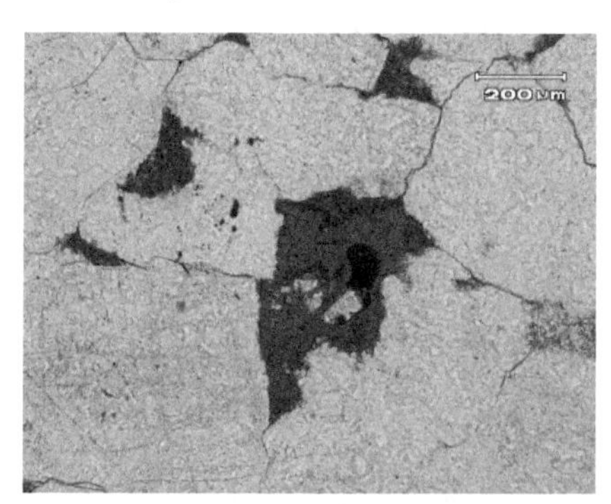

c. 颗粒间溶蚀孔隙，单偏光，Z7，2 996.49 m，S1

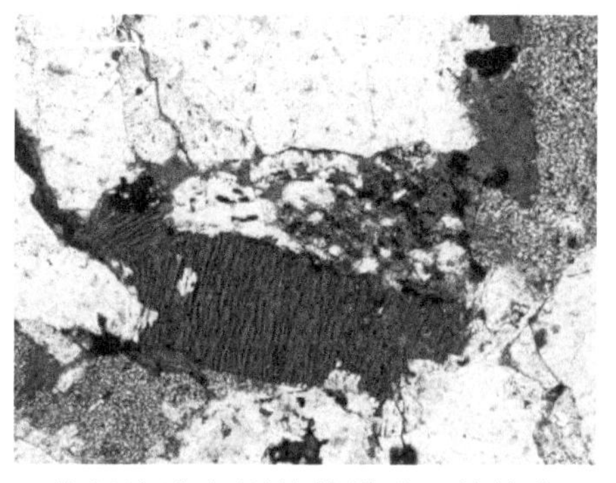

d. 粒间溶孔与颗粒铸模孔，单偏光，T32，2 684.44 m，H8

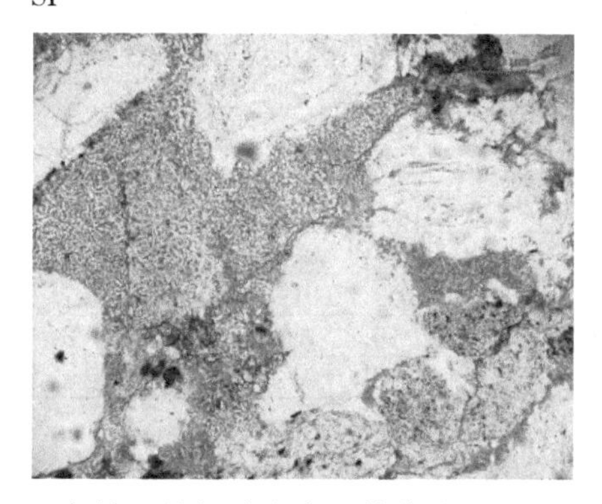

e. 高岭石晶间孔发育，单偏光，SD24–55，3 014.56 m，S2

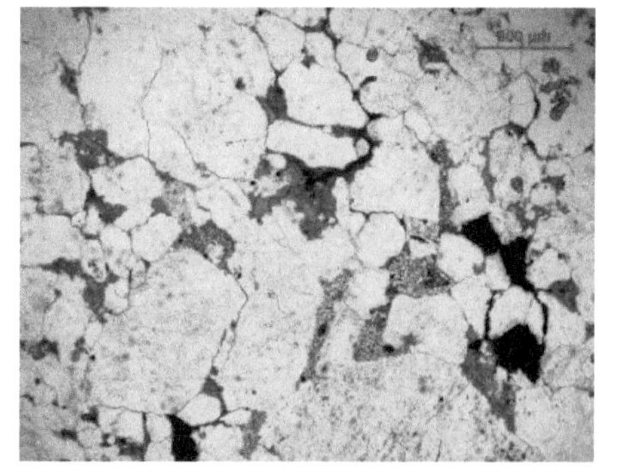

f. 粒间溶蚀孔隙，单偏光，SD24–55，3 044.73 m，S2

图 3–10　储集空间微观特征

砂岩压汞测试孔隙结构参数对比（见表 3-5），测试样品孔隙度分布在 1.8% ～ 16.5%，渗透率分布在 0.037~109.3 mD，个别样品呈现高孔高渗。孔隙均值系数三个层段差异不大，盒 8 段与山 1 段稍大于山 2 段；山 1 段歪度平均值为 -0.04，小于其余两段，反映孔隙喉道偏小，而盒 8 段歪度平均值为 0.26，大孔隙相对较多；分选系数和变异系数平均值都显示山 2 段为最高，这表明该段砂岩孔隙分布均匀性相对较差；不考虑各层段异常高孔渗的样品对平均值的影响，中值压力山 2 段最低，为 11.89，中值半径最大，为 1.16 μm；排驱压力三段砂岩最小为 0.01 MPa，最大为 4.2 MPa，平均值均分布在 0.8~1 MPa，反映最大孔隙喉道半径较为接近；三段砂岩最大进汞饱和度与退汞效率相差不大。整体对比显示孔隙结构参数与孔隙度具有较强的相关性，可以明显看出随着孔隙度与渗透率的增高，排驱压力和中值压力有降低趋势，最大进汞饱和度明显增加，分选系数由差逐渐过渡为中等 - 差，歪度则由细歪度过渡为略粗歪度，盒 8 段孔隙结构参数较山 1 段、山 2 段好。

表 3-5　山 2 ～盒 8 段砂岩压汞测试孔隙结构参数统计表

层位	参数	ϕ /%	K/mD	X	Skp	Sp	C	P_{c50}/MPa	R_{50}/ μm	Kp	Pd/MPa	S_{max}/%	We/%	N
盒 8 段	最小	1.8	0.04	3.41	-3.10	0.88	0.06	0.62	0.004	0.49	0.03	1.02	14.7	124
	最大	16.5	20.68	44.66	2.33	5.12	39.31	170.14	1.18	1.98	4.20	97.4	59.2	
	平均	9.62	0.93	12.11	0.26	1.89	1.63	16.23	0.11	1.03	1.03	78.39	42.77	
山 1 段	最小	2.2	0.04	9.24	-2.36	1.0	0.07	0.59	0.02	0.65	0.23	1.02	19.1	50
	最大	14.7	3.64	13.7	1.95	2.78	17.62	29.50	1.26	1.15	2.5	97.25	64.5	
	平均	8.01	0.45	12.29	-0.04	1.82	3.13	12.38	0.10	0.87	1.08	76.57	46.55	
山 2 段	最小	2.18	0.037	6.94	-2.03	1.1	0.08	0.06	0.01	0.63	0.01	24.7	8.5	34
	最大	11.2	13.3	13.58	1.58	5.0	15.78	120.82	12.77	1.19	2.73	97.91	67.5	
	平均	6.60	0.85	11.17	0.12	2.34	3.37	14.05	1.02	0.78	0.82	77.88	42.55	

备注：ϕ——孔隙度；K——渗透率；X——均值；Skp——歪度；Sp——分选系数；C——变异系数；P_{c50}——中值压力；R_{50}——中值半径；Kp——峰态；Pd——排驱压力；S_{max}——最大进汞饱和度；We——退汞效率；N——样品数

3.3　储层特征差异性评价

三个层段砂岩整体均属于低孔、低渗致密砂岩，储层特征具有共性，也存在差异性。共性体现在储层砂岩类型、物性分布区间和孔隙结构特征等方面，特别是每个层段都发育相对优质储层，也都发育致密层。差异性则体现在不同层段优质储层的发育程度以及整段储层的均值特征。而这些共性与差异性实质是各层段内部储层非均质特征叠加的结果。三个层段内除盒 8 下亚段发育辫状河沉积外，其余各段均属曲流河沉积，因此应基于沉积砂体类型进行储层特征的对比分析，从而明确致密砂岩储层特征的共性与差异性规律。以 SD35-57 为例，对各段纵向连续发育的储层进行综合特征对比分析（见图 3-11）。

3.3.1　岩石学特征差异

层段间岩石类型差异微弱，主要为岩屑砂岩，其中山 2 段在局部发育石英砂岩与岩屑石英砂岩（见图 3-11 p，q，r）。沉积类型与发育位置不同的砂岩具有明显的组分、结构差异，沉积砂体边缘的砂岩成分成熟度、结构成熟度低于砂体内部。例如山 1 段，2 970 ～ 2 979 m 滞留沉积与边滩叠加砂体中，边滩砂体顶部的细 - 中粒岩屑砂岩中富含方解石胶结物（见图 3-12 a），黏土矿物主要为片状伊利石（见图 3-12 d）。边滩砂体内部的中粒岩屑砂岩方解石含量明显降低，且刚性矿物颗粒比例增大（见图 3-12 b），黏土矿物主要为绿泥石以及长石等溶解后的高岭石，孔隙中还发育自生硅质胶结（见图 3-12 e）。滞留沉积底部发育细粒岩屑砂岩，塑性矿物与杂基含量高（见图 3-12 c），黏土矿物类型主要为伊利石与高岭石组合（见图 3-12 f）。

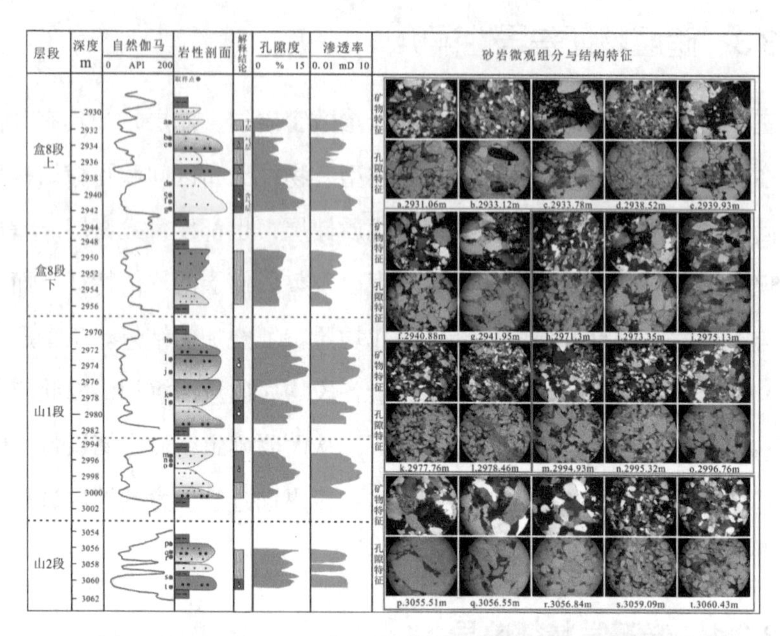

图 3-11 SD35-57 井沉积与微观特征综合在剖面图

a. 细 - 中粒钙质岩屑砂岩，正交偏光，SD35-57，2 971.3 m，S1

b. 中粒岩屑砂岩，正交偏光，2 973.54 m，S1

c. 细粒岩屑砂岩，正交偏光，2 978.46 m，S1

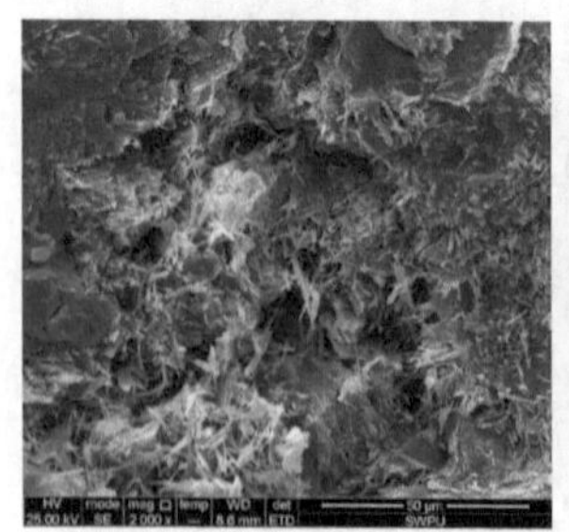

d. 片状、毛发状伊利石发育 SD35-57，2 971.3 m，S1

e. 绿泥石呈栉壳状生长，孔隙中可见自生石英，2 973.54 m，S1

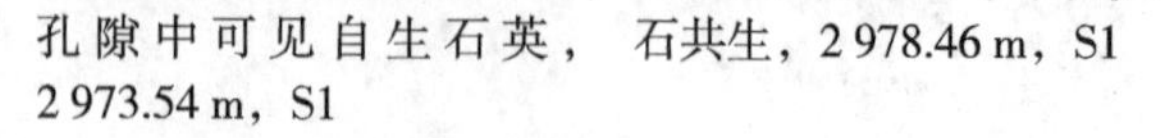

f. 集合状高岭石与片状伊利石共生，2 978.46 m，S1

图 3-12 砂岩矿物组分微观特征对比

3.3.2　物性特征差异

纵向对比砂体内部及砂体间物性非均质性强，孔隙度极差普遍超过 2，渗透率极差可超过 50（见图 3–13）。一系列单砂体的垂向叠加加剧了层段间储层特征的差异程度。主要储层发育砂体物性均值特征对比，边滩、心滩沉积砂岩孔隙度均值普遍小于 6%，滞留沉积砂岩孔隙度均值一般大于 9%，但山 1 段心滩砂岩孔隙度均值大于 8%，而山 2 段滞留沉积砂岩孔隙度均值小于 3%（见图 3–13 a）。砂岩渗透率分布均值一般小于 0.2 mD，山 2 段边滩砂岩均值最高（0.99 mD），滞留沉积砂岩均值最低（0.06 mD）（图 3–13 b）。虽然均值特征差别较弱，但同类型砂体孔隙度或渗透率极差（最大值 / 最小值）的显著差异导致了各层段储层物性的强分异。

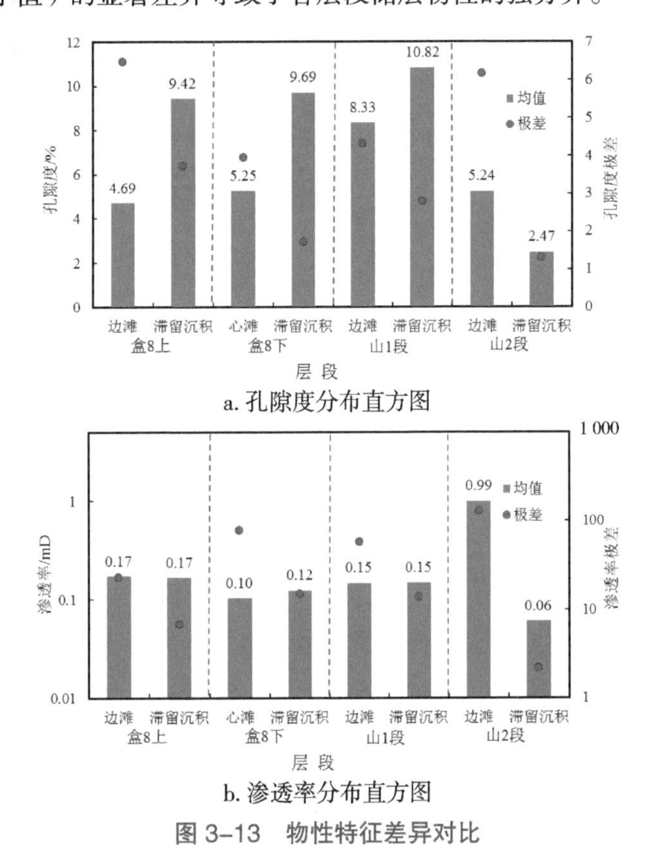

a. 孔隙度分布直方图

b. 渗透率分布直方图

图 3–13　物性特征差异对比

3.3.3 孔隙结构差异

根据物性特征将砂岩划分为两类，第一类呈强致密（见图 3-11 a，b，d，j，k，s，t），铸体薄片无法观察到明显的孔隙，测井解释孔隙度小于 5%，测井解释渗透率低于 1 mD；第二类砂岩孔隙发育，测井解释孔隙度大于 5%，这类砂岩可根据孔隙组合类型细分为三类：A、原生粒间孔隙 + 溶蚀孔隙（见图 3-11 p，q，r），B、溶蚀孔隙 + 高岭石晶间孔隙（见图 3-11 c，e，f，i），C、高岭石晶间孔（见图 3-11 h，l，m，n，o）。

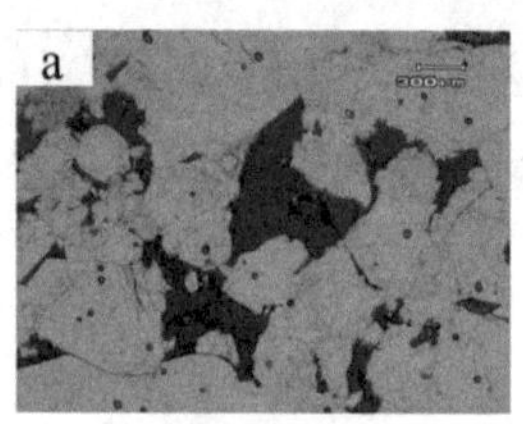

a. 原生粒间孔隙发育，局部见溶蚀孔隙，Z6，3 072.46 m，S2

b，粒间溶蚀孔隙与高岭石晶间孔发育，Z28，3 155.44 m，山 1 段

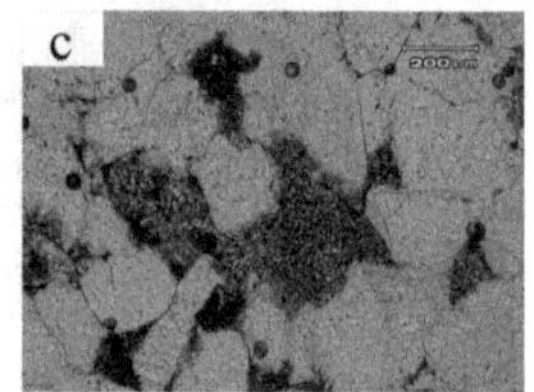

c. 高岭石晶间孔隙，Z6，2 990.96 m，H8

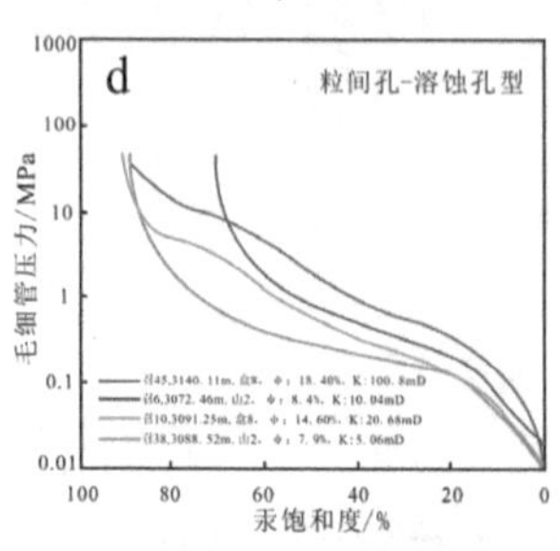

d. 粒间孔 – 溶蚀孔型孔隙组合砂岩压汞曲线特征

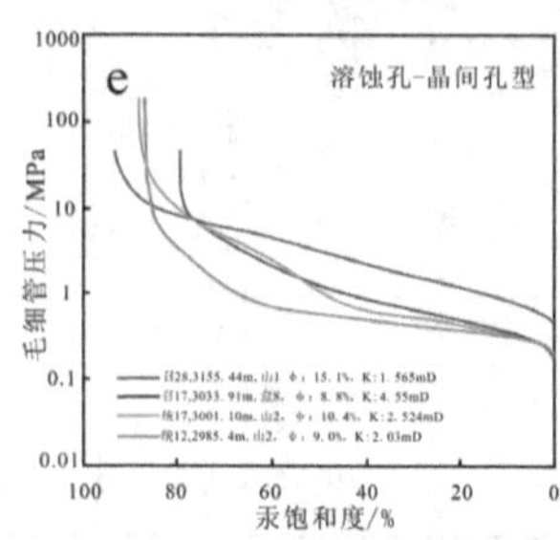

e. 溶蚀孔 – 晶间孔型孔隙组合砂岩压汞曲线特征

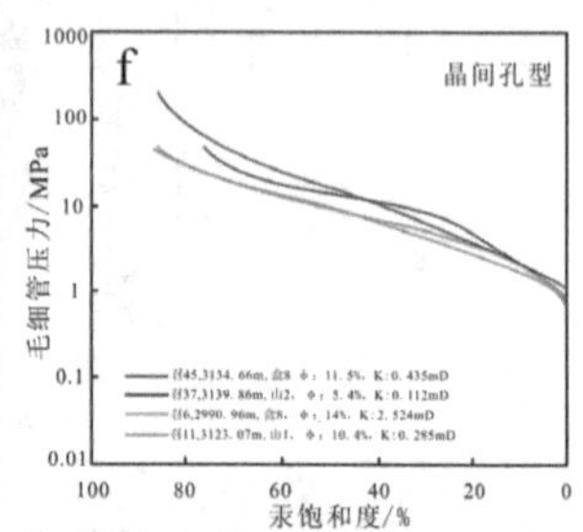

f. 晶间孔型砂岩压汞曲线特征

图 3–14 孔隙结构特征差异对比

压汞测试显示孔隙结构特征不同的三种砂岩毛细管压力曲线形态差异明显（见图 3–14）。原生孔隙发育的砂岩进汞压力低于 0.1 MPa，曲线呈粗歪度（见图 3–14 d）。晶间孔隙为主的砂岩进汞压力大于 1 MPa，曲线呈细歪度，最大进汞饱和度小于 85%（见图 3–14 f）。厚层砂体内部原生孔隙、溶蚀孔隙的发育程度高，而砂体边界，特别是与隔夹层接触的位置

砂岩孔隙发育程度低。不同孔隙类型砂岩的空间组合形成了各层段储层孔隙结构特征的差异（见图 3–11）。

3.3.4　储层分布与产能差异

研究区山 2 ～盒 8 段垂向上为多套辫状河 – 曲流河沉积砂体叠加（见图 3–15），砂体具有多种叠置样式，以孤立状、垂向叠置型和横向切割型为主。砂体发育规模盒 8 段高于山 1 段、山 2 段。

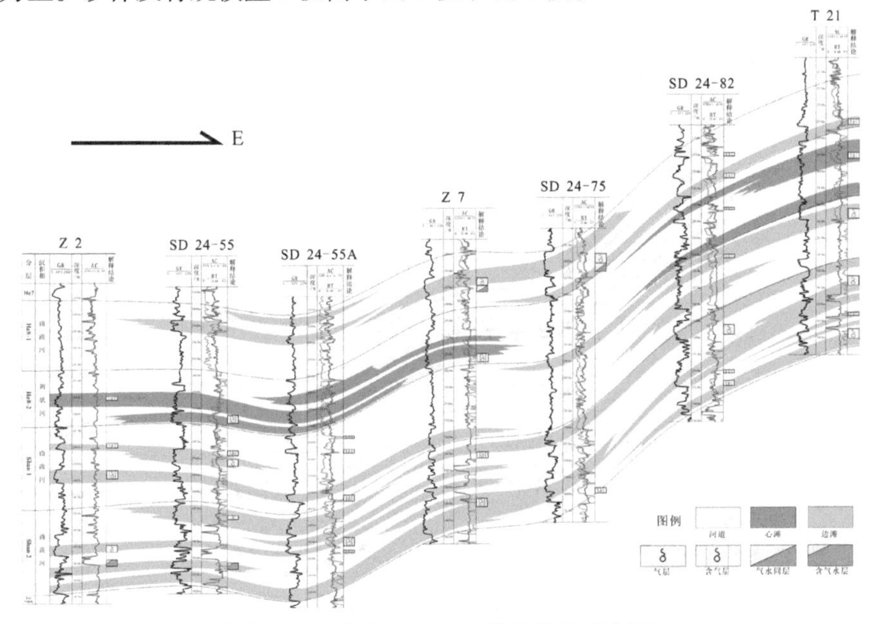

图 3–15　苏东 Z2~T21 井砂体连井剖面

多期砂体叠加，但有效砂体发育零散，导致储层的空间连续性较差，多呈孤立分布，受储层强微观非均质性的影响，层段间以及层段内储层的产能差异强，盒 8 段开发井以中低产井为主，平均无阻流量为 4.02×10^4 m^3/d（$1 \times 10^4 m^3/d$ 以上井），山 1 段开发井则以低产井为主，平均无阻流量为 $3.64 \times 10^4 m^3/d$（$1 \times 10^4 m^3/d$ 以上井），Z44 ～ S205 盒 8 段气藏剖面中，发育在同一套砂体的气层试井显示，T19 井无阻流量为 $1.51 \times 10^4 m^3/d$，而

S235 井无阻流量高达 $6.77 \times 10^4 m^3/d$（见图 3–16）。

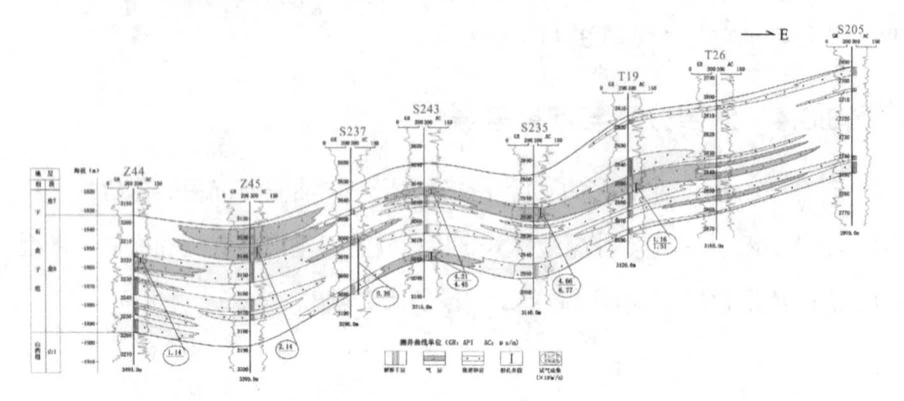

图 3–16　苏东 Z44–S205 井盒 8 段气藏剖面图（据长庆油田）

3.4　小结

本章利用铸体薄片分析、扫描电镜、X– 射线衍射、物性测试和压汞测试等手段，对盒 8 段、山 1 段和山 2 段致密砂岩储层基本特征进行对比研究。

（1）三个层段岩石类型均以中 – 粗粒岩屑砂岩为主，其次为岩屑石英砂岩，砂岩具有中 – 高成分成熟度、中 – 高结构成熟度。

（2）三个层段砂岩孔隙度主要分布在 4% ～ 12%，渗透率主要分布在 0.01 mD ～ 1 mD，均值特征显示孔隙度小于 10%，渗透率小于 1 mD，属于低孔 – 特低孔，特低渗 – 超低渗储层。山 1 段储层物性最好，其次为盒 8 段，山 2 段较差。

（3）三个层段砂岩孔隙类型丰富，原生孔隙仅在局部层段发育，长石、岩屑溶蚀孔隙是主要的储集空间类型。压汞测试显示储层砂岩整体排驱压力高、最大进汞饱和度中等，退汞效率差、分选系数大，反映砂岩孔隙喉道小、非均质性强。盒 8 段总体孔隙结构特征优于山 1 段、山 2 段。

（4）层段内及层段间储层特征差异表现为砂岩物性与孔隙结构的多样、储层物性垂向分异和储层空间分布的不连续，这些差异性是各层段内部非均质性特征的集合，其实质是储层内部砂岩致密化程度与成因的差异。

第 4 章　砂岩差异致密机理研究

致密砂岩储层质量受沉积作用境、成岩作用、构造活动和有机质演化等多因素综合控制（Morad et al.，2010；Maast et al.，2011；Fan et al.，2017）。这些因素的差异导致了储层差异致密化的形成，主要表现为同种或不同种类的砂岩类型（李杪等，2015）、砂体类型（李咪等，2018）、沉积体系（Einsele，2000）间，以及单一沉积层序、沉积相带、砂体内部（Moraes et al.，1993；Morad et al.，2010；胡志才等，2017），储层物性与孔隙结构具有强烈的分异性。

沉积作用决定了砂岩原始组分（碎屑类型、含量）与结构（颗粒粒径、分选、磨圆度）特征，控制了沉积物原始物性差异，并影响成岩作用的进行（Ajdukiewicz and Lander，2010；Milliken et al.，2014；Olivarius et al.，2015）。沉积后的机械压实、胶结、交代和溶蚀等成岩作用改造，决定了储层最终质量（Morad et al.，2010），成岩作用强度与成岩演化序列的差异形成了储层的差异性致密化进程。构造作用影响具有差异性，应力诱发的变形、裂缝能直接影响储层物性，或通过改变渗流能力、物质迁移方式影响成岩作用，构造挤压能加剧压实效应，但伴生的超压可以有效保护原生或次生孔隙（Nguyen et al.，2013）。砂岩致密化不仅是在沉积、成岩和构造作用影响下，砂岩系统内在发生无机矿物与地层水的简单水岩反应，致密化过程中有机质热成熟排酸生烃对于砂岩体系内的成岩作用也具有重要影响。砂岩成岩体系内流体与元素向泥岩成岩体系迁移，以及有机质成熟后形成的有机酸与烃类流体进入砂岩的运动，将独立的泥岩和砂岩成岩体系有机地结合在一起（张守鹏等，2018）。因此，砂岩的差异致密化问题应置于整个砂泥岩系内进行分析。

砂岩差异致密化导致了储层质量的差异性与孔隙结构的复杂性，揭示这种差异现象的本质成因，是开展储层分类研究、渗流特征评价和优质储层空间分布预测的关键。由于研究区经历的多次构造运动均以整体升降为主，内部构造稳定，断层不发育（杨华等，2015），本书重点考虑沉积、成岩与有机质演化对于差异致密化的影响。

本章节在沉积特征与储层基本特征研究基础上，将砂岩与毗邻的泥岩层作为一个完整的成岩系统，通过对砂岩成岩作用特征的定性、定量研究，总结差异致密化现象，建立差异致密化模式（成岩相）分类标准，基于整段砂岩致密演化规律，研究不同致密化模式的成因机理、相互关系及其对成岩系统的影响，从而明确优质储层成因机理，为储层孔隙结构与渗流特征的差异性研究提供依据。

4.1　成岩作用差异特征对比研究

储层致密化受沉积与成岩因素共同影响，而成岩作用是沉积后控制砂岩形成不同成岩相的主要因素，并决定了最终的储层质量与特征（Abid and Hesse，2007；Ehrenberg et al.，2008）。成岩作用类型及强度的差异影响砂岩孔隙的演化路径及自生矿物的发育程度。

4.1.1　压实与压溶作用特征

压实作用是指在上覆沉积物和水体静压力或构造变形压力的作用下，碎屑沉积物空间内水分排出、颗粒间位置发生改变，泥质杂基以及塑性岩屑受挤压发生形变并挤入孔隙，导致孔隙度降低，渗透率变差的过程。压实对储层性质的影响是绝对的、不可逆转的。

压实作用是研究区砂岩成岩早期孔隙减少的主要因素，对砂岩的改造强度一方面受上覆地层压力大小控制，另一方面与砂岩的物质组成和结构特征有关。除了引起普遍强烈的孔隙损失，压实作用的差异影响表现如下：结构成熟度与成分成熟度较低的细粒砂岩抗压实能力远低于中 - 粗粒砂岩（见图 4-1）；压实强度随埋深增加而增大，碎屑颗粒的接触关系逐渐由点 - 线接触向线 - 凹凸接触转变，局部还可见压溶作用导致的颗粒缝合接触（见图 4-1 e，f）；富杂基、塑性矿物和塑性岩屑的砂岩中，杂基受挤压充填孔隙，云母、千枚岩和片岩等则发生塑性变形或呈假杂基状态产出（见图 4-1 a，b）；富刚性颗粒的砂岩中，长石、石英和刚性岩屑等受压破碎、错断转变（见图 4-1 c，d）；同一沉积砂体，砂体边缘处的砂岩压实强度高于砂体内部。

a. 塑性岩屑压实变形充填孔隙，正交偏光，SD35-57，2 948.91 m，H8

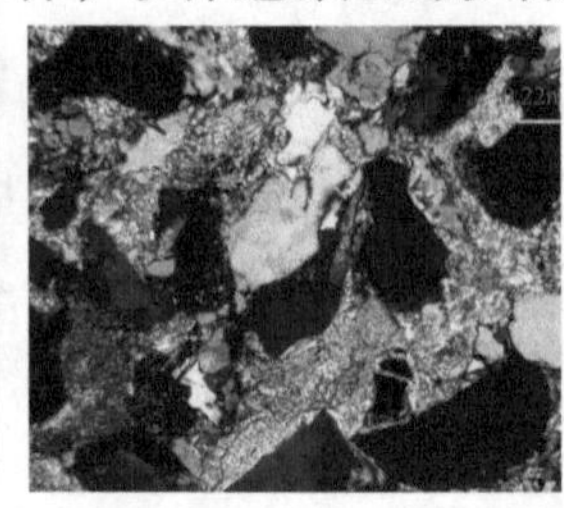

b. 颗粒线接触，白云母错断变形，SD24-55，2 993.21 m，S1

c. 颗粒线 - 凹凸接触，孔隙不发育，正交偏光，SD35-57，3 056.84 m，S2

d. 颗粒线 - 凹凸接触，斜长石破碎，双晶错断，SD24-55，3 032.59 m，S2

e. 颗粒凹凸 - 缝合接触，正交偏光，SD24-55，2 982.98 m，S1

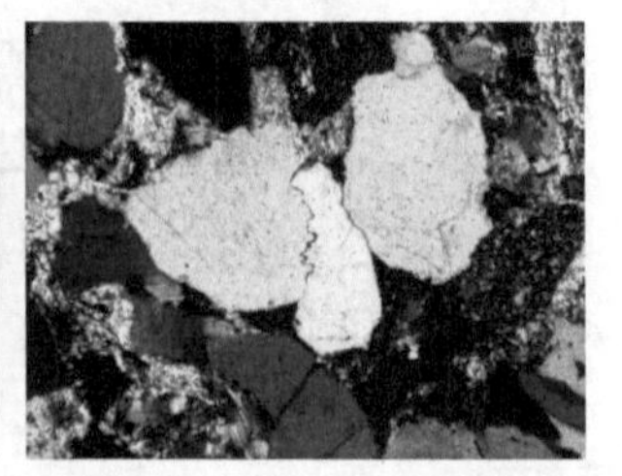

f. 颗粒压实破碎，局部压溶缝合接触，正交偏光，SD24-55，3 013.31 m，S2

图 4-1 不同层段压实作用显微特征

4.1.2　胶结作用与交代作用特征

胶结作用是指孔隙流体中析出的自生矿物作为胶结物将松散的沉积物股结成岩的作用。这是压实后储层物性演化的重要影响因素。成岩环境的差异会形成不同的胶结物，对于储层的影响也各不相同。研究区胶结作用主要类型包括硅质胶结、碳酸盐胶结和黏土矿物胶结等。

硅质胶结表现为石英颗粒次生加大边与孔隙内自生微晶石英两种形式。石英次生加大边发育Ⅰ ~ Ⅱ期，加大边厚 0.02 ~ 0.08 mm，砂岩杂基胶结越低，石英颗粒含量越多，碎屑粒径越大，石英加大越强烈，早期强烈的石英加大可导致孔隙度大量损失（图 4–2 a）；自生微晶石英呈自形、半自形或它形，粒径 0.03 ~ 0.45 mm，当孔隙流体中 SiO_2 补给充注时，自生微晶石英可全充填粒间孔隙或次生溶蚀孔隙中（见图 4–2 b，c）。

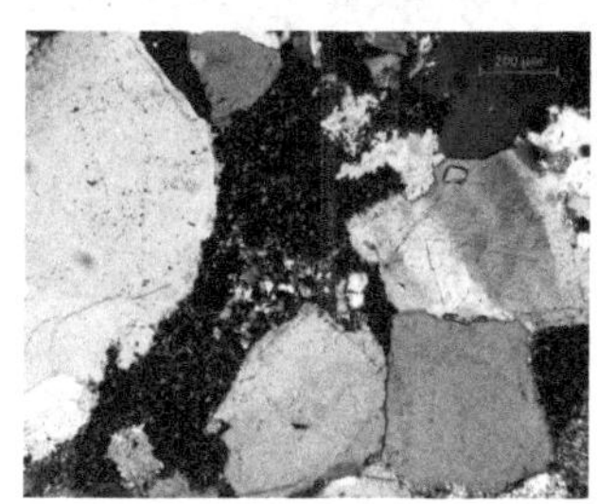

a. 石英加大边发育，单偏光，SD24–55，3 019.29 m，S2

b. 粒间孔隙中自生石英完全胶结，单偏光，SD24–55，2 978.79 m，S1

c. 粒间孔隙中的自生石英胶结，SD24–55，2 808.13 m，S1

图 4–2　硅质胶结物微观特征

研究层段碳酸盐胶结物主要包括方解石、铁方解石，个别层段发育少量白云石与菱铁矿。方解石多形成于成岩早期，含量一般分布在 0.2%~37.5%，含量低于 5% 时，呈嵌晶胶结粒间孔隙，对于储层的影响较弱，而含量大于 15% 时，方解石形成连晶胶结会直接导致储层致密（见图 4–3 a，b）。铁方解石作为成岩阶段的产物，一般含量不超过 10%，嵌晶胶结溶蚀孔隙（见图 4–3 c，d）。白云石与菱铁矿作为胶结物，含量一般不超过 2%，多以嵌晶胶结的方式发育，由于含量低对储层致密化影响较弱。

方解石、铁方解石为主的碳酸盐在成岩过程中胶结孔隙的同时，也会对长石、石英的进行交代。表现为从颗粒内部和边缘对碎屑颗粒进行置换，对长石的交代多沿解理进行，对石英的交代则沿边缘进行（见图 4–3 e，f）。

a. 方解石连晶胶结，单偏光，SD35–57，2 985.87 m，S1

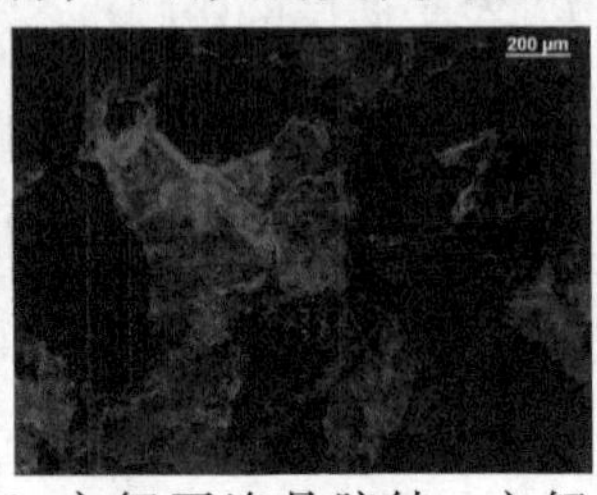

b. 方解石连晶胶结，方解石呈橙红色，阴极发光，SD35–57，2 985.87 m，S1

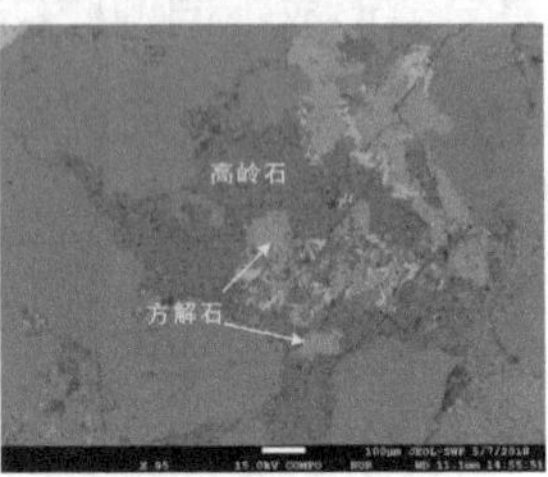

c. 铁方解石胶结与高岭石伴生，电子探针，SD24–55，3 103.77 m，S2

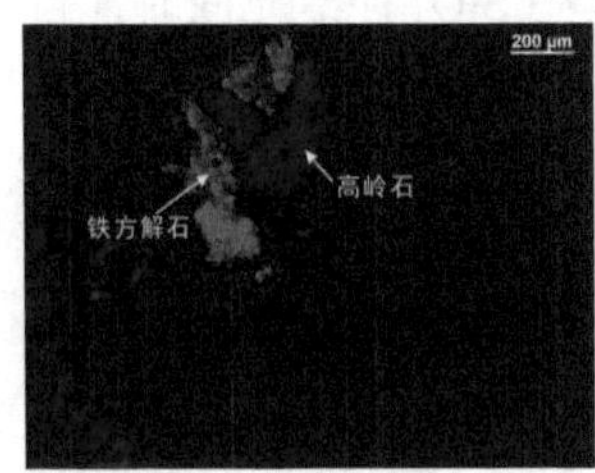

d. 铁方解石与高岭石伴生，阴极发光，SD24–55，3 103.77 m，S2

e. 方解石交代长石，正交偏光，SD24–55，2 976.64 m，S1

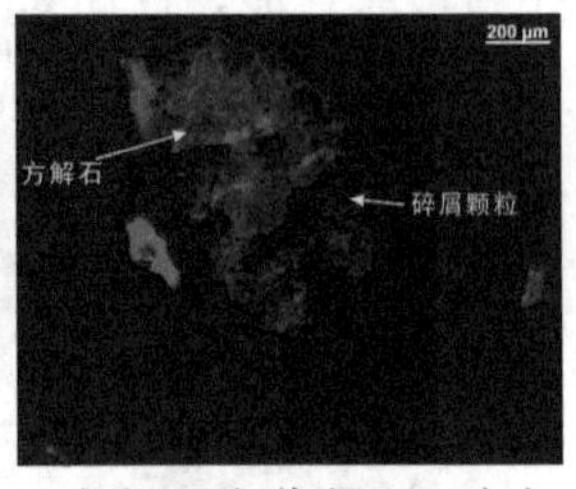

f. 方解石交代长石，方解石呈橙红色，阴极发光，SD24–55，2 976.64 m，S1

图 4–3　碳酸盐胶结物微观特征

黏土矿物胶结作为影响储层质量的重要因素，一定程度上控制了孔隙微观渗流能力，研究层段砂岩中黏土矿物以高岭石和绿泥石为主，其次为伊利石和伊 – 蒙间层。随着砂岩的埋藏深度的增加，伊利石的含量也在增加。

绿泥石主要以颗粒包膜形式产出（见图 4–4 a，b），厚度一般为 3 ～ 10 μm。绿泥石胶结发育的样品中，石英加大极少或不发育，颗粒包膜发育的样品往往具有较好的原生孔隙，一些样品中也观察到绿泥石形成孔隙桥接。绿泥石包膜不发育的样品中，石英加大边强发育，绿泥石胶结多发育在厚层砂体中部。

高岭石主要以书页状、蠕虫状充填原生孔隙与次生孔隙中（见图 4–4 c，e）。高岭石主要来源于长石溶蚀，其发育程度与长石溶蚀强度及成岩系统的开放性密切相关。高岭石晶间微孔发育使得总体孔隙度保持较高甚至有所增加，同时渗透率有增加趋势。

伊利石和伊 - 蒙混层含量低。片状、纤维状伊利石主要在颗粒表面形成包膜或在孔隙内形成孔隙衬里（见图 4-4 d，e，f），伊利石形成与高岭石有关，在一些样品中长石溶蚀发生后，片状伊利石形成桥接或堵塞孔隙（见图 4-4 e）。伊利石 - 蒙脱石混合层矿物的混合层比通常是 10 ～ 15，主要以孔壁的薄衬里出现。随着砂岩的埋藏深度的增加，伊利石的含量也在增加。

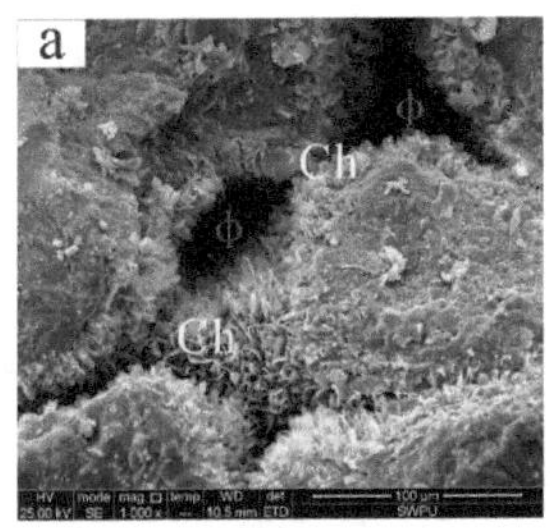

a. 颗粒边缘绿泥石环边发育，粒间孔隙保存较好，SD24-55，2 799.78 m

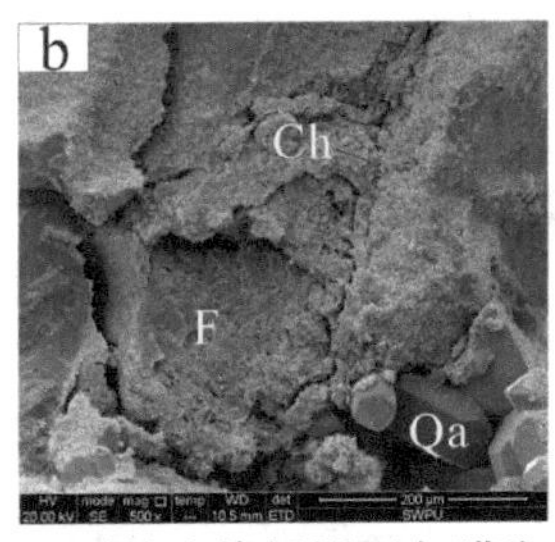

b. 颗粒边缘绿泥石包膜发育，长石弱溶蚀局部孔隙发育，粒间孔隙中自形微晶石英胶结发育，SD24-55，2 974.32 m

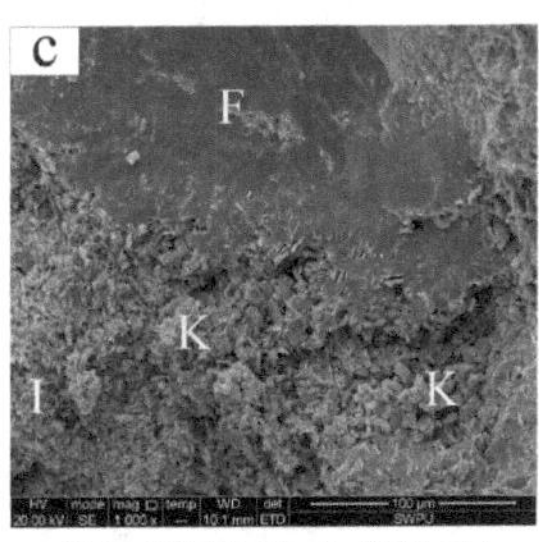

c. 长石溶蚀伴生高岭石，高岭石晶间孔隙发育，局部见高岭石伊利石化，SD24-55，3 044.73 m

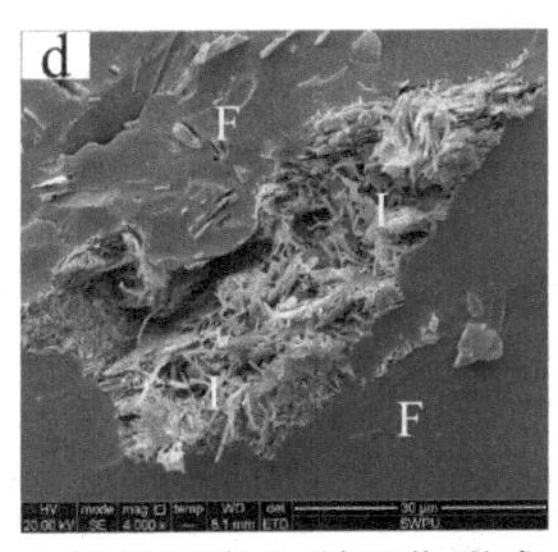

d. 钾长石发生利石化形成溶蚀孔隙，孔隙内部充填纤维状、片状伊利石，SD24-55，2 956.92 m

e. 高岭石伊利石化强烈，丝缕状、片状伊利石形成网络状或桥接型胶结，SD24-55，2 982.06 m

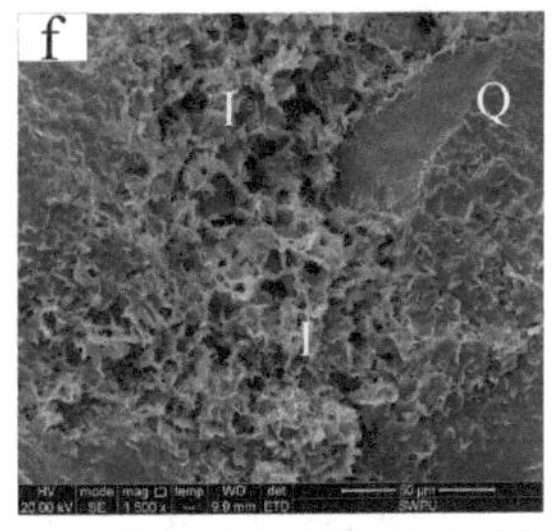

f. 成岩晚期砂岩片状伊利石发育，堵塞孔喉，SD24-55，3 044.73 m

图 4-4　黏土胶结物微观特征及产状

黏土矿物对长石的交代也是重要的交代现象，表现为钾长石的高岭石化（见图 4-4 c）、伊利石化（见图 4-4 d），这种交代多沿长石解理面进行，对于次生孔隙的形成具有重要意义。此外黏土矿物间的也会发生相互交代，研究区主要为高岭石的伊利石化（见图 4–4 e ）。

4.1.3 溶蚀作用特征

溶蚀作用是岩石的易溶组分在酸性或碱性流体作用下发生溶蚀，形成次生孔隙的过程。次生孔隙的形成改善了储层质量。研究区主要为长石、岩屑的溶蚀，溶蚀形成了长石、岩屑的粒内溶孔、粒间扩溶孔和铸模孔（见图 4–5），高岭石是最主要的伴生产物，次生溶蚀还会为次生孔隙中自生石英、铁方解石等胶结物的形成提供物质来源。

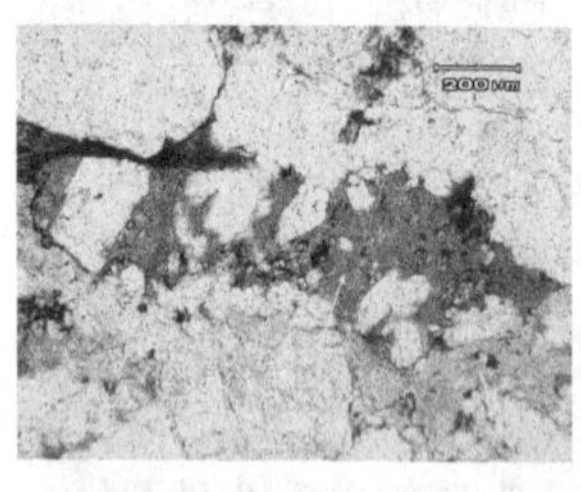

a. 碎屑颗粒粒内溶孔，单偏光，T22，2 869.53 m

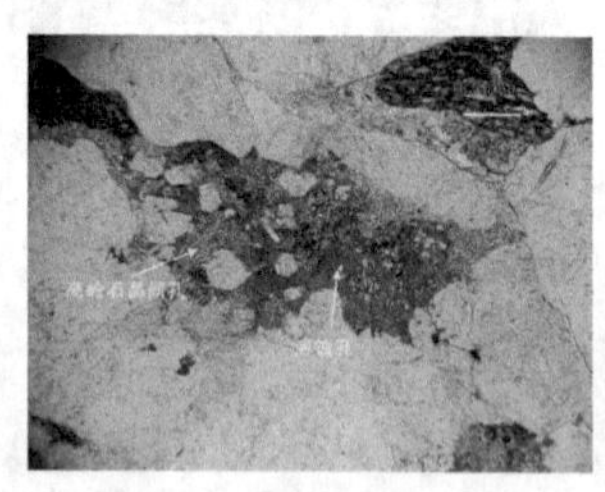

b. 长石颗粒溶蚀孔发育，单偏光，SD35–57，2 931.75 m，H8

c. 粒间扩溶孔，杂基溶孔发育，SD35–57，3 056.55 m，S2

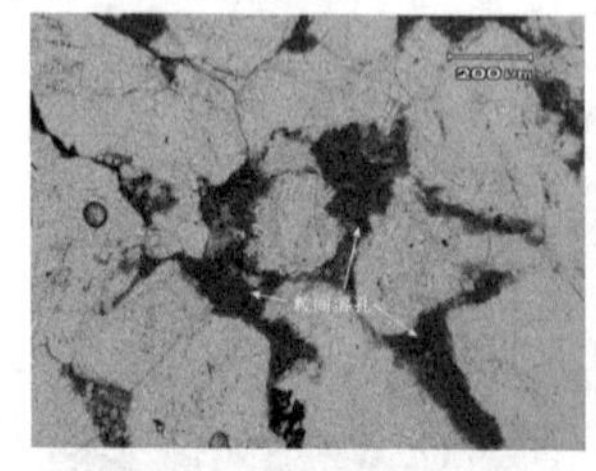

d. 粒间溶孔发育，单偏光，Z7，2 996.49 m，S1

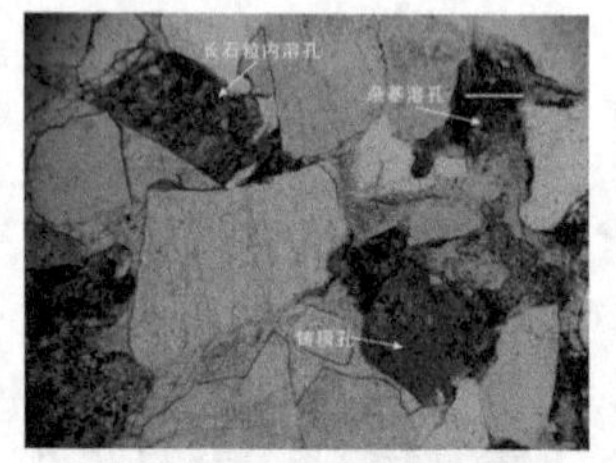

e. 长石、岩屑铸模孔，单偏光，SD35–57，2 971.3 m，H8

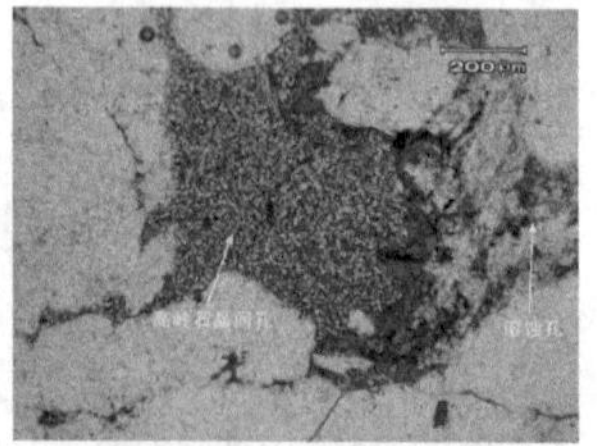

f. 高岭石晶间孔与碎屑颗粒粒内溶孔，单偏光，Z12，3 086.59 m，H8

图 4–5 不同层段砂岩溶蚀作用显微特征

4.1.4 成岩强度定量评价

砂岩差异致密化主要体现在经历的成岩作用的类型以及不同成岩作用的强度，在进行不同成岩作用对致密化影响研究前，利用视压实率（式

4-1）、视胶结率（式 4-2）、视溶蚀率（式 4-3）等参数（Houseknecht，1987），对不同层段、不同成岩相砂岩进行成岩强度定量化对比。

视压实率 =［（原始孔隙体积 – 压实后粒间体积）/ 原始孔隙体积］× 100%　（4-1）

视胶结率 =［（胶结物总量 /（胶结物总量 + 粒间孔隙体积）］× 100%　（4-2）

视溶蚀率 =（溶蚀面孔率 / 总面孔率）× 100%　（4-3）

利用 Beard 和 Weyl（1973）提出的原始孔隙度计算公式计算 ϕ_o=20.91+22.90/So 计算原始孔隙度，（ϕ_o：原始孔隙度，So：特拉斯克分选系数），砂岩原始孔隙度分布 35% ～ 39.25%。利用图像处理软件提取的铸体薄片孔隙面孔率、胶结物含量总量等参数。

压实率一般为 3.64% ～ 91.37%，孔隙度损失均值一般为 15.5% ～ 21.42%，压实率随埋深增加有增大趋势，山 2 段压实率平均值最高，为 56.3%，属中 – 强压实。山 1 段、盒 8 段属中等压实。砂岩胶结物含量一般为 0.5% ～ 38%，胶结率分布在 7.75% ～ 97.04%，盒 8 段胶结率均值最高，为 64.27%，胶结造成的孔隙度损失为 13.86%，三个层段均属中 – 强胶结。溶蚀率一般分布 0~91.74%，山 2 段平均值最高，为 17.78%，溶蚀增孔绝对值为 1.56%，其次为盒 8 段、山 1 段。三个层段都属于弱溶蚀（见表 4-1）。

表 4-1　研究区成岩作用定量评价统计表

层段	压实损失孔隙度 /%	压实率 /%	胶结物总量 /%	视胶结率 /%	次生孔隙面孔率 /%	视溶蚀率 /%
盒 8 段	1.4 ～ 34.83	3.64 ～ 89.03	1 ～ 34	8.89 ～ 95.53	0 ～ 7	0 ～ 74.53
	15.5	40.53	13.86	64.27	0.73	6.36
山 1 段	3.64 ～ 33.69	9.58 ～ 86.38	3~38	28.77 ～ 97.04	0 ～ 4	0 ～ 91.74
	17.83	46.67	12.58	58.93	0.4	4.68
山 2 段	3.51 ～ 34.72	9 ～ 91.37	0.5~38	7.75 ～ 92.7	0 ～ 7.5	0 ～ 86.39
	21.42	56.3	11.35	58.72	1.56	17.78

4.2 砂岩成岩演化序列差异研究

砂岩的致密化状态是在漫长的沉积、成岩演化中形成的，在成岩作用特征研究的基础上，通过成岩矿物与碎屑颗粒的接触关系、成岩矿物的相对形成时序和孔隙中成岩矿物产出形式分析，结合阴极发光、流体包裹体均一温度测试，建立研究层段砂岩的典型成岩与孔隙演化序列。

各层段砂岩经历的成岩作用强度存在差异，但成岩现象与致密化过程有一定共性：① 压实强度达到最大前，发育一期较弱的石英加大边，其后局部层段发育碎屑颗粒的绿泥石环边，未发育绿泥石环边的砂岩，石英加大边或粒间方解石胶结强烈（见图 4-6 a，b）；② 绿泥石环边发育的样品发育原生粒间孔隙，孔隙中可发育自生石英与碳酸盐胶结物（见图 4-6 c）；③ 次生溶蚀孔隙中普遍存在高岭石、自生石英和方解石（见图 4-6 d，e）；④ 片状、丝缕状伊利石普遍与高岭石伴生出现（见图 4-6 f）。

a. 早期石英加大边发育，其后形成绿泥石环边 SD24-55，2 951.73 m，H8

b. 方解石胶结形成晚于石英加大，正交偏光，SD24-55，2 995.21 m，S1

c. 粒间孔隙中发育自生石英，单偏光，SD24-55，2 978.79 m，S1

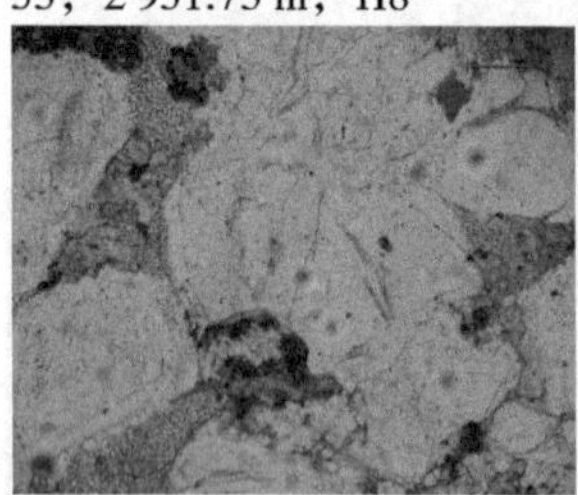

d. 石英加大边发育，溶蚀孔中充填高岭石，单偏光，SD24-55，3 014.56 m，S2

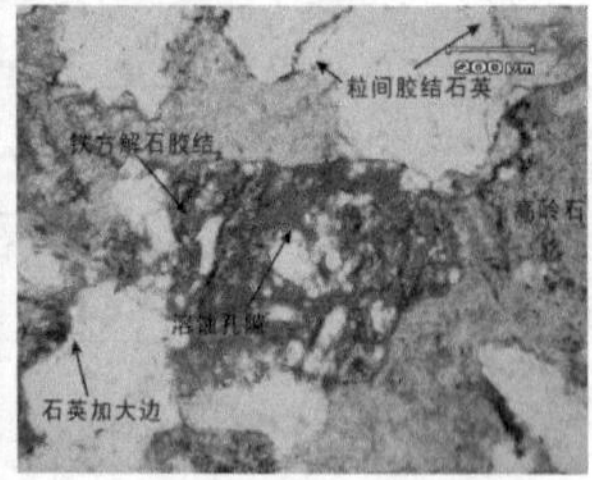

e. 长石溶蚀孔隙中发育铁方解石胶结，单偏光，Z46，3 003.75 m，S1

f. 高岭石伊利石化强烈，SD24-55，2 982.06 m，S1

图 4-6 典型成岩作用特征

选取研究区三个层段胶结物发育的 40 个砂岩样品开展包裹体均一温度测试，测试利用 Linkanm THM600/TS90 包裹体测试系统，仪器的测试精度为 ±0.2℃，温度范围 -196℃～600℃，试验升温速率设定 3℃ /min。

测试结果显示各段砂岩包裹体均一温度连续分布在 80℃～170℃，这与前人在盒 8 段开展的包裹体均一温度测试结果相一致（李杪等，2015）。根据峰值温度区间可以明显分为两个主要形成时期：盒 8 段第一期包裹体温度范围为 80℃～120℃，主峰 110℃～120℃，第二期包裹体温度范围为 120℃～170℃，主峰 130℃～140℃（见图 4–8 a，d）；山 1 段第一期包裹体温度范围为 80℃～130℃，主峰 120℃～130℃，第二期包裹体温度范围为 130℃～170℃，主峰 140℃～150℃（见图 4–8 b，d）；山 2 段第一期包裹体温度范围为 80℃～130℃，主峰 110℃～120℃，第二期包裹体温度范围为 130℃～170℃，主峰 140℃～160℃（图 4–8 c，d）。

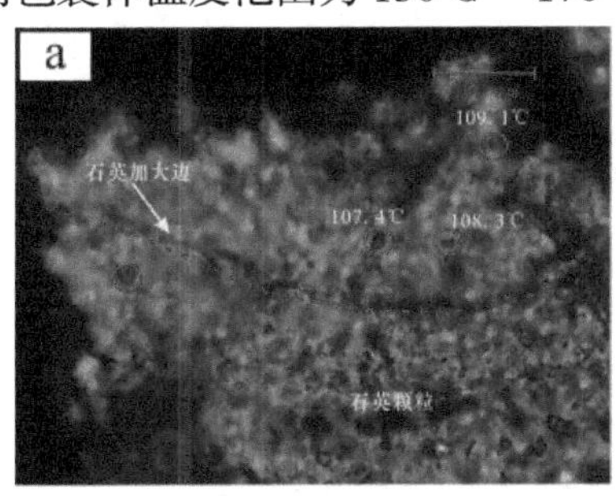

a. 石英加大边，2 976.83 m，SD24–55，S1

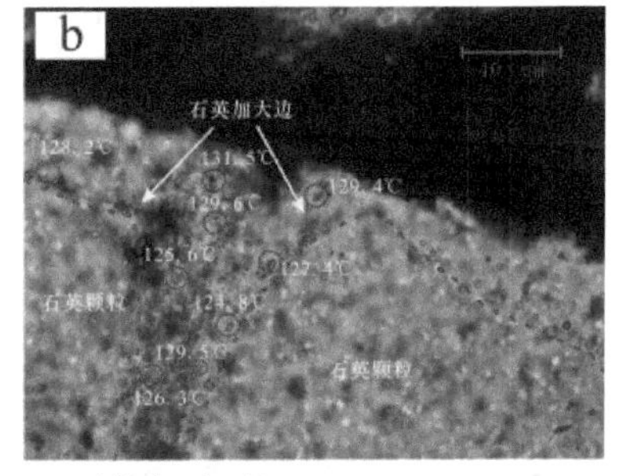

b. 石英加大边，3 048.57 m，SD24–55，S2

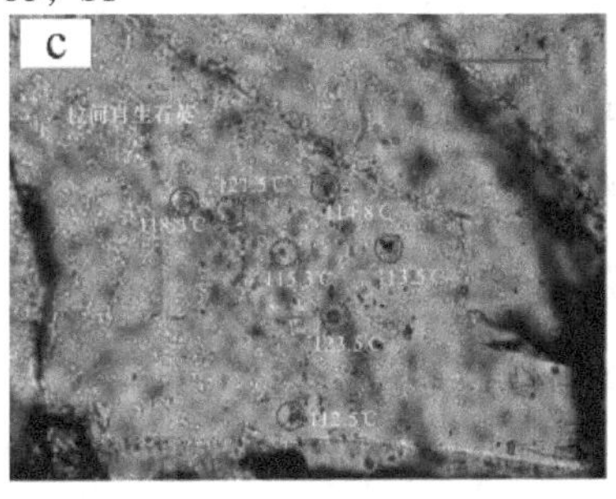

c. 粒间自生石英，3 104.56 m，SD24–55，S2

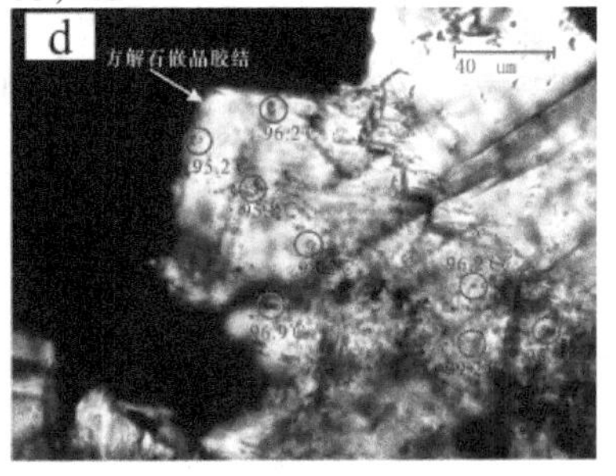

d. 方解石胶结，2 974.25 m，SD24–55，S1

图 4–7　胶结物包裹体特征及均一温度测试结果

三个层段成岩矿物内流体包裹体信息能够反映层段间致密化时间的差异，各段砂岩中第一期包裹体多形成在石英次生加大边和方解石中，其中连续分布的石英次生加大边包裹体均一温度存在两个峰值。第二期包裹体则主要形成在自生石英和晚期铁方解石中（见图 4-8 a）。

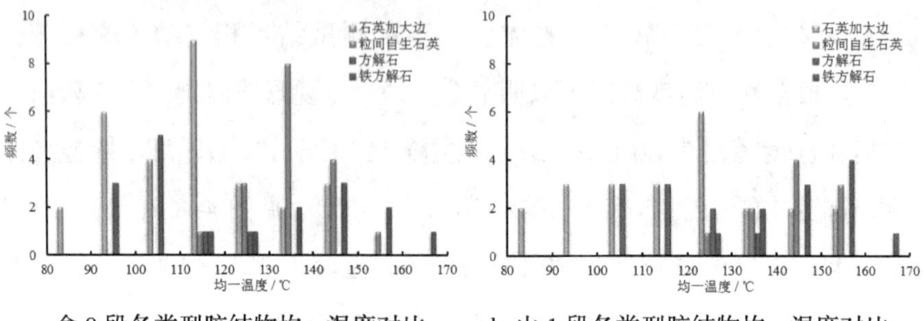

a. 盒 8 段各类型胶结物均一温度对比　　b. 山 1 段各类型胶结物均一温度对比

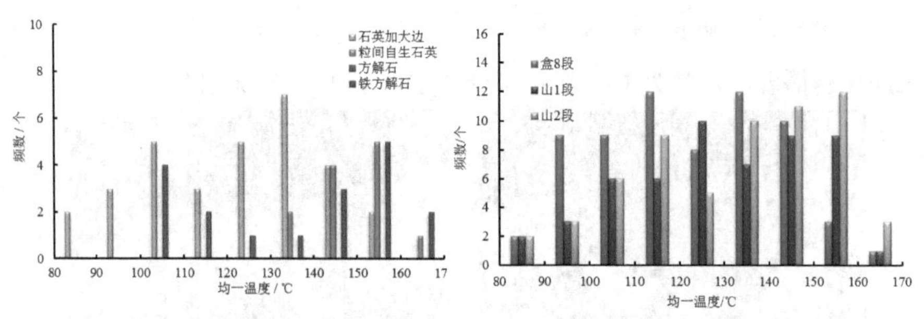

c. 山 2 段各类型胶结物均一温度对比　　d. 不同层段均一温度特征对比

图 4-8　胶结物内流体包裹体均一温度分布直方图

埋藏 - 构造演化、储层演化、成岩 - 烃类充注是致密砂岩储层形成，气藏成藏的几个关键因素，彼此相互关联。特别是有机质生、排烃和油气充注对于成岩演化影响较大。对于鄂尔多斯盆地上古生界的天然气充注期次主要有三种认识：2 期（万丛礼等，2004；刘新社等，2000；张文忠等，2009），3 期（付金华，2004）或 6 期（刘建章等，2005）。本次研究的流体包裹体均一温度连续分布表明盒 8 段 ~ 山 2 段天然气的成藏是一个连续的过程（见图 4-8），而双峰分布反映了研究区曾发生过两期天然气充注。这与大部分学者认为的两期天然气充注观点一致。其中，第一期充

注发生在 T_3 末 ~J_2（210 ～ 175Ma），规模有限，第二期充注则发生在 K_1（138 ～ 95Ma），规模较大。两期充注前强烈的压实作用导致储层孔隙度与渗透率已经大幅度降低。溶蚀作用发生源于烃类充注前有机质热演化成熟排酸，因此砂岩储层至少经历两个阶段的溶蚀。

山 2 段 ~ 盒 8 段砂岩成岩作用经历了同生成岩阶段、早成岩阶段 A，B 期和中成岩 A，B 期 3 个阶段，目前处于中成岩 B 期（杨仁超，2012）。

同生成岩期中性淡水 – 弱酸性弱氧化环境中的成岩作用主要为菱铁矿、黄铁矿和玉髓沉淀。

早成岩阶段 A 期，盆地处于稳定下沉阶段，古地温小于 65℃，镜质体反射率 Ro 小于 0.35%，有机质未成熟，成岩环境为弱酸性。云母及岩屑的蒙脱石化、绿泥石化作用使流体碱性提高，反应释放的 Mg^{2+} 和 Fe^{2+} 有利于绿泥石环边的形成，同时减少了菱铁矿形成。机械压实作用逐渐增强，在中期达到最强，骨架颗粒排列趋于紧密，同时塑性岩屑颗粒水化膨胀或假杂基化填充孔隙，大部分层段砂岩的原生粒间孔较在此阶段得到保存。

早成岩 B 期 – 中成岩 A 期。该时期盆地处于波动下沉阶段，古地温 65℃～ 85℃，Ro 为 0.35% ～ 0.5%，有机质演化位于未成熟 – 半成熟阶段，该时期早期压实作用、与钙质胶结是主要成岩作用。早侏罗世，烃源岩开始生烃、排烃，有机酸流体的进入会造成长石、岩屑等溶蚀，形成孔隙的同时，也会形成高岭石，释放 SiO_2 促进硅质胶结物形成。第一期油气充注时间对应于该早成岩 B 期的中晚期，油气多分布在碎屑颗粒边缘，由于规模有限，对于成岩作用的抑制也较弱，中成岩 A 期主要发生有机酸溶蚀、碳酸盐和硅质胶结作用。

中成岩 B 期，盆地处于构造抬升阶段，早白垩世末达到最大埋深，古地温达 140℃～ 175℃，Ro 为 1.3% ～ 2.0%，有机质演化位于高成熟阶段，溶蚀作用消耗有机酸，成岩环境转变为弱碱性，绿泥石、丝发状伊利石继续生成，含铁方解石、含铁白云石出现并堵塞残余粒间孔隙，石英颗粒发生弱溶蚀现象。

综合分析，建立三个层段岩屑砂岩成岩演化序列，如图 4-9 所示。

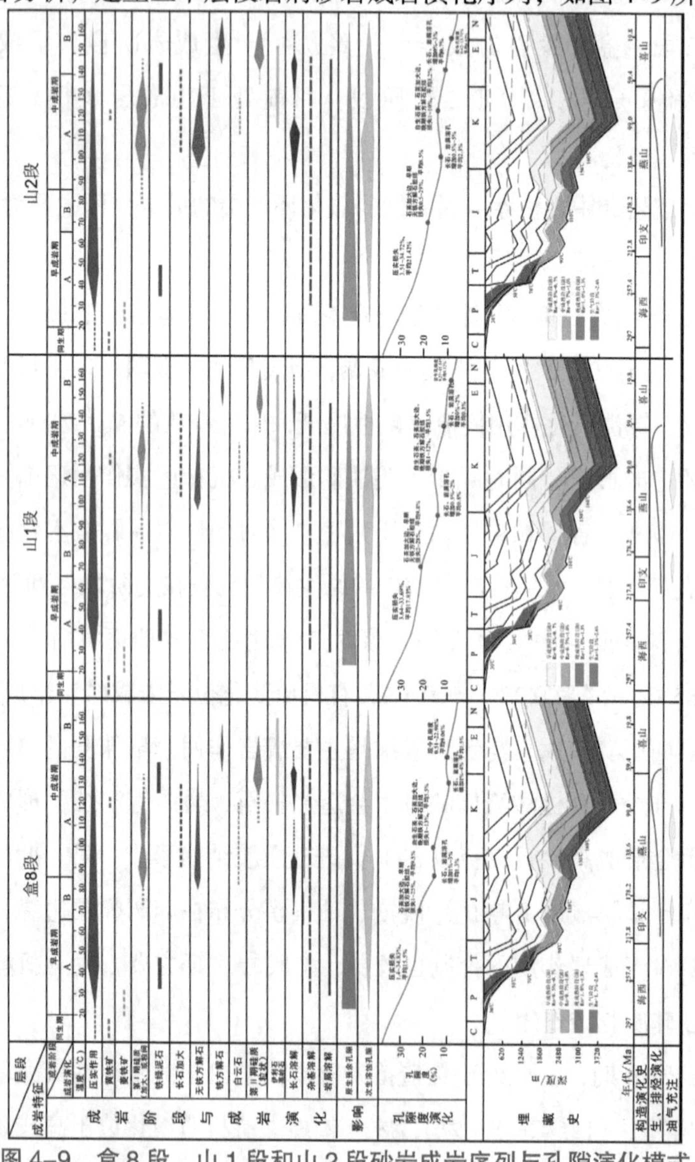

图 4-9　盒 8 段、山 1 段和山 2 段砂岩成岩序列与孔隙演化模式

盒 8 段：机械压实（中等）→早期黄铁矿、菱铁矿胶结→第Ⅰ期石英加大边（弱）→早期绿泥石颗粒包膜（弱）→第Ⅱ期石英加大边（中等）→无铁方解石连晶胶结、交代（弱）→长石颗粒、岩屑颗粒溶蚀（中等）→高岭石、绿泥石和伊利石胶结（中－强）→粒间自生微晶石英胶结（中－弱）→铁方解石胶结（中）→长石颗粒、岩屑颗粒溶蚀（弱）→晚期方解石和白云石交代颗粒。中成岩 A 期末储层致密化（见图 4–9）。

山 1 段：机械压实（中等）→第Ⅰ期石英加大边（弱）→早期黏土膜形成（绿泥石衬边胶结）→第Ⅱ期石英加大边（中等）→绿泥石衬边胶结（中等）→无铁方解石连晶胶结、交代（中等）→长石颗粒、岩屑颗粒溶蚀（弱）→高岭石、绿泥石和伊利石胶结（中）→粒间自生微晶石英胶结（中－强）→长石颗粒、岩屑颗粒溶蚀（弱）→晚期方解石胶结（中－强）、白云石交代颗粒。中成岩 B 期初期储层致密化（见图 4–9）。

山 2 段：机械压实（中－强）→第Ⅰ期石英加大边（弱）→早期绿泥石颗粒包膜（弱）→无铁方解石连晶胶结、交代（中等）→长石颗粒、岩屑颗粒溶蚀（中等）→高岭石、绿泥石和伊利石胶结（中）→粒间自生微晶石英胶结（中－强）→铁方解石胶结（中等）→长石颗粒、岩屑颗粒溶蚀（弱）→晚期方解石和白云石交代颗粒。中成岩 B 期中期储层致密化（见图 4–9）。

根据储层致密化与油气充注时间关系，三个层段砂岩储层成藏与致密化的关系为边充注边致密。

4.3　砂岩差异致密化模式分类与预测

储层致密化程度的差异性近年来受到越来越多的关注，显然根据整个层段砂岩演化特征提出的成岩演化序列并不能全面地解释储层性质空间分布复杂性与差异性成因。如何进行致密化模式分类评价和预测，为差异致密化成因机理分析提供微观－宏观全尺度分布差异特征信息，是首先要解决的问题。

4.3.1　差异致密化模式划分

根据物性差异的分类在储层研究中应该较多，这种分类只能体现致密化结果的差异，由于忽略了同一成因的砂岩可能具有不同物性，而同一物性的砂岩也可能具有不同成因。有学者选择根据沉积特征分类，开展储层差异致密成因研究，如：层序格架（曹铮等，2018）、沉积相（Einsele，2000）、砂体类型（李咪等，2018）、构造部位（袁静等，2018）和源储相对位置（高永利等，2018）。这些研究强调宏观因素对储层差异性的绝对性控制，并倾向于将储层砂体作为一个整体开展研究，更适用于对沉积环境稳定、规律性强的砂岩储层进行宏观尺度的差异致密化分析，而由于忽略了砂体内部流体、组构特征对于致密化路径的影响，单一砂体内部具有差异化成岩过程的客观事实被掩盖（李杪等，2015）。研究区砂体叠置关系复杂，依据沉积特征分类研究难度极大。也有学者选择微观特征差异进行分类，如：主要成岩作用类型（古娜等，2014）、成岩作用强度（张茜，2017）、岩石类型（罗静兰等，2014；胡才志等，2017）。这些研究由微观入手，关注微小差异引起的储层差异致密化，突破了宏观分类研究中的局限。但砂岩致密化是一个长期的、动态的演化过程，不同成岩事件可能表现出相互承转或重叠（纪友亮等，2014），岩性间的致密化过程中也可能存在成岩作用的重叠（郭正权等，2012）。因此，各类砂岩的致密成岩演化并非绝对独立的、互不相关的，且同种岩性也可能受成岩作用差异影响具有多样的物性特征。

合理的分类方法应包含对于砂岩差异致密化进程中“关联性”的思考，同时能够将微观特征体现到宏观沉积结构，从而有利于对成岩系统的差异致密化成因进行分析，系统地揭示微观 – 宏观尺度储层异致密化成因机理。根据层段内部典型成岩现象建立起来的成岩与孔隙演化序列虽然是一个概括性的认识，掩盖了差异性信息，但其本质为所有差异致密成因的汇总，涵盖了所有可能的演化特征，根据成岩演化路径与致密化程度的差异对该序列进行分解，即可得到一系列不同的砂岩致密化成因机制。因此寻找一种能同时反映成岩特征和致密化程度的概念是进行差异致密化评价与预测的基础。在众多概念中"岩相""岩石物理相""成岩相""孔隙结构相"等为我们的研究提供了参考，其中，成岩相自 Railsback（1984）提出以来，其内涵被众多国内外学者不断完善和扩展，邹才能（2008）重新提出，"成岩相是构造、流体和温压等条件对沉积物综合作用的结果，其核心内容是现今的矿物成分和组构面貌，主要是表征储集体性质、类型和优劣的成因性标志"。成岩相也可以理解为岩石的成岩环境及在该成岩环境下形成的成岩矿物与孔隙结构的综合（王猛等，2014）。鉴于成岩相能够集中表征砂岩的成因、矿物和物性等综合特征，在前文储层特征、成岩作用研究的基础上，依据砂岩碎屑组分、成岩矿物、成岩作用类型与强度和孔隙结构等特征参数，对致密研究区砂岩进行分类，以全井段取芯 SD24–55 井为例开展系统对比研究。

山 2 段 ~ 盒 8 段砂岩整体上依据致密程度差异可分为孔隙发育相和致密相两大类，根据主控因素又可对砂岩进行细分。孔隙发育相划分为欠压实相和溶蚀相，欠压实表现为绿泥石环边与原生孔隙发育，溶蚀相砂岩次生溶蚀孔隙发育。致密相砂岩孔隙发育程度低，可分为强压实相和强胶结相，强压实相包含富塑性颗粒砂岩的强压实和富刚性颗粒的强压实，强胶结相包含由石英加大、自生石英、方解石和铁方解石四种胶结物导致的致密相（见表 4–2），根据砂岩成岩演化的复杂性排序，由 A 相到 H 相成岩作用与孔隙结构的复杂程度增强（见图 4–10）。在分类基础上统计对比各成岩相砂岩物质组成与成岩作用特征进行对比分析。

表 4-2　成岩相类型划分及典型特征

<table>
<tr><th>大类</th><th>亚类</th><th colspan="2">种类</th><th>典型成岩
作用特征</th><th>孔隙发育
程度</th></tr>
<tr><td rowspan="6">致密相</td><td rowspan="2">强压实相</td><td>强压实相（富塑性颗粒砂岩）</td><td>A</td><td rowspan="2">早期压实作用强烈，后期的成岩改造较弱</td><td>低</td></tr>
<tr><td>强压实相（富刚性颗粒砂岩）</td><td>B</td><td>低，发育微裂缝</td></tr>
<tr><td rowspan="4">强胶结相</td><td>石英加大边胶结相</td><td>D</td><td>压实后石英次生加大边强烈发育</td><td>低</td></tr>
<tr><td>粒间自生石英胶结相</td><td>F</td><td>绿泥石胶结弱发育，自生石英强胶结</td><td>低</td></tr>
<tr><td>方解石连晶胶结相</td><td>E</td><td>方解石连晶胶结强发育</td><td>极低</td></tr>
<tr><td>铁方解石胶结相</td><td>G</td><td>胶结物类型较多，晚期铁方解石将溶蚀孔隙完全胶结</td><td>低，发育微裂缝</td></tr>
<tr><td rowspan="2">孔隙发育相</td><td>欠压实相</td><td>绿泥石强胶结－原生孔隙发育相</td><td>C</td><td>绿泥石环边胶结发育，原生粒间孔隙保存较好</td><td>原生粒间孔隙发育</td></tr>
<tr><td>溶蚀相</td><td>溶蚀相</td><td>H</td><td>成岩作用复杂，溶蚀作用形成的孔隙被较好的保存下来</td><td>溶蚀孔隙发育</td></tr>
</table>

（1）组分特征差异

成岩相间砂岩组分特征差异主要体现在碎屑颗粒的类型与含量（表4-3），特别是刚性岩屑（砂岩屑、花岗岩屑、碳酸盐岩屑、白云母石英片岩屑、多晶石英岩屑和石英岩屑）、塑性岩屑（泥岩屑、粉砂岩屑、板岩屑、片岩岩屑和千枚岩屑）的比例。A 相砂岩塑性岩屑比例超过 25%，杂基含量一般含量为 5%~7%，其余成岩相则表现为富刚性颗粒与碎屑颗粒，组分差异表现为主要胶结物类型与含量的不同，C 相绿泥石含量＞ 4%，D 相胶结物主要为石英加大边，含量为 5%~8%，E 相方解石含量＞ 20%，F 相自生石英含量＞ 8%，G 相发育多种胶结物，含量为 5%~8%，H 相胶结物总含量含量＜ 4%。

a. 塑性岩屑含量高，压实后塑性充填孔隙，正交偏光，SD24-55，2 948.97 m；

b. 砂岩富刚性颗粒，局部可见石英加大和方解石胶结，正交偏光，SD24-55，2 980.43 m

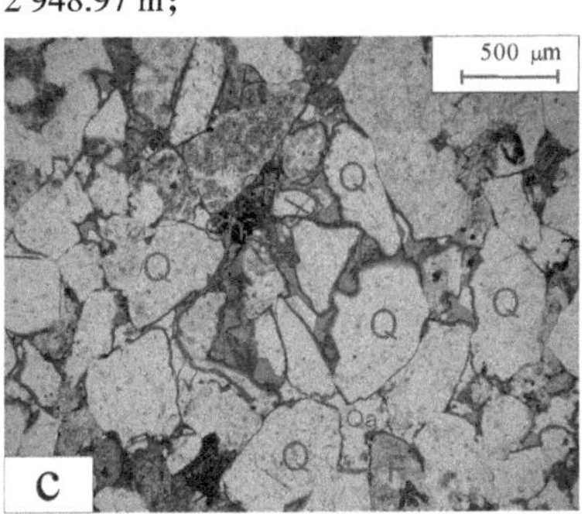

c. 绿泥石强胶结，原生孔隙保存较好，部分石英颗粒发育加大边，单偏光，SD24-55，2 798.74 m

d. 石英含量高，石英加大边普遍，偶见方解石胶结，正交偏光，SD24-55，3 014.56 m

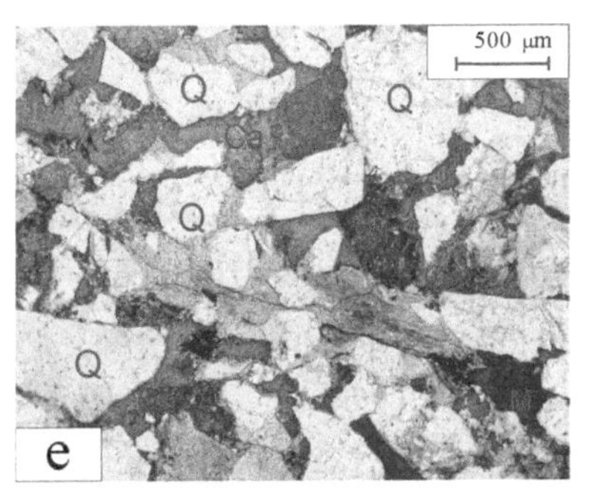

e. 方解石连晶胶结致密，单偏光，Z7，3 025.31 m

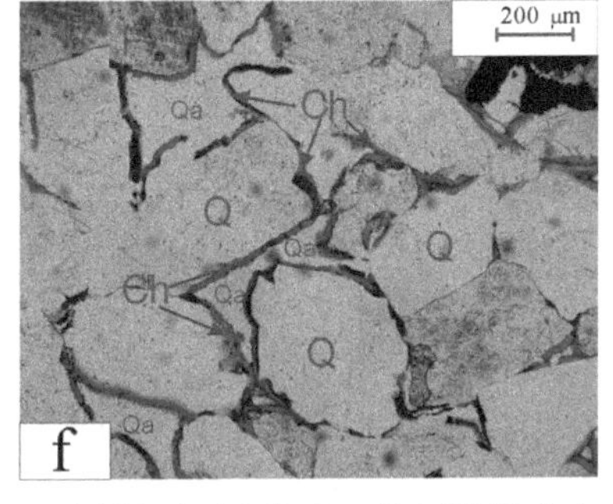

f. 绿泥石环边发育，粒间孔隙中自生石英强发育，偶见溶蚀孔隙，单偏光，SD24-55，2 974.28 m

g. 杂基含量低，石英加大边发育，晚期铁方解石胶结强发育，单偏光，Z7，2 914.82 m

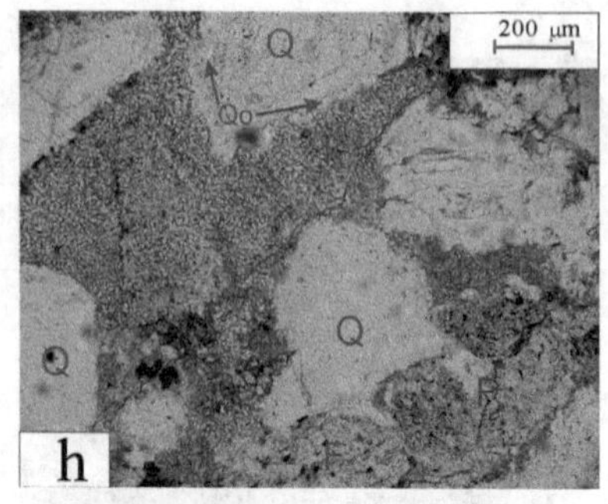

h. 绿泥石弱发育，溶蚀作用发育，长石溶蚀形成粒间孔隙及高岭石晶间孔，单偏光，Z10，3 108.92 m

图 4-10　典型成岩相模式砂岩微观特征

（Q——石英; F——长石; Cln——燧石; Qa——自生石英; Qo——石英加大边; M——杂基；Ca——碳酸盐胶结；K——高岭石；Ms——云母；Mqs——云母石英片岩岩屑；Sp——绢云母千枚岩岩屑; Ph——千枚岩岩屑; Slt——粉砂岩岩屑; Qte——石英岩岩屑; ϕ——孔隙）

（2）成岩作用特征差异

成岩作用特征差异体现在成岩作用类型与成岩作用强度两个方面。

A 相：砂岩富塑性颗粒，岩屑多发生塑性变形，定向分布，胶结作用弱，个别样品发育方解石与铁方解石弱胶结、交代，孔隙发育程度极低（见图 4-10 a）。

B 相：砂岩富刚性颗粒，颗粒主要为线接触，塑性变形弱，局部可见颗粒破碎或局部压溶缝合接触，胶结作用弱，孔隙发育程度极低，偶见微裂缝（见图 4-10 b）。

C 相：石英颗粒局部发育加大边，绿泥石环边含量 > 4%，粒间原生孔隙发育，粒间孔隙中偶见自生石英胶结（见图 4-10 c）。

D 相：石英加大边强发育，孔隙发育程度低，局部发育少量方解石胶结（见图 4-10 d）。

表 4–3　成岩相组分特征对比

样品		碎屑组分 /%											自生组分 /%								砂岩特征	
							岩屑						黏土矿物			碳酸盐			硅质			
成岩相	样品数	单晶石英	多晶石英	燧石	钾长石	斜长石	火成岩	变质岩	沉积岩	刚性岩屑	塑性岩屑	杂基	绿泥石	伊利石	高岭石	方解石	铁方解石	菱铁矿	石英加大边	粒间微晶	砂岩粒度	发育位置（B: 辫状河 M: 曲流河）
A	N=57	52.7	3.9	2.0	1.8	2.0	3.2	9.8	13.6	40.5	59.5	3.5	—	2.2	—	3.9	0.3	1.0	—	—	细粒	心滩、河道滞留中上部 (B)，边滩中下部，决口扇下部 (M)
	标准偏差	5.6	0.9	1.0	0.8	1.0	2.9	4.2	7.6			1.4	—	2.3	—	0.3	0.2	0.2	—	—		
B	N=45	53.5	3.0	2.4	4.8	2.3	2.8	8.5	16.6	72.0	28.0	1.3	0.3	1.6	0.4	0.5	0.1	1.1	0.8	—	中—粗粒	心滩、河床滞留中部 (B)，边滩、河床滞留中上部 (M)
	标准偏差	6.6	1.0	1.2	1.4	1.5	2.6	3.4	3.6			1.1	0.5	0.5	—	0.3	—	0.6	0.3	—		
C	N=15	53.0	2.1	3.0	3.3	3.0	1.8	10.1	13.6	78.5	21.5	4.0	2.9	1.0	1.1	0.1	—	0.3	0.3	0.4	中—粗粒	河道滞留、心滩中下部 (B)
	标准偏差	6.1	1.0	0.7	2.1	1.7	1.2	3.8	4.0			2.1	0.3	—	0.3	—	—	—	0.1	0.4		
D	N=18	61.8	1.5	2.4	2.3	1.8	3.3	9.7	11.7	75.2	24.8	1.1	0.2	0.6	0.0	0.1	—	—	3.4	0.1	细—中粒	边滩底部、决口扇中上部 (M)
	标准偏差	8.3	0.7	0.9	0.6	0.8	1.5	2.6	4.4			0.4	—	0.3	0.0	0.0	—	—	1.0	—		
E	N=22	51.3	1.7	1.8	2.4	4.2	2.8	5.9	12.7	70.2	29.8	1.6	—	—	—	14.6	0.3	0.5	0.2	—	细—中粒	与厚层泥岩接触的砂体底部与顶部
	标准偏差	7.6	1.2	0.9	1.5	1.2	1.7	3.7	4.9			0.5	—	—	—	3.0	—	0.3	—	—		
F	N=12	52.4	1.0	3.2	2.6	4.3	1.8	11.6	12.6	68.6	31.4	1.6	2.6	0.5	0.3	0.2	—	0.2	0.6	4.5	中—粗粒	边滩及河道滞留底部，决口扇顶部 (M)
	标准偏差	10.5	0.2	0.7	2.0	0.8	1.2	6.5	8.2			1.1	0.5	0.4	0.3	—	—	—	0.5	2.3		
G	N=10	55.3	1.5	1.3	3.9	5.1	1.6	6.4	11.2	69.6	30.4	1.6	0.1	1.4	1.6	0.7	6.1	0.3	1.7	0.2	细—中粒	河边滩上部 (M)，小规模心滩 (B) 或边滩 (M) 与泥岩接触
	标准偏差	2.5	0.7	0.6	2.3	2.4	1.5	3.1	6.6			0.4	—	0.6	0.7	1.0	2.3	0.6	0.7	0.3		
H	N=33	58.5	1.2	2.1	5.7	4.6	2.7	4.5	12.1	76.3	23.7	1.3	0.2	1.0	2.6	0.4	0.5	0.4	1.9	0.3	中—粗粒	心滩中部 (B)，边滩、河床滞留中部 (M)
	标准偏差	8.3	1.0	1.4	3.5	0.5	1.0	1.6	2.5			1.1	—	0.4	0.5	0.3	0.5	0.4	1.3	0		

E 相：方解石强胶结。主要以连晶胶结形式产出，孔隙几乎被完全堵塞（见图 4–10 e）。

F 相：胶结作用强，绿泥石环边弱发育，粒间孔隙被自生石英强胶结破坏，孔隙发育程度低（见图 4–10 f）。

G 相：砂岩经历了复杂的成岩改造，胶结物类型丰富，砂岩经历次生溶蚀作用，但铁方解石胶结对孔隙的破坏较强，孔隙发育程度低（见图 4–10 g）。

H 相：成岩作用特征与 G 相似，石英加大边、自生石英、方解石和铁方解石都可见，但胶结物含量一般不超过 4%。溶蚀作用形成的次生孔隙较好的被保存（见图 4–10 h）。

砂岩差异致密化主要体现在经历的成岩作用的类型不同以及不同的成岩作用的强度，在进行不同成岩作用对致密化影响研究前，利用视压实率、视胶结率和视溶蚀率等参数，对不同层段、不同成岩相砂岩进行成岩强度定量化对比。

根据成岩强度定量评价公式计算各岩相的视压实率、视胶结率和视溶蚀率（见表 4–4）。

表 4–4　各成岩相类型成岩强度参数（均值）

成岩相类型	压实损失孔隙度 /%	视压实率 /%	胶结物总量 /%	视胶结率 /%	次生孔隙面孔率 /%	视溶蚀率 /%
A	34.20	89.69	3.90	99.23	0.15	5.88
B	32.10	84.00	5.60	91.60	0.52	13.75
C	13.50	35.32	10.88	44.00	1.15	10.35
D	22.00	57.19	12.38	75.13	0.30	6.82
E	15.94	42.01	19.09	86.77	0.20	10.35
F	18.65	49.38	15.23	79.63	0.50	11.36
G	16.84	44.07	17.31	80.99	0.62	12.31
H	18.95	49.73	11.32	65.20	5.32	65.28

各类成岩相砂岩压实率均值普遍大于 40%，由压实引起的绝对孔隙度

损失超过 15%。其中，A，B 两相的孔隙度损失更是超过了 32%。

胶结率特征显示 A，B 相胶结物总量低，但视胶结率大于 90%，这源于早期强烈压实后孔隙度大幅降低，少量的胶结物将残余孔隙几乎完全破坏。D，E，F，G 相受压实改造减孔程度较弱，胶结物含量一般为 12%~17%，胶结对于压实后的孔隙破坏程度均超过 75%，主导了压实后砂岩致密化。特别对于 E 相，强烈的方解石连晶胶结引起超过 20% 的绝对孔隙度损失。C，H 相胶结作用发育，由于胶结强度远低于其他相，孔隙度相对较高。

视溶蚀率对比 H 相次生孔隙面孔率最高，视溶蚀率也最高，为 65.28%，溶蚀作用对于砂岩的改造最为强烈。C 相溶蚀增孔量相对较高，但其原生孔隙强烈发育，溶蚀孔在总孔隙中的比例较低。其余各相强烈的压实或胶结作用导致孔隙度大幅较低，溶蚀改造也较弱。由于总孔隙度低，部分成岩相的视溶蚀率甚至可超过 C 相。

4.3.2　成岩相预测

依据少量的取芯样品难以得到砂岩成岩相的连续空间分布规律，因此有必要结合取芯样品与测井信息进行成岩相连续分布预测。在众多测井曲线中，光电吸收截面指数（PE）、自然伽马（GR）和自然电位（SP）等岩性测井能够反映砂岩泥质含量，声波时差（AC）、补偿中子（CNL）和密度（DEN）测井能够联合反映砂岩的孔隙特征，双侧向测井的 RLLD 与 RLLS 及原状地层电阻率（RT）能够联合反映砂岩骨架和流体性质，特别是骨架矿物、胶结物和杂质含量，因此综合这些测井曲线有助于对成岩相进行定量的预测。

每种成岩相（致密化模式）的物质组成、孔隙特征具有差异，相应的测井响应特征必然存在差别，研究的目的是通过连续的测井信息预测成岩相分布情况，首先对薄片取样点测井信息整理，包括 GR，AC，CNL，DEN，PE，RLLS，RLLD，RT 和 SP 等标准测井曲线，通过 GR 信号与岩心描述的匹配来完成岩心深度与测井深度的校正。依据成岩相划分标准划分的成岩相，对各类成岩相测井信息进行分类对比（见表 4–5 ）。

表 4–5　岩相划分及测井相应特征统计表

岩相	常规测井曲线特征								
	GR API	AC us/m	CNL %	DEN g/cm^3	PE	RLLS ohm.m	RLLD ohm.m	RT ohm.m	SP mV
A	60.27~126.05	186.97~241.58	8.22~31.86	2.41~2.69	1.89~3.19	10.56~156.21	10.19~169.37	10.78~142.55	55.47~66.85
	92.01	210.27	14.67	2.6	2.43	52.34	55.06	52.55	60.86
B	56.41~129.71	200.14~256.2	7.36~27.57	2.45~2.76	1.99~3.26	16.27~91.92	18.35~100.64	17.32~144.03	46.16~65.99
	86.64	216.48	12.59	2.6	2.42	46.55	49.06	58.42	57.72
C	42.18~109.06	221.3~367.5	7.29~21.91	2.07~2.68	2~2.79	9.81~32.02	10.49~31.4	13.56~54.73	41.68~56.91
	73.32	264.74	13.8	2.46	2.37	18.25	19.22	30.56	48.98
D	43.69~129.03	184.04~439.17	6.11~22.15	2.51~2.66	2.03~2.81	5.57~240.62	5.91~236.89	16.99~220.86	51.33~65.89
	82.86	222.81	12.27	2.59	2.45	108.11	105.69	95.35	60.68
E	63.39~183.68	191.74~249.71	5.71~26.09	2.53~2.71	2.18~3.2	36.79~179.09	37.71~178.44	26.33~61.44	57.16~69.07
	101.78	211.48	15.52	2.6	2.67	62.72	63.87	43.17	61.68
F	46.65~75.07	192.49~239.17	3.03~10.44	2.5~2.59	2.08~2.51	38.14~88.24	42.05~88.67	37.72~90.99	49.53~57.55
	62.72	217.85	8.31	2.55	2.24	58.26	59.95	52.8	52.76
G	63.71~126.79	206.79~227.34	9.81~12.2	2.55~2.64	2.15~2.42	31.48~78.5	30.88~85.65	27.14~54.99	55.99~63.41
	95.34	215.64	10.89	2.6	2.27	48.7	50.73	36.43	60.36
H	39.12~118.64	207.39~291.18	4.33~31.88	2.15~2.65	1.95~2.6	12.63~68.44	13.56~70.7	16.84~96.73	42.75~62.09
	64.67	225.7	10.05	2.53	2.22	34.44	37.37	43.04	51.15

孔隙发育相（C，H）孔隙较发育，压实与胶结破坏程度相对较弱，测井曲线呈中 – 高声波时差，低 GR，SP，RT，RLLS 和 RLLD 值，PE 值小于其他成岩相，但差异微弱。

强胶结相（D，E，F，G）在早期压实后，胶结作用主导了砂岩的致密化，物性较差，且胶结物含量较高，表现为中 – 低声波时差，中 – 高 GR，SP，RT，RLLS，RLLD 和 CNL 值，其中，F 相 GR，SP，CNL 值低异常，D 相 RT，RLLS，RLLD 值高异常，这也表明致密成因的差异会导致测井响应的巨大差异。

强压实相(A，B)为早期强压实导致储层物性较差，且杂基含量相对较高，测井响应整体呈现中 – 低声波时差，中等 GR，SP，RT，RLLS，RLLD 和 CNL 值，参数介于孔隙发育相与强胶结相之间。由于砂岩整体致密，DEN 响应差异微弱。PE 值各相间差异较小，砂岩致密化程度越高，其值也越大。

建立测井参数间的交会图（见图 4-11），在多个交会图中，仅有 GR-SP，AC-RT 和 AC-RLLD 能较为清晰地将孔隙发育相与致密相识别。

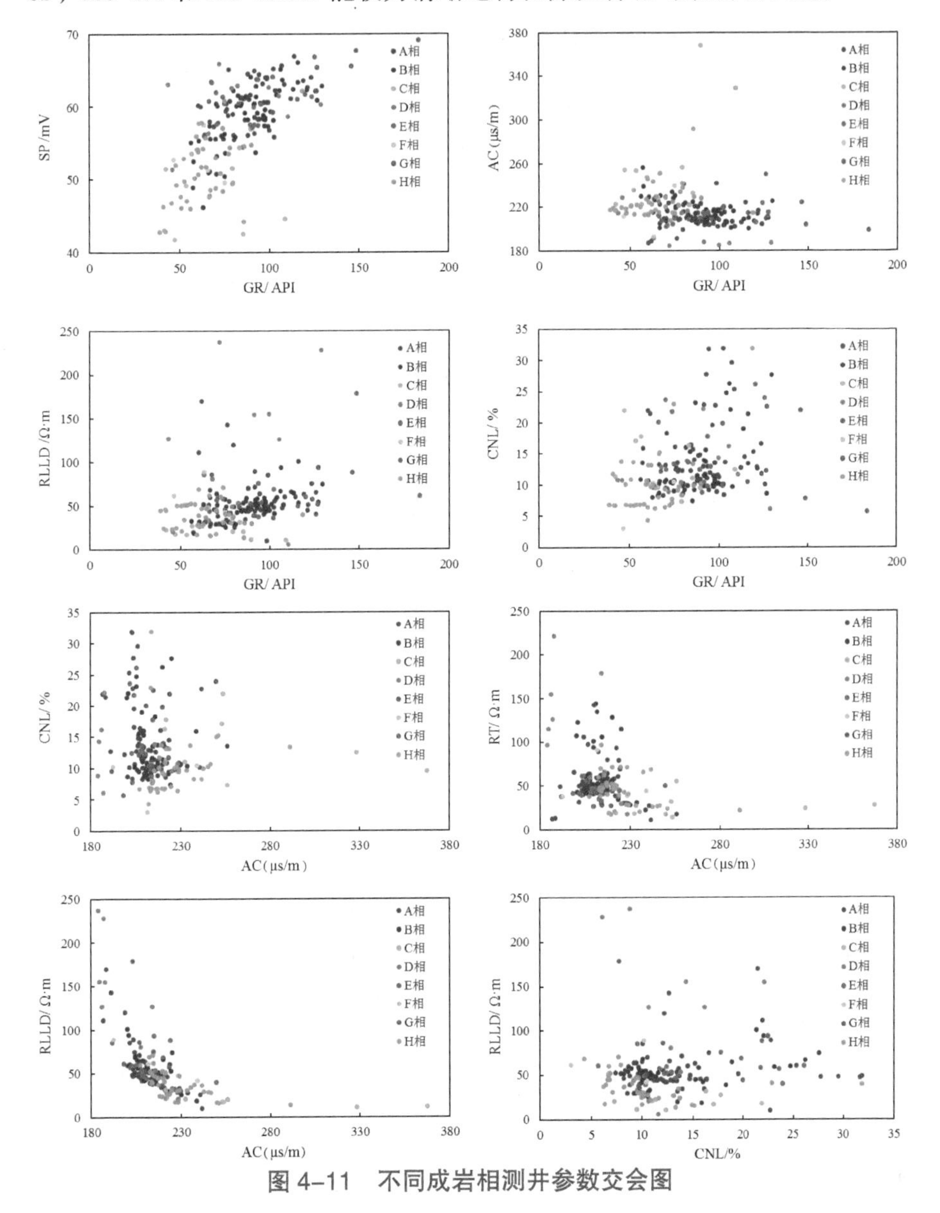

图 4-11　不同成岩相测井参数交会图

建立包含 9 种测井参数的成岩相 – 测井数据雷达图，研究发现致密成岩相间的差异仍无法通过雷达图进行有效识别，同时不同成岩相的测井响应存在一定的重合（见图 4–12）。这是由于成岩相的划分在考虑砂岩碎屑组分、成岩矿物的同时，也注重对成岩作用类型与强度、孔隙结构等特征参数的考量，同种成岩相砂岩存在成因相同，但碎屑组分、成岩矿物含量和致密化程度存在差异，这些固有的沉积及成岩非均质性导致出现同种成岩相测井响应特征跨度较大及不同成岩相间差异微弱的现象。

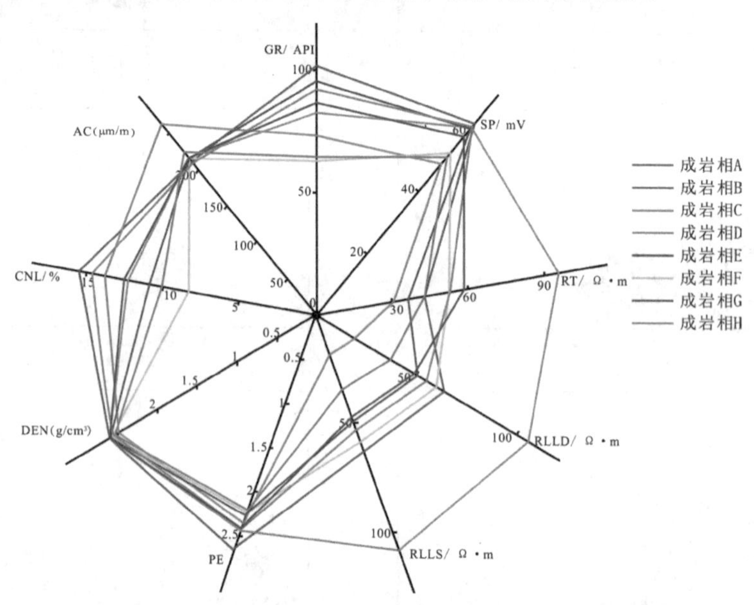

图 4–12 SD24–55 井储层砂岩成岩相测井响应雷达图

近年来，国内外学者尝试了各种手段，利用测井数据开展储层、成岩相预测，在众多方法中，神经网络算法适用于处理无法建立一般关系的不规则和复杂数据（Aminzadeh，2000）。该种方法能够从输入数据中提取信息之间存在的隐藏关系，对这些信息可以用一组响应进行训练，并用训练结果预测未观察样本的响应。McCulloch 和 Pitts （1943）提出了逻辑仿真模型作为许多概率神经网络（PNN）的基础。Rosenblatt （1958）引入了感知网络，该算法与之前的建模单元相似，除了每个感知的中间层之外，它还有三个被称为链路层的层。神经网络作为一种非线性算法，在时间序列分析、数据分类、响应建模和参数估计等领域有着广泛的应用。近年来，概率神经网络（PNN）（Rafik et al., 2016; Maurya et al., 2018）、人工神经网络（ANN）（Ghosh et al., 2016）在地质行业也得到了广泛应用，概率神经网络方法（PNN）是一种 Specht 于 1989 年提出前馈型神经网络，采用 Parzen 提出的由高斯函数作为基函数来形成联合概率密度分布的估计方法和贝叶斯优化规则，构造了一种概率密度分类估计和并行处理的神经网络，它主要用于模式分类。Wang（2015）利用 PNN 方法预测页岩岩相，预测精度较高。

成岩相特征差异的微弱与识别的复杂性，常规方法难以满足需求，因此在岩相划分的基础上，引入概率神经网络方法（PNN）方法，结合测井响应开展成岩相预测。

建立 PNN 预测方法如下：用 A，B，…，H 表示这 8 种岩相，将其数量化以后用 8 维行向量表示，如某个取样点判定为其中某一类，则在这一类上的取值为 1，而在其它类上的取值为 0。例如：A［1 0 0 0 0 0 0］，B［0 1 0 0 0 0 0］；整理取样薄片鉴定的岩相类型及对应深度的 9 种类型测井曲线的参数作为建立预测模型的学习样本，以 9 个测井参数［X_1，X_2，…，X_9］^{T} 作为输入，以对应的岩相类型作为输出，建立预测岩相类型的人工神经网络模型（见图 4-13）。

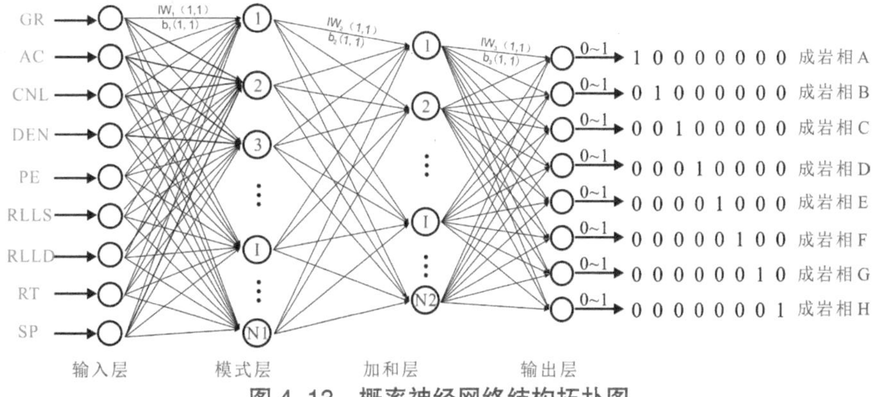

图 4-13　概率神经网络结构拓扑图

以 A 类为例，当向网络提供 1 个样本时，模式层中的每个神经元会计算其代表的训练样本和输入样本的距离，传递给加和层神经元的值是距离与平滑因子的函数（庞国印等，2013）。模式层每个单元的输出如下：

$$f(X,W_i)=\exp\left[-\frac{(X-W_i)^t(X-W_i)}{2\sigma^2}\right] \tag{4-4}$$

加和层，每个范畴因变量都有 1 个神经元，每个神经元加总该范畴内的训练样本所对应的所有神经元的输出值为：

$$f_{\mathrm{A}}(X)=\frac{1}{(2\pi)^{P/2}\sigma^P}\frac{1}{m}\sum_{i=1}^{m}\exp\left[\frac{(X-X_{\mathrm{A}i})^t(X-X_{\mathrm{A}i})}{2\sigma^2}\right] \tag{4-5}$$

其中，W_i 为第 i 个输入层到模式层的权重矢量；i 为模式号；m 为训练模式总数；X 为类型 A 的独立变量；X_{A} 为类型 A 的第 i 训练模式 θ_{A}；σ 为平滑参数；p 为度量空间的维数

加和层神经元的输出值可视为每一类成岩相的概率密度函数预测。输出神经元选择概率密度函数值最高的范畴作为预测的范畴。

利用 Matlab 建立概率神经网络模型，包括输入层、模式层、加和层和输出层。输出层参数为薄片样品的成岩相类型与对应深度的测井参数值，包括一个范畴自变量和 9 个数值自变量。选取 320 个学习样本进行训练，建立了 8 种岩相判别模式，原始数据回判检验正确率达 98.125%。对全井段连续取芯的 SD 24-55 井进行预测，对比预测结果与 120 个薄片鉴定的成岩相类型（见图 4-14），准确率高于 95%，该模型有效性显著。

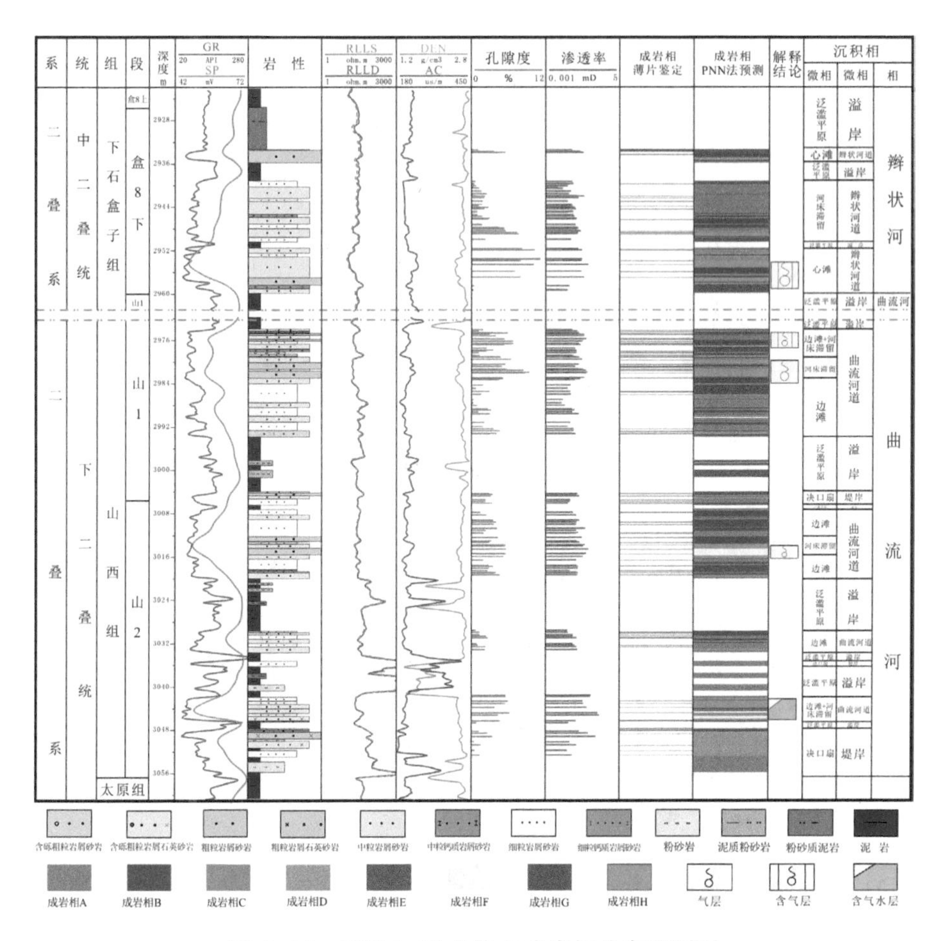

图 4-14　SD24-55 井纵向成岩相分布预测图

根据该方法对研究区单井进行成岩相纵向分布预测，并建立连井对比图（见图 4-15 ~ 图 4-16）。单井预测结果与取芯井薄片鉴定结果吻合度较高，砂体内部成岩相的分布在井间可对比性较差。因此，成岩相的形成与空间展布并不完全受沉积作用控制。连井对比剖面中成岩相在垂向及井间的分布差异较大，以孔隙发育较高的欠压实相（C）、溶蚀相（H）为例，垂向主要分布在盒 8 段上亚段，三个层段中总体发育程度表现为 Z7、SD24-75 和 SD24-82 三口井较高。

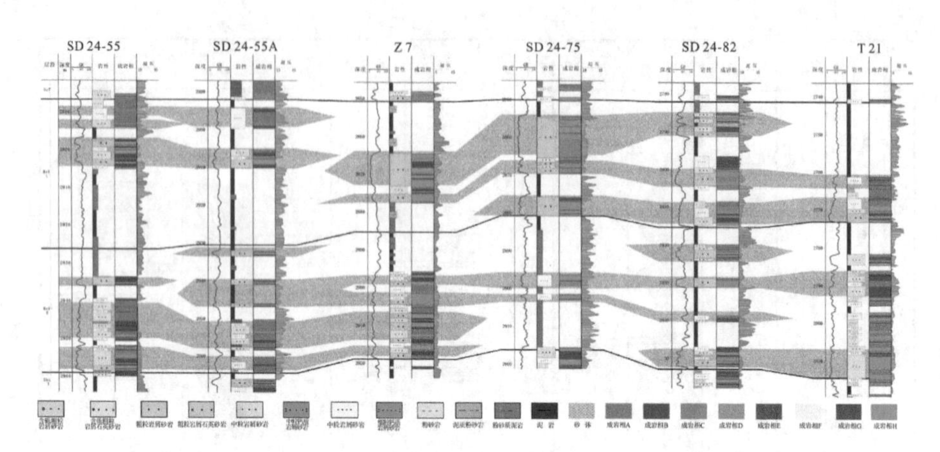

图 4-15　SD2-455~T21 井盒 8 段成岩相分布井间对比图

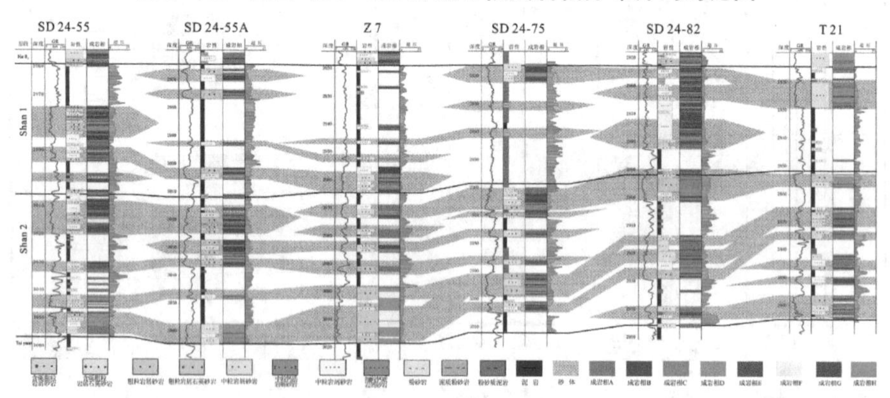

图 4-16　SD2-455~T21 井山西组成岩相分布井间对比图

在单井与连井分析基础上，根据预测结果，对比辫状河与曲流河沉积典型砂体结构内部的成岩相分布特征（见图 4-17）。连井剖面及典型砂体结构中成岩相组合特征分析发现，成岩相在纵向的发育具有较强的规律性：①两套泥岩层之间的薄层砂体中，砂岩成岩相类型主要为强压实相（A，B）与方解石胶结相（E）组合；②强压实相（A，B）多出现在砂体叠加界面或砂岩顶、底界面中的中、细粒砂岩；③方解石胶结相（E）主要发育在砂岩与泥岩的接触边界；④欠压实相（C）与溶蚀相（H）主要形成在厚层砂体内部的中 - 粗粒砂岩，铁方解石胶结相（G）、硅质胶结相（D、F）

发育位置多与 C，H 相相邻（见图 4–17）。

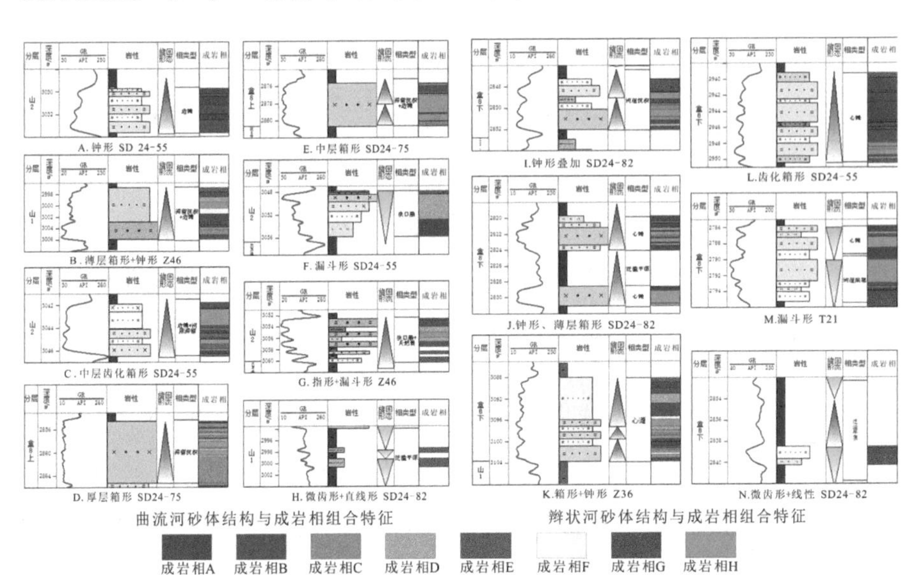

图 4–17　典型沉积砂体结构与成岩相组合特征

4.4　差异成岩作用与砂岩致密化机理

差异致密化研究目的是通过对成因机理差异的分析，认识储层，特别是优质储层的形成及分布规律，从而为勘探开发提供地质指导。前述分析表明致密化差异体现在两方面：一是成岩相间的微观组构与致密化程度的差异，二是沉积砂体内部与不同砂体间的成岩相组合的差异。差异成因分析不能局限于对微观特征差异的解释，还要兼顾对宏观尺度（砂体、砂体组合）差异的剖析。本节在成岩相划分与预测的基础上，将砂岩与毗邻的泥岩层作为一个完整的成岩系统，在典型成岩演化序列的框架内，建立每种成岩相的致密化路径，并在砂体形态 [薄层砂体（砂岩富刚性颗粒）、薄层砂体（砂岩富塑性性岩屑）、厚层单砂体、叠加砂体] 明显不同的成岩系统内，分析成岩相间相互影响及系统的致密化成因。

4.4.1 强压实作用主控的致密化机理研究

压实作用在沉积后即开始对沉积物产生影响，这些影响不仅体现在对储层孔隙的破坏，不同阶段的压实特征会引起储层内部流体运移、物质平衡和砂泥岩层内的压力变化，从而影响其他成岩作用（杨满平等，2017）。压实作用对于砂岩差异致密化影响体现在两方面：一是直接导致砂岩致密化，二是为胶结作用提供了物质来源，促进碳酸盐胶结形成。

（1）促进强压实相形成

机械压实作为主要的成岩作用与胶结作用共同导致砂岩孔隙度的显著下降，在成岩作用与成岩矿物含量鉴定基础上，依据压实孔隙度损失（COPL）式（4–6）（Ehrenberg，1995），计算砂岩样品的由压实作用引起的孔隙度损失。

$$COPL=OP-\frac{(100\times IGV)-(OP\times IGV)}{(100-IGV)} \tag{4-6}$$

其中，COPL 为压实作用损失的孔隙度；OP 为砂岩初始孔隙度；CEM 为胶结物总体量；IGV 为负胶结孔隙度（胶结物含量 + 现今粒间孔隙度）。

利用 Beard 和 Weyl（1973）提出的原始孔隙度计算公式计算 Φ_o=20.91+22.90/S（Φ_o：原始孔隙度，S_o：特拉斯科分选系数）o 计算原始孔隙度 OP，砂岩原始孔隙度分布在 35% ~ 39.25%。CEM 与 IGV 通过砂岩铸体薄片的偏光显微镜鉴定得到，计算结果显示 COPL 分布在 1.4% ~ 34.83%，平均 15.5%。压实作用导致砂岩整体孔隙度的强烈损失，是最主要的致密化因素。对于强压实相（A，B）样品，压实引起的孔隙度损失绝对值超过 30%，损失率高于 80%（见图 4–18），直接导致了这两种类型的砂岩过早的致密化。

A 相，即强压实相（富塑性颗粒砂岩）由于富塑性颗粒，对于机械压实的抵御能力较弱，强压实导致杂基首先完全充填粒间，压实作用达到最强时，岩屑强烈塑性变形，吸水膨胀，假杂基化堵塞孔隙与喉道，原始孔隙大量损失，孔喉结构遭到严重破坏（见图 4–10 a，见图 4–19）。这一成岩相后期经历的成岩改造较弱，仅在局部发育方解石与铁方解石弱胶结作用和交代作用。

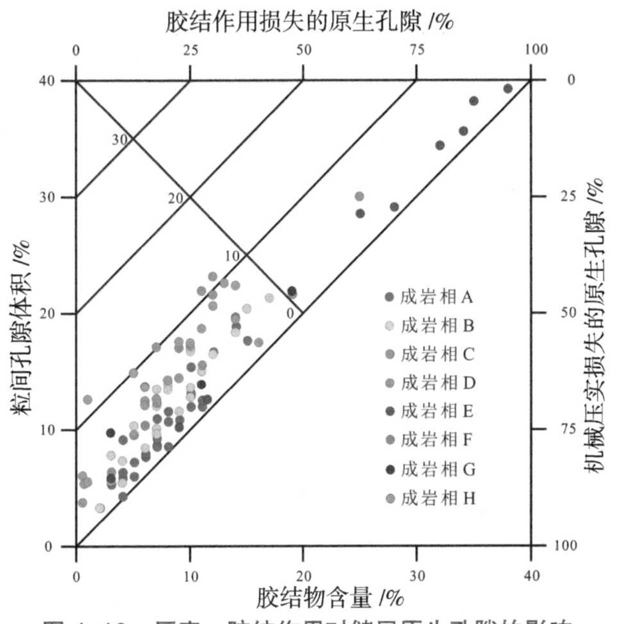

图 4–18　压实、胶结作用对储层原生孔隙的影响

B 相，即强压实相（富刚性颗粒砂岩），相比塑性岩屑富集的砂岩，刚性岩屑含量增高，增强了整体的抗压性，受压实后首先表现出碎屑颗粒排序发生变化，细小颗粒充填在大颗粒形成的空间内，早期颗粒变形较弱，随着埋深增加压实强度增大，颗粒逐渐形成线接触、局部压溶缝合或刚性破碎，孔隙几乎全部损失（见图 4–10 b，见图 4–19）。由于孔隙空间被破坏，后期流体活动空间受限，胶结作用发育程度极低。

A 相多发育在薄层或厚层正粒序砂体顶部富含杂基和塑性岩屑的细粒砂岩中，B 相则多见于中粗粒砂岩组成的薄层、厚层砂体边缘，以及砂体叠加的接触面（见图 4–19）。

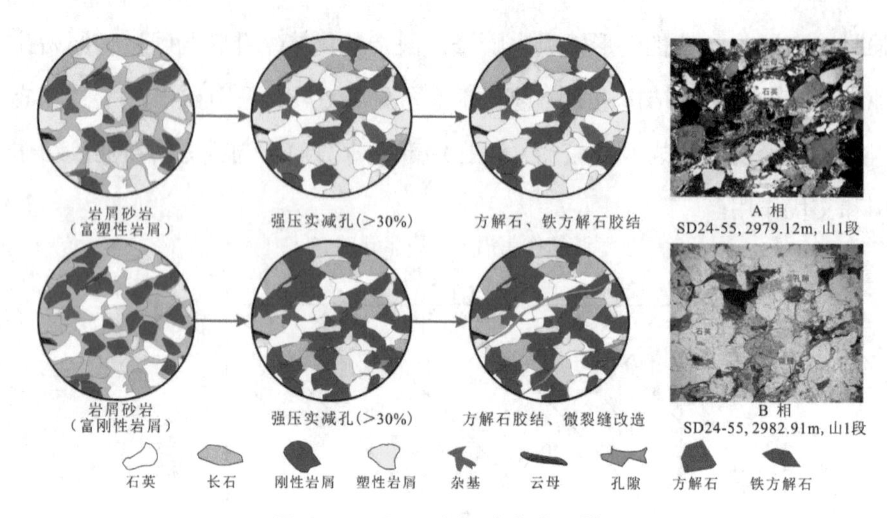

图 4–19 强压实相致密成因模式

（2）促进方解石致密胶结层形成

成岩相纵向分布特征显示，方解石强胶结相（E 相）主要发育在泥岩与砂岩接触边界的砂岩中，形成一定厚度的胶结层，同类现象已被定义为钙化带或钙化边缘（李丕龙等，2004）、“顶钙”或“底钙”（王行信等，1992；McBride et al.，2010；韩文学等，2016），这些钙质胶结层的厚度一般小于 0.5 m（Ma et al.，2016），最后可达 3 m（孙海涛等，2010）。有学者提出方解石胶结区通常是孤立的，而非均匀且连续的在地层横向上分布，横向展布范围不超过几米（Nyman et al.，2014），然而，Dutton（2008）研究提出方解石胶结层在横向上连续性可达 300 m，形成一个广泛连续的有效水平渗透屏障层。方解石的发育会降低储层质量，影响流体流动状态，改变注水波及系数、增加砂体的抗压性等（Saigal and Bjørlykke，1987；Dutton et al.，2002）。对于胶结层的成因目前仍未形成共识，研究认为应在物质来源分析基础上，结合成岩动力学揭示方解石胶结层的形成机制。

1）方解石胶结特征

SD 24–55 井盒 8 段剖面上方解石的发育具有明显的规律性，砂泥岩接触边界的砂岩中方解石呈连晶胶结产出，含量大于 30%，方解石在胶结孔隙的同时，也会交代长石或岩屑颗粒。胶结层厚度一般为 0.014 ～ 1.589 m（见图 4–20），距砂泥岩界面越远，砂体内部砂岩方解石含量越低。除了边缘方解石胶结，砂体内部也发现了铁方解石胶结，胶结强度相对较弱，胶结层的厚度分布在 0.01 ～ 1.32 m（见图 4–20）。由于同为碳酸盐胶结物，对两种胶结物的成因进行对比分析。

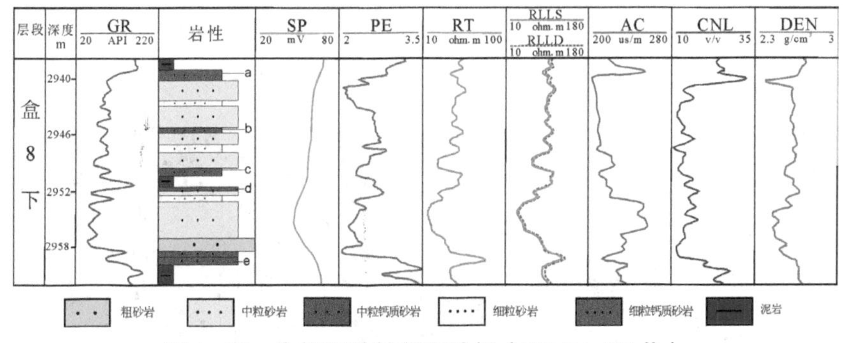

图 4–20　方解石胶结剖面特征（SD 24–55 井）

阴极发光、电子探针与能谱分析结果显示：砂泥岩接触界面附近的砂岩多富含杂基，而砂体内部砂岩泥质则相对较少（见图 4–21）。

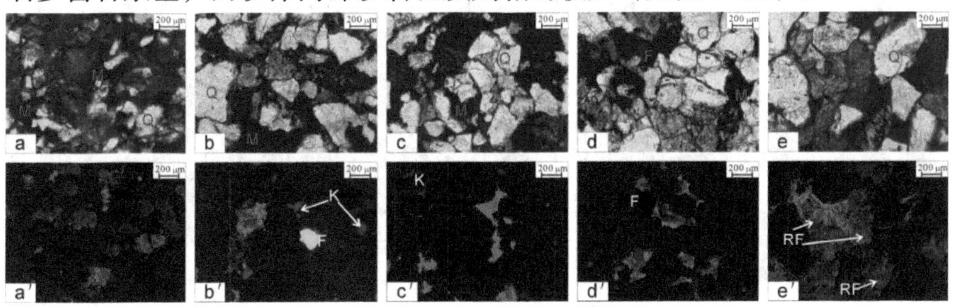

图 4–21　不同剖面位置方解石胶结微观特征

注：x 为单偏光照片，x' 为对应的阴极发光照片，方解石呈橘红色。a．方解石呈连晶状胶结，长石颗粒被交代，砂岩富集杂基与塑性岩屑，2 939.85 m；b. 长石溶蚀形成高岭石晶间孔，高岭石呈蓝色，方解石胶结粒间孔隙，2 945.92 m； c．方解石嵌晶胶结 2 949.88 m；d．方解石连晶胶结 2 951.95 m；e．粗粒砂岩方解石强胶结，长石颗粒被方解石交代 2 959.12 m。

边界处砂岩的方解呈强连晶胶结，电子探针测试 Fe 元素比重普遍小于 0.6%，能谱测试元素以 Ca、C、Mn 为主（见图 4–22 a）。砂体内部方解石呈嵌晶胶结，与高岭石伴生，电子探针测试 Fe 元素比重普遍大于 1.8%，能谱测试 Fe 元素峰值明显（见图 4–22 b）。

成岩相分布预测结果表明，随埋深增加砂泥岩界面处胶结层的厚度略有增大趋势，厚度小于 0.5 m 的胶结层在纵向上并无明显的分布差异，0.5 ～ 1 m 厚的胶结层发育在 2 760 m 以深，大于 1 m 厚的胶结层主要发育在 2 850 m ～ 2 960 m（见图 4–23），方解石胶结层井间连续性差。

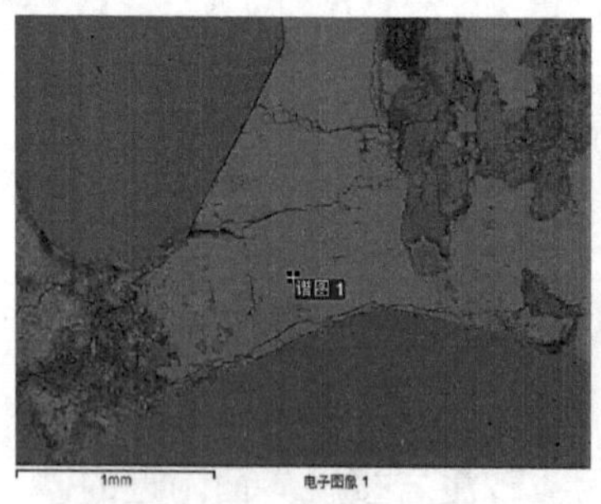

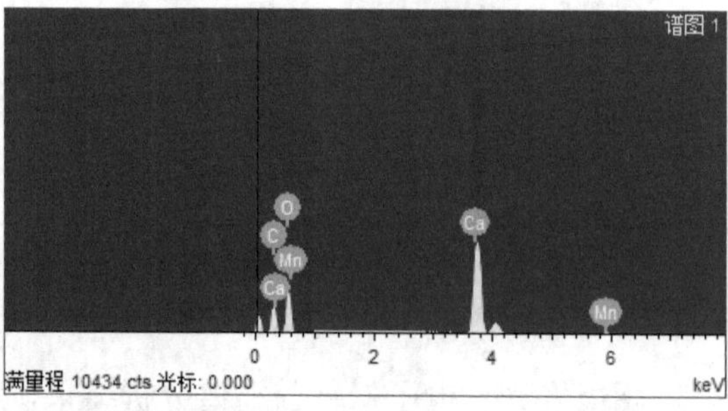

（a）方解石胶结微观特征（左）与能谱测试结果（右），2 939.85 m，盒 8 段，SD24–55

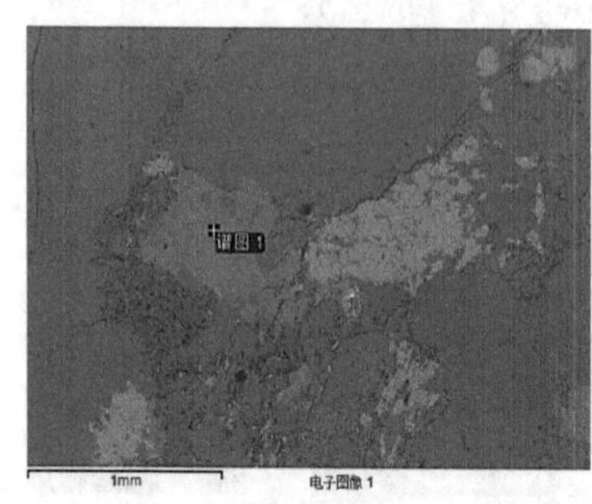

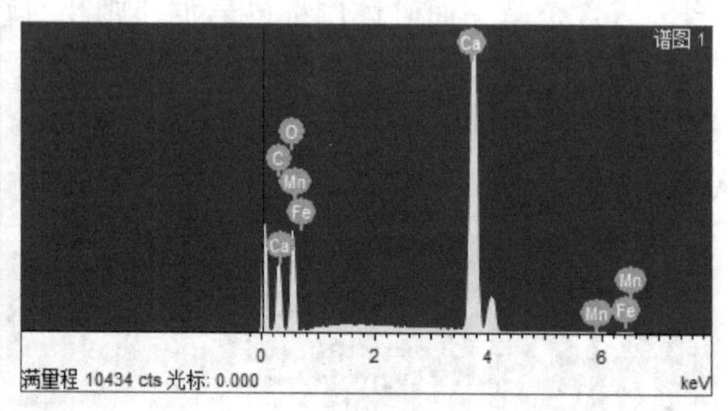

（b）铁方解石胶结微观特征（左）与能谱测试结果（右），2 945.92 m，盒 8 段，SD24–55

图 4–22　方解石胶结物微观特征及元素特征

砂岩的方解石或铁方解石含量与孔隙度、渗透率呈强负相关（见图 4–24），连晶胶结方解石含量普遍大于 10%，引起原生粒间孔隙的强烈损失，孔隙度普遍小于 4%，渗透率小于 0.05 mD，嵌晶铁方解石含量则小于

10%，主要对次生溶蚀孔隙造成破坏。

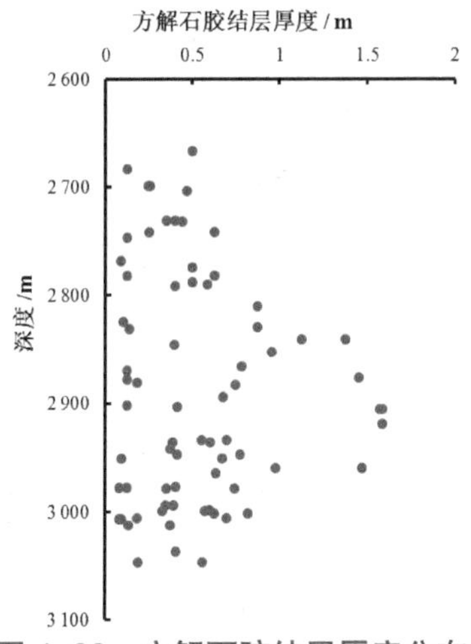

图 4-23　方解石胶结层厚度分布

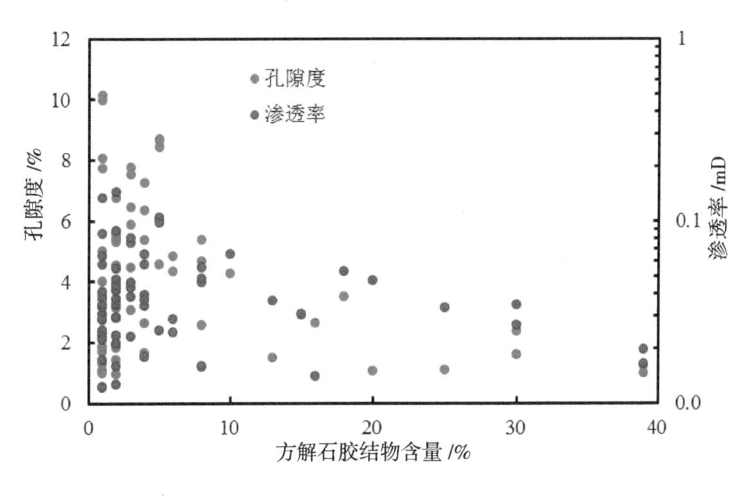

图 4-24　方解石含量 – 物性参数交会图

2）方解石胶结物质来源

盒 8 段方解石碳同位素（δ^{13}C，VPDB）分布在 –17.3‰～ –4.7‰；氧同位素（δ^{18}O，VPDB）分布在 –19.8‰～ –14.4‰，平均为 –16.36‰；山 1 段方解石碳同位素（δ^{13}C，VPDB）分布在 –12.6‰～ –5.9‰；氧同位素（δ^{18}O，VPDB）分布在 –17.3‰～ –13.7‰，平均为 –15.64‰；山 2 段方

解石碳同位素（ $\delta^{13}C$，VPDB ）分布在 –15.7‰ ~ –10‰；氧同位素（ $\delta^{18}O$，VPDB ）分布在 –16.4‰ ~ –11.7‰，平均为 –14.74‰。整体而言方解石胶结物具有相对轻的碳、氧同位素含量。$\delta^{18}O$ 同位素分布在 –19.8% ~ –11.7‰（PDB，平均值 –15.9%），$\delta^{13}C$ 同位素分布 –17.3% ~ –4.7‰（PDB，平均值 –10.9%）（见图 4–25），这表明方解石是受有机影响明显的成岩阶段产物。

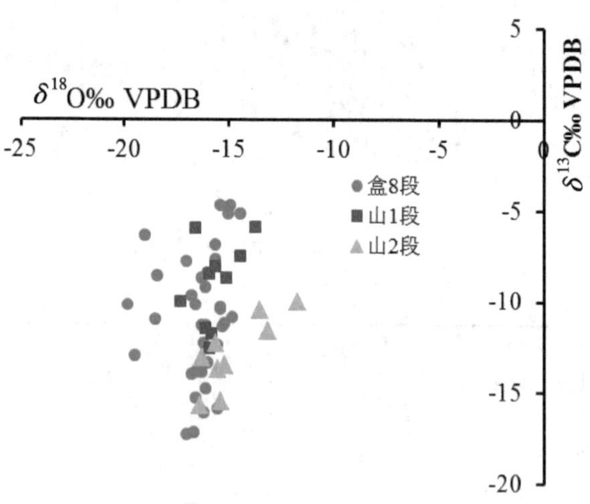

图 4–25　方解石胶结物中 $\delta^{18}O$ 与 $\delta^{13}C$ 同位素分布

［数据引自致密砂岩储层差异致密化机理及其对渗流的影响研究（曹锋等，2011；杨智等，2016）］

根据王大锐（2000）编制的 $\delta^{13}C$–$\delta^{18}O$ 模型来分析碳酸盐胶结物的碳来源，研究区碳酸盐主要与有机酸脱羧作用有关。Keithand 和 Weber 于 1964 年利用碳氧同位素，提出的区分海相灰岩和淡水灰岩的经验公式 [式（4–7）]，能够指示古盐度（袁珍等，2011）。经计算研究区各层段古盐度 Z 值低于 120.0，分布在 84.40 ~ 110.25，平均值为 96.9。这表明方解石为淡水成因的，成岩流体为高矿化度成岩流体，这种流体发育在微咸水向半咸水过度环境，成岩环境适合碳酸盐矿物沉淀胶结。

$$Z=2.048\times(\delta^{13}C+50)+0.498\times(\delta^{18}C+50) \quad (4-7)$$

研究区上古生界海陆过渡相煤系地层中发育以腐殖型有机质为主的优质气源岩组合，埋深后，煤系地层产生有机酸，形成酸性水介质条件。田亚铭（2011）研究认为随着埋深加深，发酵细菌活动性逐渐停止，热催化作用下的有机酸脱羧成为主要反应，产生烃类和 CO_2[（式 4–8）]，这些反应发生部位温度较高，因 ^{18}O 的消耗氧同位素组成呈负高：

$$RCOOH\rightarrow RH+CO_2 \quad (4-8)$$

释放出的 CO_2 溶解于地层水，一方面形成低 pH 值孔隙流体，促进了硅酸盐矿物的溶解作进行行；另一方面为碳酸盐矿物的形成提供了“碳”来源 [式（4–9）～（4–10）]。

$$CO_{2\,(gas)}\rightarrow CO_{2\,(water\ solution)}+H_2O\leftrightharpoons H_2CO_3 \quad (4-9)$$

$$H_2CO_3\leftrightharpoons H^++HCO_3^-$$

$$HCO_3^-\leftrightharpoons H^++CO_3^{2-} \quad (4-10)$$

随着溶蚀作用对氢离子的消耗，长石、岩屑的溶蚀形成的阳离不断积聚，孔隙流体逐渐由酸性转变为碱性，方解石等碳酸盐矿物沉淀开始形成 [式（4–11）、4–12）]（宋土顺，2015）。

$$2HCO_3^-+Ca^{2+}\leftrightharpoons H_2O+CaCO_3+CO_2 \quad (4-11)$$

$$(Mg^{2+}+Ca^{2+}+Fe^{2+})^-+CO_3^{2-}\rightarrow(Mg,Ca,Fe)CO_3 \quad (4-12)$$

碳酸盐矿物中“碳”的有机质来源特性，导致方解石的 $\delta^{13}C$ 同位素呈现高负值特征。

Ca^{2+} 是方解石形成的另一个必要元素，来源有两种：一类是在各种酸性水的催化下，同生、表生与深埋成岩期 Ca^{2+} 大量析出，并在原始孔隙流体中富集，单敬福（2015）分析研究区石盒子组地层水发现水中有 K^+、Na^+、Ca^{2+} 和 Mg^{2+} 等多种阳离子，其中，Na^+ 和 Ca^{2+} 这两种离子最多。在不断的压实作用下，临近常压系统的泥岩超压系统，周期性地释放压力导致了 CO_2 分压突然降低和流体化学性质变化，Ca^{2+}、Mg^{2+}、Fe^{2+}、CO_3^{2-} 及其他离子伴随孔隙水由泥岩向砂岩流动并析出，为早期方解石胶结提供了充足的物质（Jansa et al.，1989；石良等，2015）；另一类是当地层温度达到 70℃～100℃时，蒙脱石会发生伊利石化并会放出大量 Ca^{2+}、Fe^{2+}、Mg^{2+} 离子（Milliken et al.，1989；Land，1996），温度高于 130℃时，当 K^+/H^+ 离子活度处于钾长石饱和点以下，高岭石与钾长石将不能共存，钾长石溶解成为高岭石伊利石化的伴随反应。上述反应为晚期铁方解石的形成提供了物质基础。

3）方解石胶结物形成时代

方解石形成的时间则根据流体包裹体均一温度测试结果确定，包裹体均一温度分布在 80℃～180° C，呈双峰态分布（见图 4-26）。结合成岩演化序列的研究认识，山 2 段～盒 8 段经历过至少两期油气充注，这意味着储层至少经历两期大规模有机质热演化生烃排酸改造，由此地层流体性质变化过程为弱碱性—酸性—碱性—弱酸性—弱碱性。酸性条件有利于硅质沉淀，而碱性流体有利于碳酸盐沉淀（胡宗全，2003）。第一阶段生烃发生在早成岩 B 期，其后方解石强胶结发生，晚期铁方解石的形成则主要与第二阶段溶蚀作用有关。

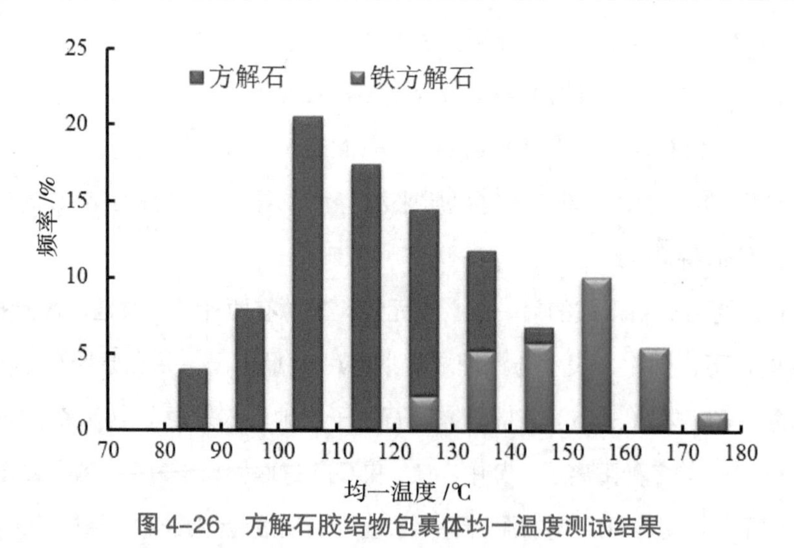

图 4-26　方解石胶结物包裹体均一温度测试结果

4）方解石胶结层形成影响因素

方解石的形成与孔隙流体、有机质成熟排酸、易溶组分溶蚀和黏土矿物转化等因素相关，是复杂水岩反应的产物。砂体内部的铁方解石胶结受后期溶蚀作用影响较大，而砂岩边缘方解石胶结层的影响因素要从物质来源（泥岩与砂岩的物质传递）及成岩流体动力（孔 隙压力）两方面展开研究。

① 泥岩层厚度。与砂岩接触的泥岩层中的孔隙水是方解石胶结的主要离子来源之一。泥岩层越厚，经压实排向砂岩层的流体越多，为方解石胶结提供的物质也越多。方解石胶结层与泥岩层的剖面组合关系有三种：第 1 类发育在泥岩层上部的砂岩边界，第 2 类发育在泥岩层下部砂岩的边界，第 3 类在与泥岩层接触的上下砂岩边界均发育。前两类显示出在泥岩层单侧砂岩边界发育强胶结，另一侧砂岩边界由于强压实致密形成 A，B 相而呈强致密，流体难以进入。三种类型的胶结层厚度存在一定差异，第 1 类一般为 0.09 ～ 1.05 m，平均为 0.51 m（见图 4–27 a），第 2 类一般为 0.10 ～ 1.32 m，平均这 0.62 m（见图 4–27 b），第 3 类上部胶结层厚度一般为 0.014 ～ 1.59 m，平均为 0.54 m，下部胶结层厚度一般为 0.03 ～ 1.58 m，平均为 0.53 m（见图 4–27 c）。在三种组合模式中泥岩层厚度与胶结层的厚度均呈较强的正相关关系，而这种差异模式的形成主要受砂体结构的影响，岩体边界处砂岩孔隙发育程度决定了泥岩中流体能否顺利进入形成胶结。

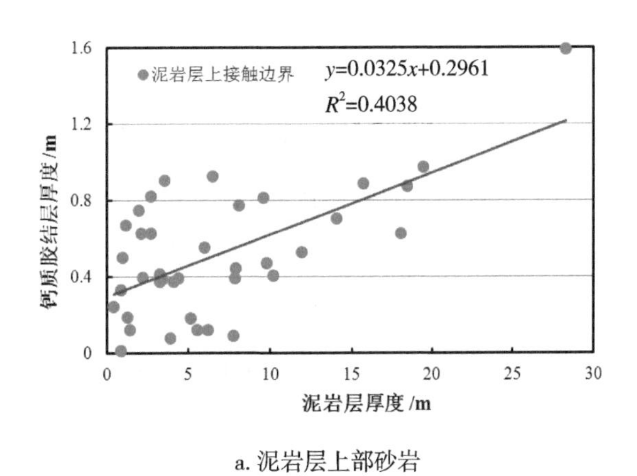

a. 泥岩层上部砂岩

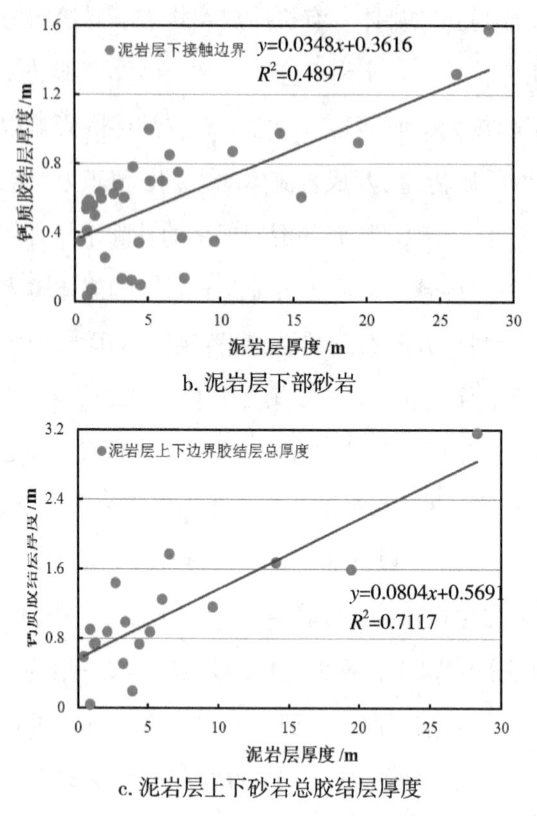

b. 泥岩层下部砂岩

c. 泥岩层上下砂岩总胶结层厚度

图 4-27 泥岩层厚度与砂体边缘钙质胶结层厚度相关图

②流体动力来源。泥岩层的流体进入砂岩是胶结层形成的基础，由于区内构造运动均以整体升降为主，且胶结层的大规模形成早于晚白垩世开始的构造抬升，流体流动的动力主要来源于压实作用形成的孔隙流体压力，压实强度的差异会影响砂岩层边界的方解石胶结层厚度。

压实作用的影响不可逆，可以利用现今的地层压实曲线分析地层在压实强度达到峰值时的压实情况。利用等效深度法对单井的剩余压力分布进行计算。以 SD24-55 为例，首先建立 2 400 m 以内的正常泥岩压实段深度与声波时差的交会图（H-lnΔt），建立正常的压实曲线（见图 4-28）。

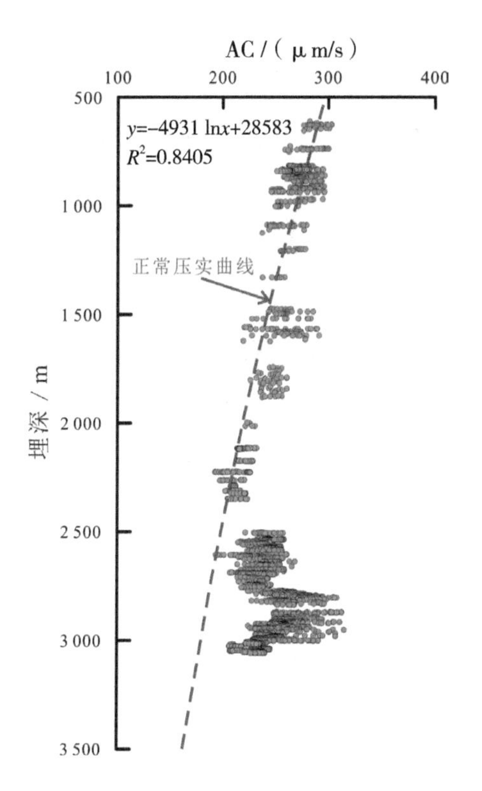

图 4-28　声波分布与拟合正常压实曲线对比

其中，趋势线方程可以用来计算超压层段的等效深度：

$$H=-4\,931\ \ln \Delta t+28\,583 \tag{4-13}$$

利用等效深度法计算公式计算相应层段的过剩压力：

$$p=H_e\rho_w g+（H-H_e）\rho_b g-H\rho_w g \tag{4-14}$$

其中，p 为超压（MPa）；H_e 为等效深度（m）；H 为地层埋深（m）；ρ_w 为地层水密度（g/cm^3）；ρ_b 为骨架密度（g/cm^3）；g 为重力加速度（m/s^2）。

对研究区各单井进行剩余压力计算，并将压力分布结果置于成岩相预测连井剖面进行对比：盒 8、山 1 和山 2 段地层均发育超压，纵向上对比山西组泥岩地层剩余压力高于盒 8 段，泥岩段的超压分布在 5 ~ 33.1 MPa，前人的研究成果也证实了石盒子组、山西组和太原组地层在三叠世—早白垩世时期发育超压（陈义才等，2010；王飞雁等，2004；刘建章等，2008）。

依据泥岩层剩余压力评价压实程度（见图 4–15、图 4–16），泥岩段超压一般分布在 5 ～ 33.1 MPa。泥岩段超压呈现中部高、两端低的特征，在泥岩 – 砂岩接触面处常形成一个压力陡降，边缘压力较中部压力低 5 ～ 15 Mpa，这是由于边缘部位流体在压实作用下更易被排出，压实程度较高，而内部流体由于难以有效外排形成欠压实。砂岩由于致密化程度的差异剩余压力纵向分布也具有差别，方解石胶结、硅质胶结强烈的岩相对应的剩余压力通常小于 3 MPa。为明确影响边缘胶结层形成的有效泥岩层厚度，分别建立泥岩层边缘 0.5 m，0.75 m 和 1 m 段平均剩余压力与钙质胶结层厚度的相关关系，胶结层厚度与泥岩层平均剩余压力正相关，距接触界面越近，泥岩层的影响越高（见图 4–29）。

砂岩体内部在压实过程中形成差异的压力分布，边界处孔隙流体在一定程度上会影响泥岩流体的侵入，泥岩层与胶结砂岩层的压力差决定了流体侵入动力的强弱，压差越大胶结层越厚，其中，接触界面 0.5 m 内泥岩段的压力差与胶结层厚度相关性最大，判断系数为 0.5785，随着距离接触界面距离的增大，这种影响也呈减弱趋势（见图 4–30）。

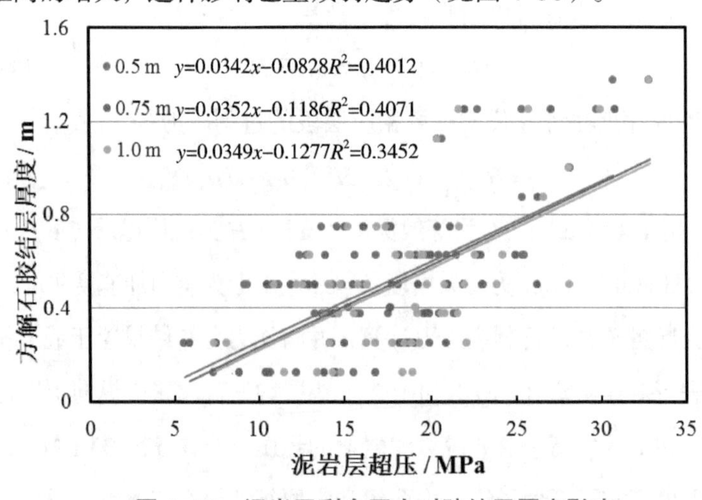

图 4–29　泥岩层剩余压力对胶结层厚度影响

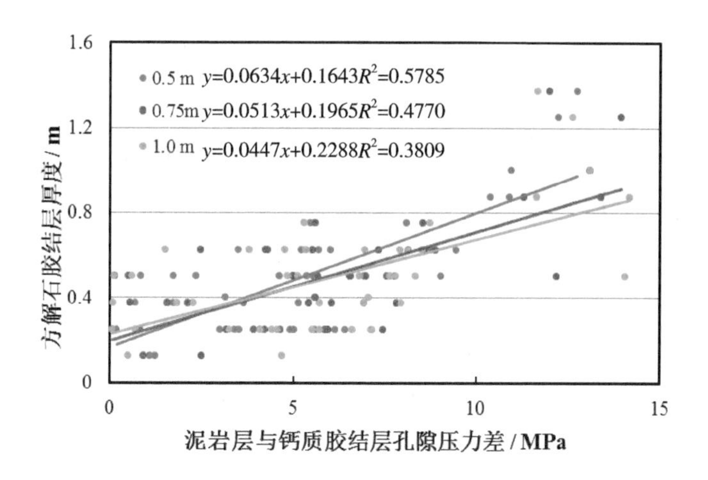

图 4–30　泥岩 – 胶结层压差对胶结层厚度影响

基于上述分析，建立三个厚度范围内泥岩层超压、泥岩 – 胶结层压差对胶结层厚度影响程度 R^2 的线性关系，结果显示两种因素的影响程度都随着泥岩厚度的增加而降低。泥岩 – 胶结层压差对胶结层厚度的影响与泥岩层厚度具有强线性相关性，相关系数可达 0.9998，根据这一相关方程得到当砂 – 泥岩界面泥岩厚度为 1.96 m 时，泥岩层对胶结层形成的影响程度已十分微弱（见图 4–31）。计算结果为我们认识泥岩层的影响有效范围提供了一个参考，由于不同层泥岩的压实程度有差异，有效范围会稍有差别，强压实导致有效范围内的泥岩流体充分外排、孔隙破坏致密化程度高，泥岩层内部流体难以外排，对于胶结层的形成影响微弱。

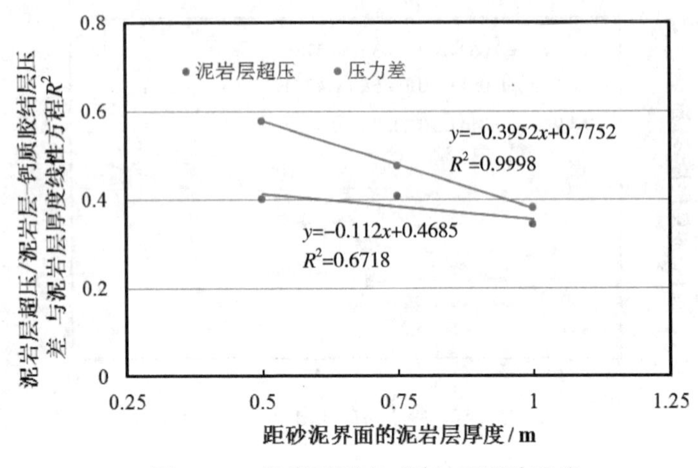

图 4-31 泥岩层厚度对胶结层影响程度

综合分析认为方解石胶结层是压实作用主导的砂泥系统边界致密化，压实作用提供了流体动力来源，泥岩层提供胶结物质来源，砂岩层提供了胶结孔隙间。砂岩在埋藏早期由于泥岩压实缓冲与孔隙水的支撑受到的压实作用弱，初始孔渗条件好，流体易进入（朱筱敏等，2006），泥岩抵御压实能力较弱，在持续的压实作用下孔隙压力不断增高，流体由高压泥岩层不断流向砂岩（孙海涛等，2010），由于各类酸性水的催化，同生、表生与深埋成岩期 Ca^{2+} 大量析出，导致原始孔隙流体中 Ca^{2+} 富集，单敬福对苏里格气田东区石盒子组地层水的分析发现水中有 K^+、Na^+、Ca^{2+} 和 Mg^{2+} 等多种阳离子，其中 Na^+ 和 Ca^{2+} 这两种离子最多（单敬福等，2015）。同时在持续压实作用下，临近常压系统的泥岩超压系统，周期性的释放压力导致 CO_2 分压突然降低和流体化学性质变化，促进了流体中 Ca^{2+}、Mg^{2+}、Fe^{2+}、CO_3^{2-} 及其他离子析出形成碳酸盐胶结（王行信等，1992）（见图 4-32）。

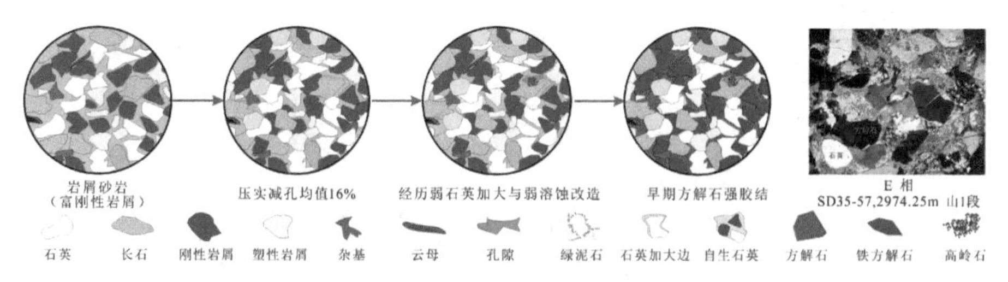

图 4–32　方解石连晶胶结致密成因模式

上述压实作用主导的致密相、方解石连晶胶结相，由于多发育在成岩系统砂泥接触边界，作为砂泥岩层间的渗流屏障，促进了纵向上一系列相对封闭成岩体系的形成（见图 4–56）。

4.4.2　欠压实 – 绿泥石胶结保孔机理研究

相比于强压实导致的强压实相（A，B）、方解石连晶胶结相（E）的强致密化程度，欠压实相（C）孔隙度发育，且主要为原生粒间孔隙，胶结物含量 5% ~ 8%。胶结物主要为早期石英加大边与粒间自生石英含量，绿泥石胶结含量大于 4%。分选较好的砂岩在早期弱石英加大边后形成了较厚的绿泥石环边胶结，一般厚 3 ~ 10 μm，原生粒间孔隙大部分被较好地保存下来，胶结作用发育程度低（见图 4–33）。

自生绿泥石是沉积岩中最为常见的自生黏土矿物之一，通常有颗粒包膜、孔隙衬里、孔隙充填和蜂窝状四种产状。成因主要包括黏土矿物的转化、非黏土矿物的蚀变与结晶、富铁镁流体渗入，一般在高 pH 值（富碱性）和富铁、镁的成岩流体中优先沉淀。由于自生绿泥发育的砂岩中原生孔隙通常保存较好，中 – 深埋深碎屑岩储层中骨架颗粒绿泥石包膜长期以来被认为是一种重要的孔隙保护成分，而绿泥石与异常高孔隙度的关系一直以来是砂岩储层研究的重点。

a. 绿泥石环边发育，孔隙保存较好

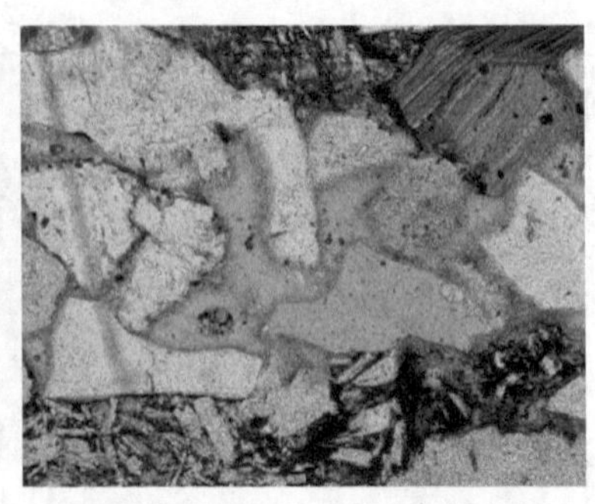

b. 绿泥石胶结后，颗粒溶蚀形成铸模孔

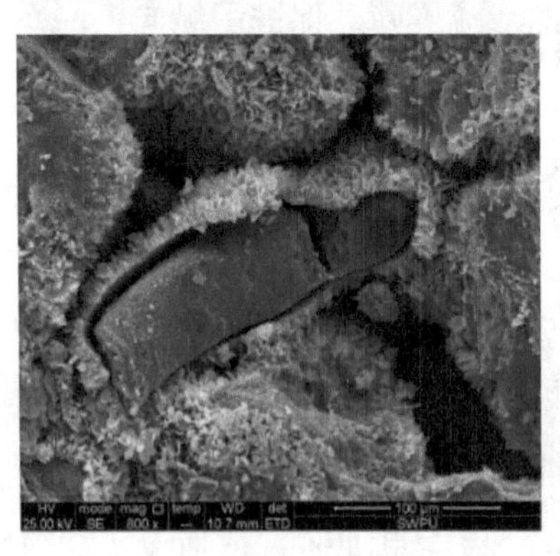

c. 绿泥石包壳保存较好，粒间孔发育

d. 颗粒完全溶蚀后的绿泥石环边残余

图 4-33 绿泥石环边与孔隙发育微观特征（SD24-55，2 951.73 m，H8）

自然条件下机械和化学压实过程共同影响储层质量（Osborne and Swarbrick，1999；Bloch et al.，2002；Taylor et al.，2010），因此异常高孔隙度也并非绿泥石胶结这种单一因素影响的。黏土矿物包膜的存在、早期油气侵位、矿物溶解和流体超压等因素都对于砂岩的异常高孔隙度保存具有积极作用（Spotl et al.，1994；Wilkinson and Haszeldine，2011；Sathar et al.，2012；Nguyen et al.，2013）。早在 1974 年，Heald 就已提出超压、高孔隙度和绿泥石环边间应该存在一定相关性，但几乎大量的研究只单独针对流体超压或绿泥石对高孔隙度发育的影响，极少有人将两者联系在一起进行分析。20 世纪 90 年代以来，越来越多的超压储层中绿泥石环边强发育的现象被发现，学者们认为这些地层条件中压实和石英胶结物的孔隙度损失可能由于高孔隙压力和绿泥石环边而被延缓（Ramm，1992；Ramm and Ryseth，1996）。绿泥石环边在超压储层中异常增高，超压带及超压顶部的砂岩这种现象普遍（Ramm and Bjorlykke，1994；Jansa and Noguera，1990；Weedman 等，1996），要通过对超压、高原生孔隙度与绿泥石胶结三者间的内在联系解释异常高孔隙度的形成。

（1）绿泥石成因与影响研究

绿泥石为富铁、镁的层状硅酸盐矿物，铁和镁元素严重依赖于沉积环境（Haile et al.，2015）。富镁绿泥石倾向于在大陆环境中形成，富铁绿泥石则在海洋环境中更为常见（Hillier，1993）。对于铁、镁离子的供给源具有几类猜想：①黑云母、角闪石和凝灰岩等富铁、镁矿物水解释放铁、镁离子（田建锋等，2008；吕成福等，2011）；②长石、火山岩屑等含铁组分溶蚀产生铁、镁离子（Chen et al.，2011；Morad and Aldahan，1987；Stricker et al.，2016）；③河流沉积带来丰富的溶解铁（黄思静等，2004），沉积时期絮凝的富铁胶体水解、泥岩脱水释放出铁、镁离子（田建锋等，2008）。此外构成黏土矿物还需要硅和铝元素。硅质在碎屑岩储层中来源丰富。而铝的来源则包括活性黏土的水溶液以及含有斜长石 / 白榴石的反应，在缺乏活性黏土矿物这一铝和硅来源时，长石溶蚀便成为了主要的铝源（Morad and Aldahan，1987）。

电子探针分析显示，绿泥石包膜与环边主要为富铁的，FeO 的含量普遍高 20%，MgO 含量 10%~15%，绿泥石胶结能够在长石溶蚀后完整保存（见图 4-34）。

绿泥石胶结的 Fe^{2+}、Mg^{2+} 来源可能包含泥岩层的富离子流体及富 Fe、Mg、Si、Al 元素的长石及基性火成岩岩屑溶蚀。Pe-Piper 等（2008）

发现 Ti、P 含量高的砂岩中会有很高的可能性发育良好的绿泥石环边，并指出钛铁矿碎屑（$FeTiO_3$）是河流系统内最主要的重矿物，在搬运和早期成岩阶段钛铁矿会转变为金红石（TiO_2），释放活化铁（Pe-Piper et al.，2005）。测试显示砂岩中发育金红石（见图 4-35 a），且 Ti 在多种矿物中富集，长石、绿泥石和方解石等矿物中 TiO_2 含量一般为 0.01%~1.29%，平均值为 0.019%（见图 4-35 b，c，d），这充分表明陆源铁元素补给也是潜在的物质来源之一。

绿泥石的成因分析仍难达成共识，一种认识是绿泥石包膜、衬里是由早期的富铁黏土包壳转化而来（Lanson et al.，2002；苏永进等，2010；韩宝平等，1999；Grigsby，2001），这些黏土矿物前体可能是由机械渗透的黏土、继承性的黏土、生物扰动黏土或粘着黏土（Matlack et al.，1989；McIlroy et al.，2003；Needham et al.，2005）。另一种认识则是绿泥石是直接从孔隙水新生沉淀得来（Billault et al.，2003）。

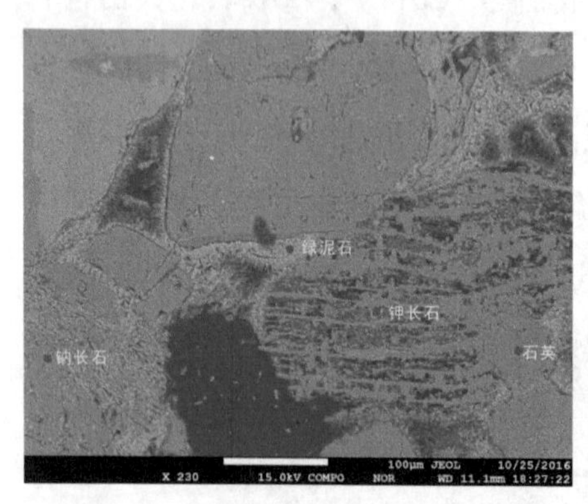

a. 绿泥石环边胶结与钾长石溶蚀 SD24-55，2 951.73 m，H8

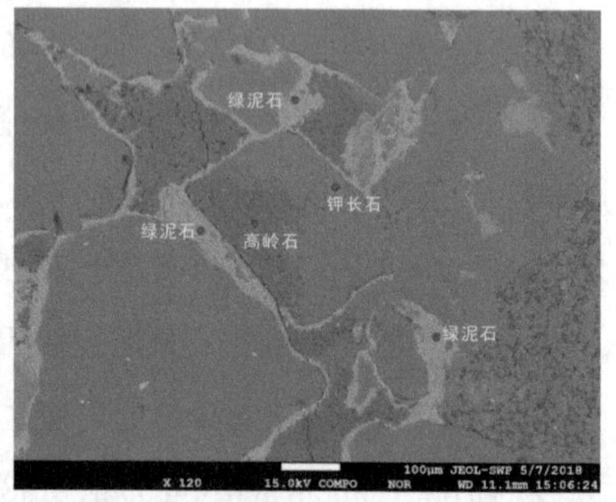

b. 绿泥石环边胶结，钾长石溶蚀形成高岭石，SD24-55，2 952.04 m，H8

图 4-34　与绿泥石相关的成岩作用显微特征

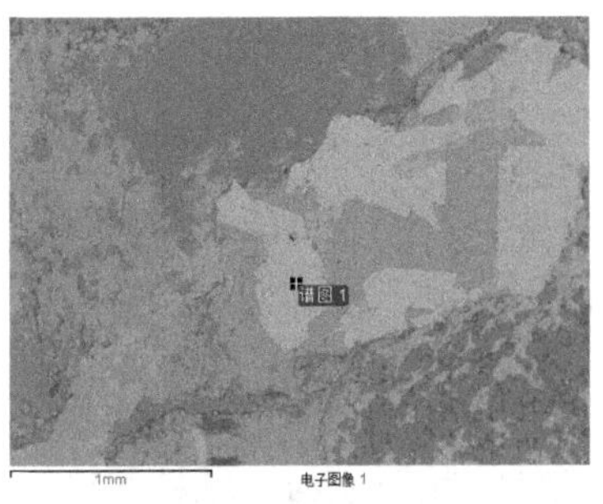

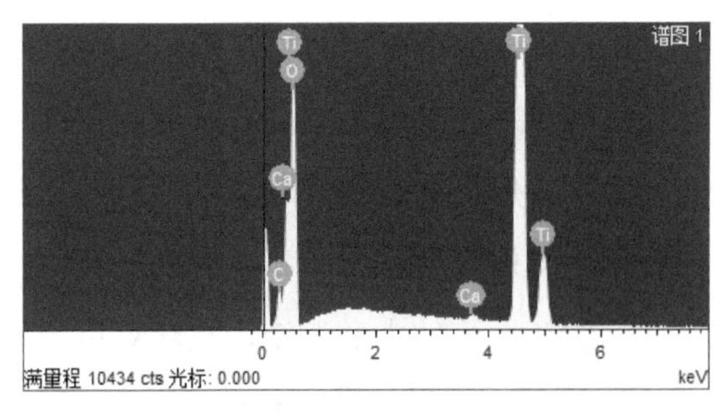

a. 金红石微观特征（左）能谱测试结果（右）SD24–55，H8，2 934.61 m

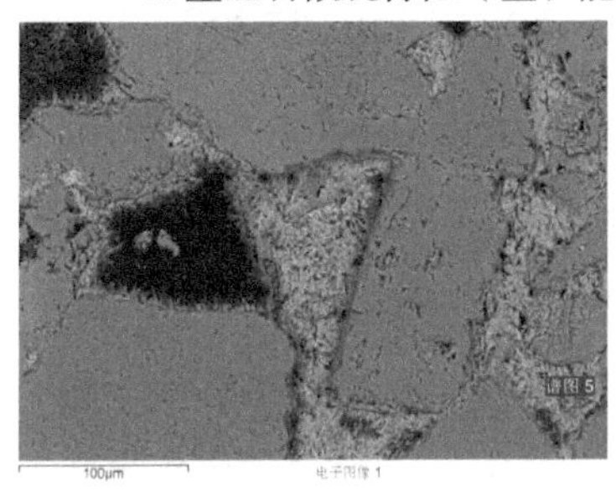

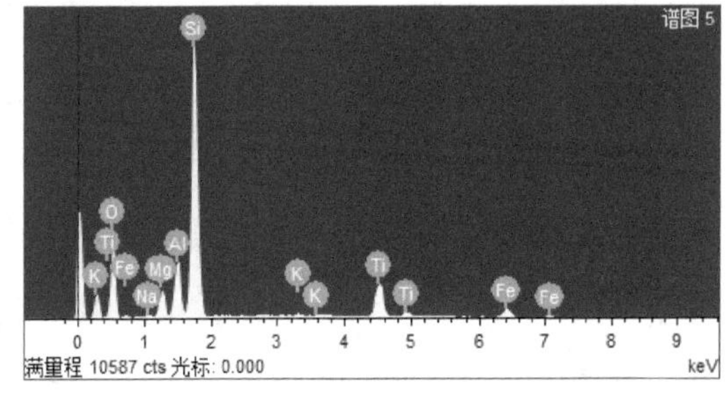

b. 粒间孔隙绿泥石微观特征（左）能谱测试结果（右）SD24–55，H8，2 951.73 m

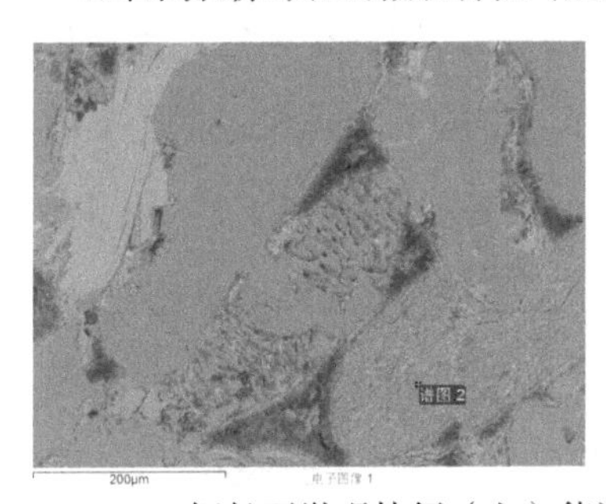

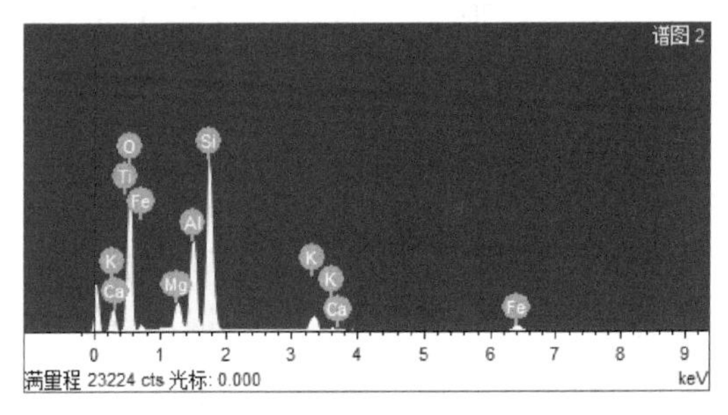

c. 钾长石微观特征（左）能谱测试结果（右）SD24–55，H8，2 951.73 m

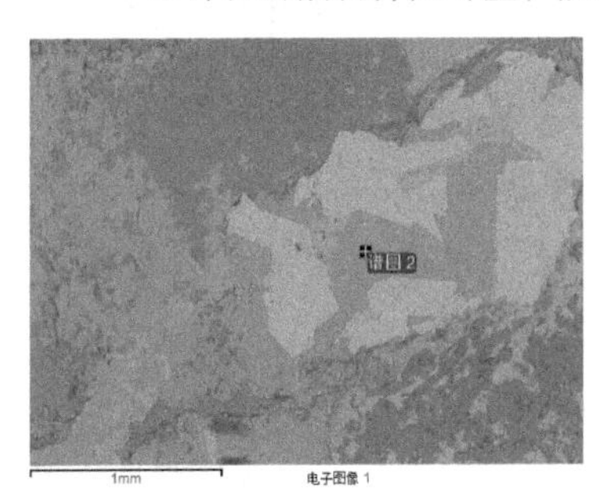

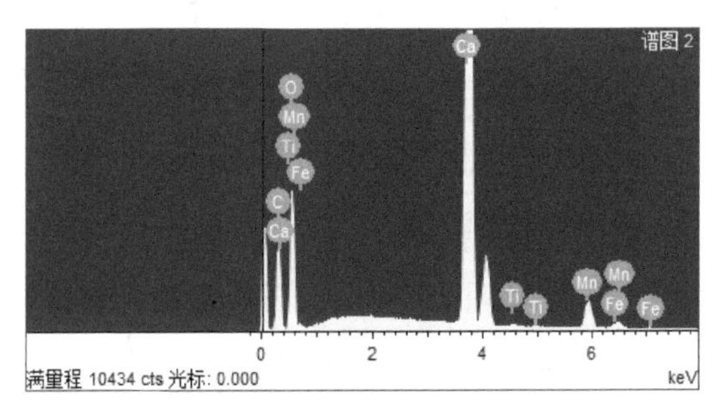

d. 方解石微观特征（左）能谱测试结果（右）SD24–55，H8，2 934.61 m

图 4–35　矿物微观特征与能谱测试

研究区主要的绿泥石有孔隙衬里和颗粒包膜两种形式（见图 4–33）。颗粒包膜绿泥石晶体较小，在孔隙发育部位多垂直颗粒表面向孔隙生长，在颗粒间接触处平行于颗粒表面生长（田建峰等，2008）。该类绿泥石形成较早，流体环境继承了沉积时期的流体性质，应该来自强烈压实前富含铁、镁的碱性流体中的沉淀。孔隙衬里是最主要的自生绿泥石产出形式，与颗粒包膜的区别在于它主要形成在与孔隙接触的颗粒表面，颗粒间接触处少见（田建峰等，2008）。针状或竹叶状晶体垂直颗粒表面向孔隙延长（Grigsby，2001），自形程度趋好（王新民等，2005），主要形成于富铁镁物质沉积环境。当絮凝的铁质胶体为主要铁质来源时，该类绿泥石在强水动力沉积环境中发育。由于未发现明显的黏土矿物转化及非黏土矿物的蚀变与结晶现象，分析认为研究区绿泥石主要为富铁镁流体中析出，成因受矿物转化及蚀变的影响较小。

绿泥石的形成需要碱性环境，成岩系统内碱性环境的存在与否可通过成岩矿物的岩石学特征进行判识。一般碱性环境中的成岩现象包括石英溶蚀、碳酸盐胶结等现象。石英性质稳定，溶解度低，通常在 pH < 小于 9 的环境中基本不发生溶蚀，当 pH 值 > 9 时，石英溶解度随 pH 值迅速上升，当 pH 值 > 9.8，温度大于 25℃时，将出现石英的溶解和方解石沉淀，以及方解石对石英交代（邱隆伟，2006）。也有研究认为在较高的温度下，当 pH 值 > 8.5 时就会发生石英溶蚀，如果 Ca^{2+} 浓度适中，会发生碳酸盐交代石英（滕建彬等，2015）。研究区绿泥石形成前可见石英颗粒、石英加大边溶蚀形成的港湾状不规则溶蚀边（见图 4–36 a，b，f，g），自生石英被黏土矿物交代溶蚀（见图 4–36 c，d），绿泥石胶结形成后可见明显的方解石胶结粒间孔隙和交代石英颗粒，这些岩石学特征表明成岩阶段早期储层经历了阶段性的碱性成岩作用改造。

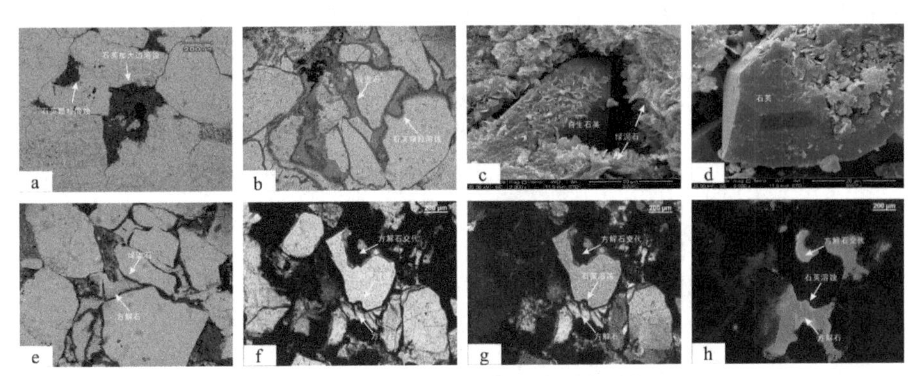

图 4-36　绿泥石胶结前后成岩特征

a. 石英颗粒、加大边溶蚀，单偏光，Z6，2 996.49 m，S1；b. 石英颗粒边缘港湾状溶蚀，单偏光，SD24-55，2 974.32 m，S1；c. 石英颗粒部分被黏土矿物交代溶蚀，SD24-55，2 974.32 m，S1；d. 自生石英黏土矿物交代溶蚀，SD24-55，2 974.32 m，S1；e-h 绿泥石环边大于，方解石胶结粒间孔隙并交代石英颗粒，e，f（单偏光），g（正交偏光），h（阴极发光）SD24-55，2 952.04 m，H8.

成岩矿物的演化特征及其成因条件显示绿泥石形成前后的成岩环境特征为石英加大边（弱酸性）→温度、压力、pH 值增加→黏土矿物交代石英（弱碱性）→石英溶蚀（碱性）→绿泥石胶结（碱性）→方解石胶结、交代（碱性）。碱性环境的形成是沉积环境与埋藏作用过程中水岩作用的结果，成因较为复杂，有学者提出随埋深增加，温度、压力的持续升高，开放的流体环境中氧化、酸性水介质会由于流体环境封闭性增强而逐渐转变为还原、碱性水介质（郑军等，2016）。

黄思静等（2004）提出绿泥石的形成会增强岩石的抗压能力，为明确绿泥石是否会提高岩石抗压强度，分别选取富绿泥石胶结原生孔隙发育样品和溶蚀孔隙强发育样品进行岩石单轴抗压强度对比测试。绿泥石样品（孔隙度为 11.3%，渗透率为 0.123 mD）（见图 4-37 a），应力 - 应变曲线显示抗压强度为 26.25 MPa（见图 4-37 b），远低于溶蚀作用发育样品（孔隙度为 8.5%，渗透率为 0.077 mD）的强度 39.22 MPa（见图 4-37 c，d）。

实验样品为干燥样品，但储层原始条件下砂岩并非完全处于干燥状态，孔隙水的存在会导致岩石中矿物风化、软化、泥化、溶蚀作用及膨胀等现象而大大降低岩石强度。如果没有孔隙或流体压力的支持，骨架颗粒对于压实的抵御能力会变得更弱。测试结果表明：一方面绿泥石胶结显然并未提高岩石的抗压强度，另一方面地层条件下富绿泥石砂岩需要更多的孔隙压力抵御压实，才能保持高孔隙度。

a. 富绿泥石样品，原生孔隙为主，SD24-55，2 951.73 m，H8，ϕ=11.3%，K=0.123 mD

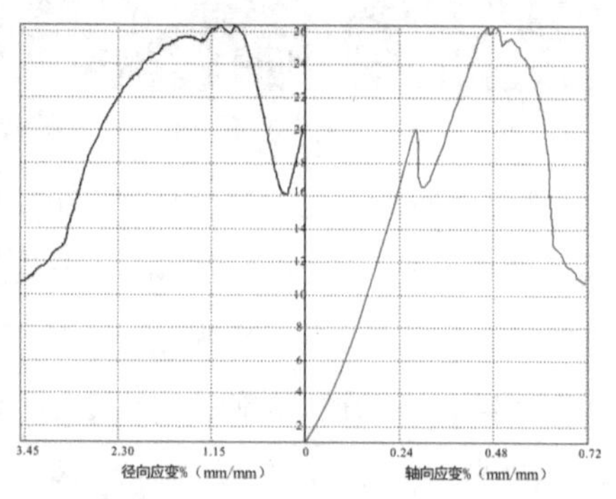

b. 富绿泥石样品岩心应力 - 应变曲线

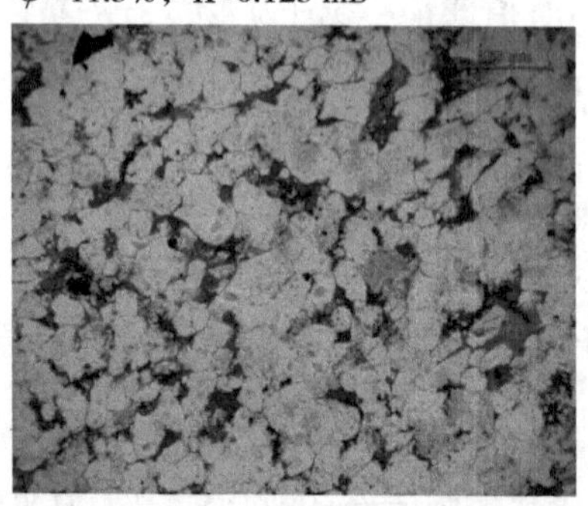

c. 富高岭石样品，溶蚀孔隙为主，SD24-55，2 948.97 m，H8，ϕ=8.5%，K=0.077 mD

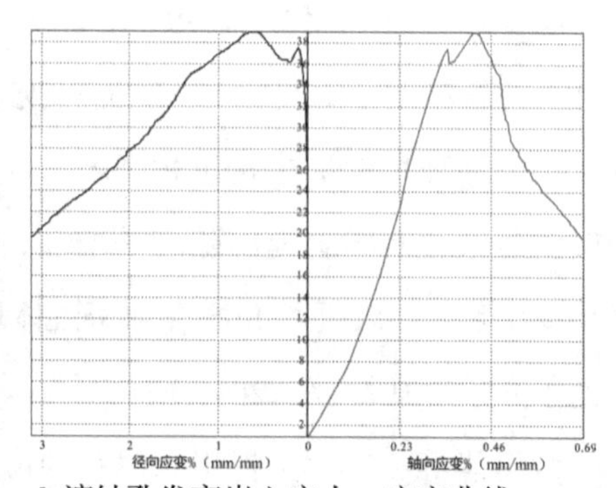

d. 溶蚀孔发育岩心应力 - 应变曲线

图 4-37　砂岩微观特征与抗压能力测试对比

绿泥石的形成能堵塞孔隙喉道而造成砂岩渗透性被强烈破坏，关于绿泥石的这种影响国内外学者已达成共识，但对其影响程度的评价缺乏定量化依据。本次研究利用了纳米 CT 扫描与渗流模拟定量评价绿泥石胶结对渗透率的影响。为解决绿泥石的识别与分割问题，本次研究利用 QEMSCAN 矿物定量分析技术对富绿泥石样品进行扫描，该测试技术能够测试得到矿物成分谱线确定矿物种类、粒度与元素含量信息，能够有效识别出绿泥石环边（见图 4–38），参考 QEMSCAN 测试结果对 CT 图像中的绿泥石进行提取，将图像分割为孔隙、绿泥石环边和碎屑骨架颗粒（见图 4–39）。

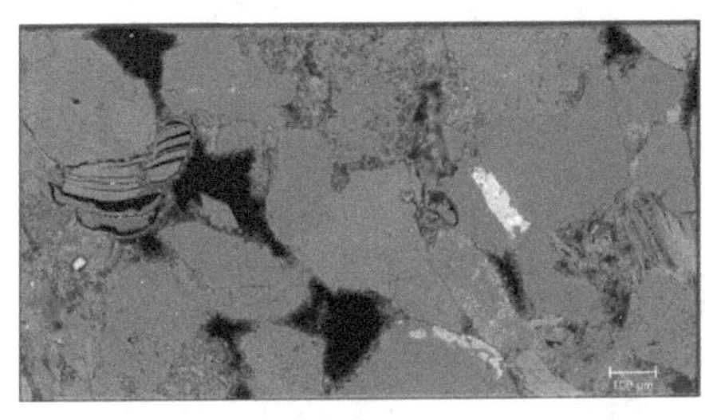

a. 岩石微观图像

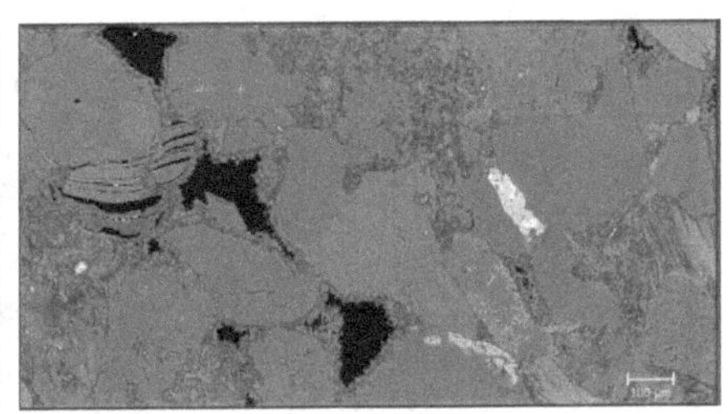

b. 绿泥石识别结果

图 4–38　富绿泥石砂岩 QEMSCAN 矿物分析

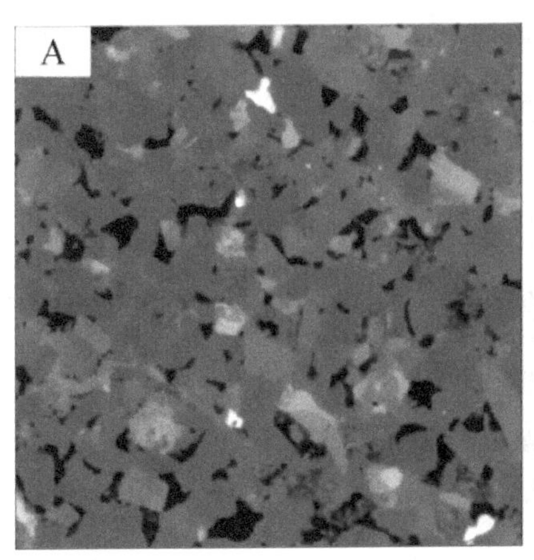

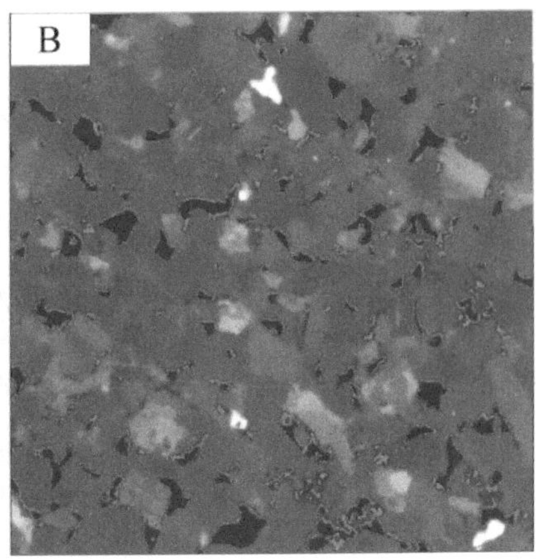

图 4–39　CT 扫描原始图像（A）及分割图像（B）

注：图中蓝色——孔隙，绿色——绿泥石，灰色——骨架颗粒。

在二维分割基础上，重构三维矿物与孔隙分布特征，截取 2 550 μm×

2 550μm×2 550μm 测试区域（见图 4–40 A），依据二维图像分割的标准对测试体进行分割（图 4–40 B），分别提取绿泥石（图 4–40 C）、孔隙空间（图 4–40 D）分布特征，为明确方解石胶结前的孔隙度，将绿泥石与孔隙叠合（图 4–40 E），作为胶结前总体孔隙（图 4–38 F）。

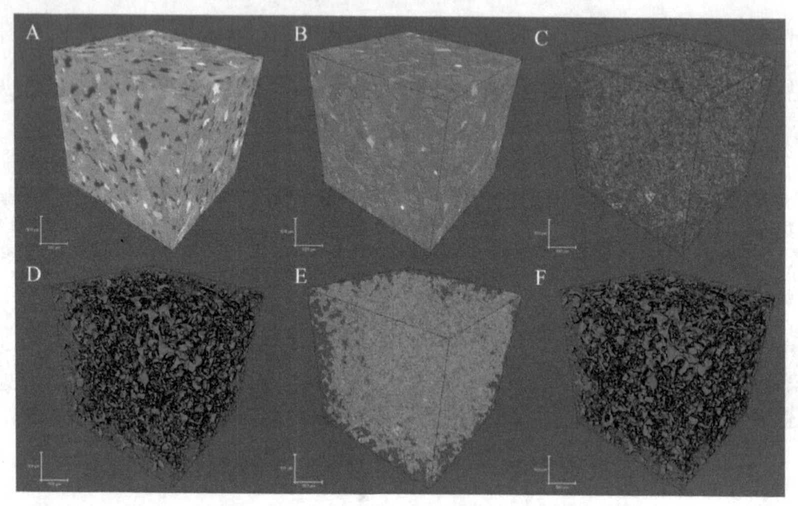

图 4–40　数字岩心三维空间分布特征

注：A. 岩心 CT 三维重构图像，B. 骨架、绿泥石、孔隙空间分割，C. 绿泥石空间分布特征，D. 孔隙空间分布特征，E. 绿泥石与孔隙叠加分布特征，F. 绿泥石胶结前孔隙分布特征。

分别对绿泥石胶结前孔隙特征(见图 4–41)及现今孔隙特征(见图 4–42)进行定量分析，测试区域绿泥石含量体积率为 3.81%，现今孔隙度为 6.43%，绿泥石胶结前孔隙度为 10.23%，绿泥石的发育在该样品中导致孔隙度损失 37.15%。对胶结前后孔隙进行连通性测试，胶结前的连通孔隙度为 8.99%，胶结后孔隙度为 1.26%，连通孔隙度损失 85.98%。对比绿泥石胶结前后的渗透率模拟结果，胶结前渗透率为 1.51 D（见图 4–41 E），而胶结后的渗透率则为 0.13 D（见图 4–42 E），渗透率损失 91.4%，绿泥石胶结的发育孔隙连通性、渗透率影响显著。

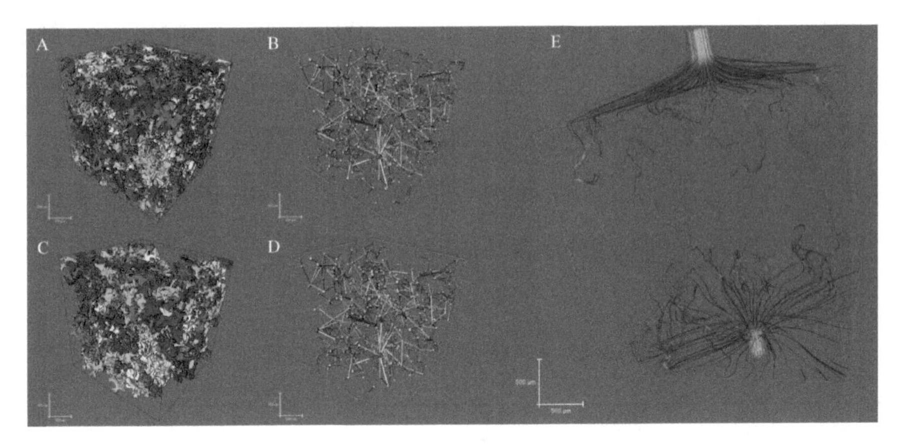

图 4–41　绿泥石胶结前孔隙结构与渗流特征

注：A. 全部孔隙分布，B. 全部孔隙网络模型，C. 连通孔隙分布，D. 连通孔隙网络模型，E. 连通孔隙渗流模拟。

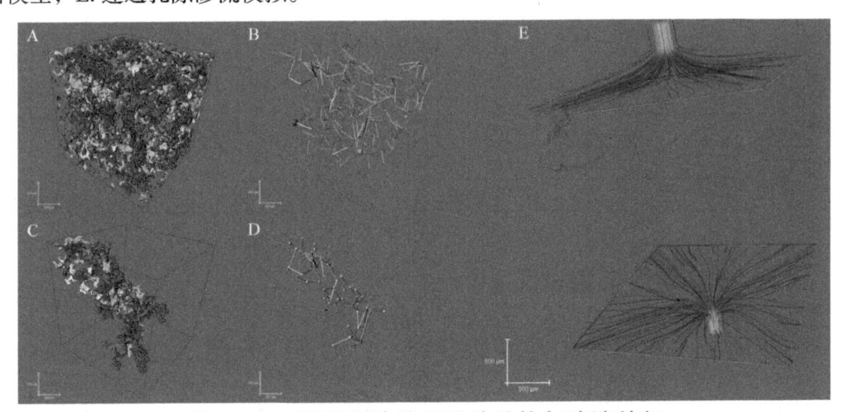

图 4–42　绿泥石胶结后孔隙结构与渗流特征

注：A. 全部孔隙分布，B. 全部孔隙网络模型，C. 连通孔隙分布，D. 连通孔隙网络模型，E. 连通孔隙渗流模拟。

绿泥石胶结对孔隙度与渗透率的影响主要通过对其孔隙、喉道和孔喉连通性的控制。对比绿泥石胶结前后全部孔隙与连通孔隙参数特征：孔隙半径分布，全部孔隙半径以 0.2 ～ 20μm 为主，连通孔隙则半径主要分布在 50 ～ 100μm，主要连通孔隙空间以大孔隙为主。胶结前后孔隙喉道半径以 10 ～ 50μm 为主，喉道长度以 200 ～ 400μm 为主。绿泥石胶结前孔喉配位数以 1 ～ 3 为主，且大于 5 的比例大于 10%，而绿泥石胶结发育后孔喉配位数大于 4 的比例不足 5%，连通性变差（见表 4–6）。对比发现无论是全部孔隙还是连通孔隙，绿泥石胶结前的平均孔隙半径、喉道半径、喉道长度和孔喉配位数均高于胶结后的相关参数值，绿泥石胶结对于孔隙结构的破坏显著。

表 4–6　CT 测试孔隙结构参数统计

项目	体积率/%	体积/μm^3	总体积/μm^3	体素	总体素	R_p/μm	R_{th}/μm	L_{th}/μm	N
胶结前全部孔隙	10.23	1 695 810 000		22 106 400		14.2	15.7	280.9	0.17
胶结前连通孔隙	8.99	1 490 200 000		19 426 100		60.1	17.4	336.3	3.22
绿泥石	3.81	631 200 000	2550^3	8 228 250	600^3	—	—	—	—
胶结后全部孔隙	6.43	1 064 610 000		13 878 100		10.9	13.8	267.3	0.08
胶结后连通孔隙	1.26	208 853 000		2 722 580		61.1	15.5	313.8	2.36

R_p 为平均孔隙半径；R_{th} 为平均喉道半径；L_{th} 为平均喉道长度；N 为平均孔喉配位数

（2）流体超压成因研究

流体超压为超过给定深度的静水压力的多余孔隙压力（Osborne and Swarbrick，1997；Taylor et al.，2010），储层流体超压的主要形成机制包括不平衡压实、构造压缩、水热膨胀、黏土成岩作用、矿物转化、干酪根成熟、天然气生成和浮力效应等（Osborne and Swarbrick，1999）。

超压的存在减少了作用在颗粒接触部位的有效应力，能够抑制机械和化学压实。这种普遍的高孔隙度的砂岩（10%）超压在墨西哥湾、北海、泰国湾、加拿大 Scotian 盆地和挪威近海等地区的深层硅质碎屑储层中被发现（Parker，1974；Lindquist，1977；Thomson，1982；Trevena and Clark，1986；Jansa and Noguera，1989；Ramm and Bjorlykke，1994；

Sathar and Jones，2016）。次生孔隙度区域被记录在超压的顶部（Brown et al.，1989）和超压区间内（Lindquist，1977；McBride，1977；Taylor，1990），发生在超压的顶部和下方（Trevena and Clark，1986；Jansa and Noguera，1989）。Nguyen 等（2013）讨论了原生孔隙保存的机理，并提出“早期流体超压抑制了压实作用，保持了较高的原生孔隙度”。

超压预测结果显示：C 相孔隙发育，测井声波时差 AC 响应高，压力剖面上显示剩余压力值高，一般大于 8 MPa，最高可达 25 MPa（见图 4-13~4-14）。研究区构造平缓，二叠纪沉积到晚三叠世未经历强烈的构造改造和烃类充注，难以形成大规模超压，但在晚三叠世快速埋藏期，泥岩体积不断缩小，孔隙中的水也被不断地排向砂岩中，欠压实作用在砂岩层内局部形成孔隙流体高压，被压实的厚层泥岩形成的流动屏障能够有效地封闭砂岩内部孔隙流体。随着后期压实和黏土矿物转化的进行，地层纵向上会形成一系列流体压力相互独立的压力封存箱，这些封存箱与上部水动力系统也不连通（Sathar and Jones，2016）。相对封闭的高压体系中孔隙流体支撑了上覆地层的部分载荷，降低垂直有效应力，减小了骨架颗粒与胶结物承担的压力，实现了对机械压实的抑制（Jansa and Noguera，1989；Nguyen et al.，2013）。

（3）流体超压与绿泥石耦合关系研究

1）保存异常高孔隙度

关于超压对孔隙的保存作用，已有学者进行了定量研究，石良等（2015）记录在超压环境下孔隙度与超压的关系为 1.1%/4 MPa，这与 Scherer（1987）提出的孔隙度与超压关系 1.9%/6.9 Mpa 基本一致。研究区超压分析结果表明绿泥石发育段储层超压发育，且孔隙度与超压呈较好的正相关关系（见图 4-43），超压段 5 MPa 压力保存孔隙绝对值为 1.6%，略高于前人的研究结果（见图 4-44），郑军（2016）在西湖凹陷的优质储层中发现超压带内主要发育绿泥石，超压带外主要发育高岭石。

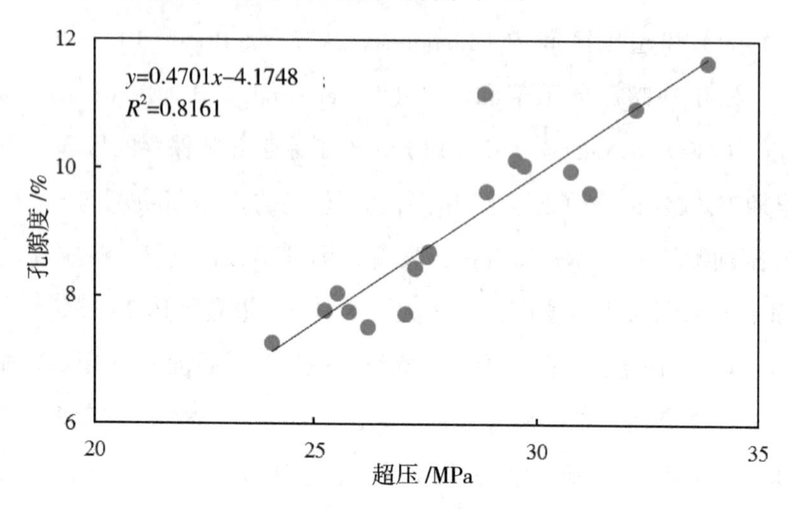

图 4–43　绿泥石发育段超压与孔隙度交会图

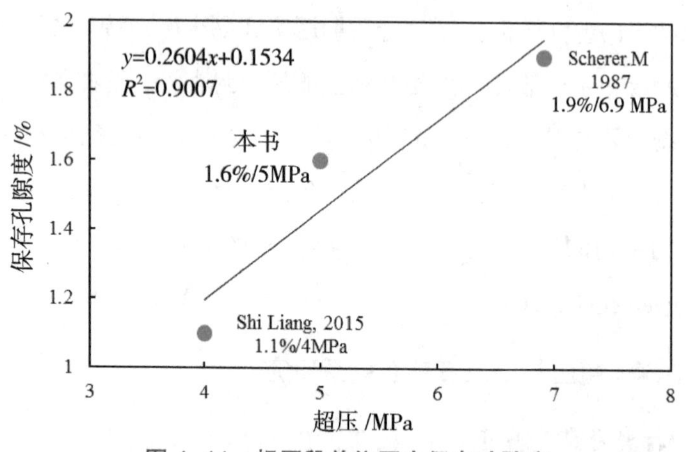

图 4–44　超压段单位压力保存孔隙度

绿泥石的成因存在早期成因和晚期成因两种观点，前者赞同绿泥石早期形成并保存了深部地层的高孔隙度假说，后者认为绿泥石是一种碳酸盐岩去胶结后沉淀下来，支持次生孔隙假说。根据前文成岩作用与演化特征分析，本次研究层段绿泥石发育的砂岩中碎屑颗粒主要以点接、线触为主，并未经历强烈的压实，且无明显早期碳酸盐胶结现象，因此绿泥石主要形成于成岩阶段早期。

综合绿泥石形成与超压形成研究，本书对于超压、绿泥石胶结和高孔隙度关系认识如下：致密砂岩异常高孔隙保存是超压与绿泥石协同作用的结果，首先不均衡压实导致流体大量进入砂岩孔隙提高了孔隙流体压力，孔隙流体超压抵御压实保存大部分原生粒间孔隙，超压封存箱内形成碱性流体环境为绿泥石形成提供基础（滕建彬，2015）；其后绿泥石形成，虽然难以提高岩石的机械抗压强度，但绿泥石将松散的骨架颗粒胶结为一个整体，减弱了颗粒的可动性，并通过减小有效孔喉半径，降低渗透率，阻止超压流体流动，对超压形成了保护。即超压为绿泥石形成提供了物质与环境条件，而绿泥石胶结的形成则保护超压免于被破坏，异常高压在这种耦合作用下得以保存。

综合绿泥石与异常超压的形成，结合砂岩典型成岩演化序列，建立欠压实相（C）形成模式，总体可分为四个阶段。Ⅰ、早期快速沉积条件下，泥岩流体由泥岩排向砂岩，早期沉积后，沉积物松散，孔隙内充满流体。Ⅱ、随着压实作用进行，松散的沉积颗粒接触方式开始向点接触或点 - 线接触转变，塑性矿物受压变形，这一阶段也发生了早期的石英加大。不同于其他未发育绿泥石胶结的砂岩，这类砂岩在压实作用下外来流体持续进入砂岩内部形成了孔隙流体超压，超压抵御机械压实，并在强压实相（A，B）、方解石连晶胶结相（E）砂岩及厚层泥岩的封闭下形成了一系列小的超压体系（压力封存箱），超压体系内的碱性环境以及多途径的 Fe^{2+}、Mg^{2+} 补给，共同促进了绿泥石的形成。Ⅲ、超压形成后，在碱性条件下，绿泥石环边开始形成，需要注意的是由于绿泥石的发育，原本连通较好的孔隙与喉道被堵塞，渗透率也不断降低，有效封锁孔隙流体的自由流动，提高了流体外排的毛管压力，从而进一步保持了孔隙压力；此外绿泥石环边形成需要干净的长石、石英等刚性颗粒表面，这种矿物组成主要发育于强水动力条件下，而压力封存箱中压力集中分布在中部，因此该相多见于河道滞留、心滩中部厚层中粒和粗粒砂岩中。绿泥石环边的形成减小了孔喉半径，降低了渗透率，进一步对孔隙内的超压流体进行了渗透性封存。Ⅳ、后期生烃的酸性流体侵入，对砂岩的长石、岩屑等组分进行溶蚀形成次生孔隙，溶蚀强烈的可形成铸模孔。随着流体环境的变化，粒间自生石英与方解石胶结也可见（见图 4–45）。

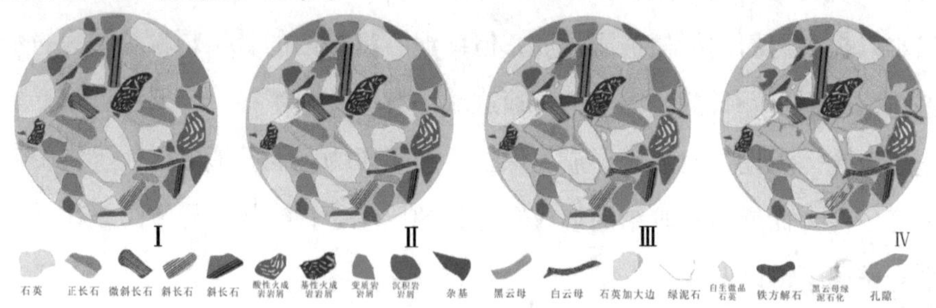

图 4–45　欠压实相成因模式

2）影响胶结作用

除了协同作用保存高孔隙度，多数研究集中在解释绿泥石包壳是否会抑制石英次生加大，是否会抑制压溶作用、促进溶蚀作用。段威等（2015）提出超压可以抑制碳酸盐胶结物和石英次生加大的形成，Osborne 和 Swarbrick（1997）观察到与正常压力下的岩层相比，高温高压储层中观察到的石英胶结物数量减少了。

研究发现的现象与 Billault（2003）提出的“绿泥石对石英胶结的抑制，是由于绿泥石膜的存在限制了石英的外延生长空间”观点相吻合（见图 4–46 a，b）。除了这种影响，超压条件下碱性流体环境也会抑制石英的沉淀，甚至当 pH 值超过 9 时，会引起石英的强烈溶蚀，这种抑制会在一定时期内持续。但也学者认为超压并非直接抑制微晶硅的胶结作用，而是阻止了颗粒间压力溶蚀，减少二氧化硅胶结的物质来源（Zhang et al.，2015；Stricker et al.，2016b）。

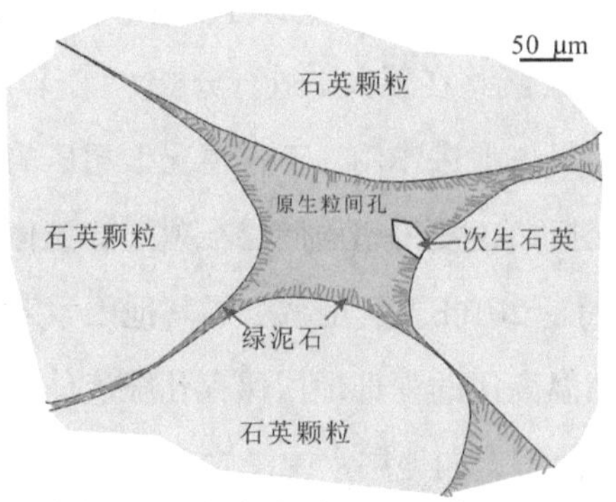

a. 富绿泥石砂岩孔隙空间及绿泥石、次生石英的结晶特征（Billault et al., 2003）

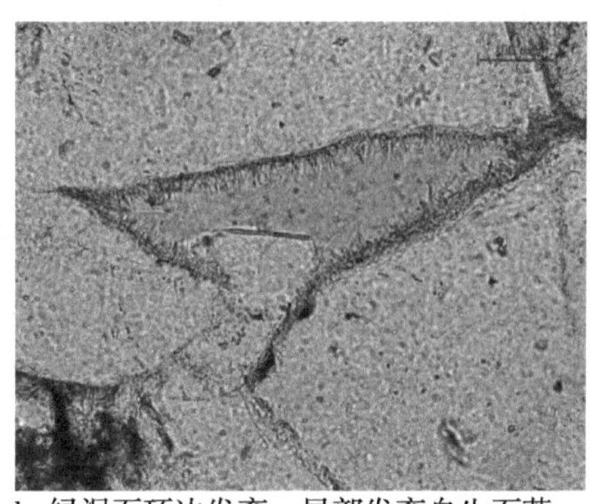

b. 绿泥石环边发育，局部发育自生石英，单偏光，SD24–55，2 974.32 m，S1

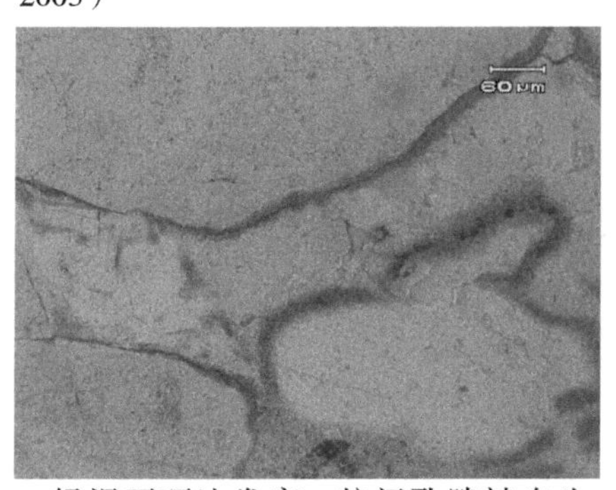

c. 绿泥石环边发育，粒间孔隙被自生石英完全胶结，单偏光，SD24–55，2 974.28 m，S1

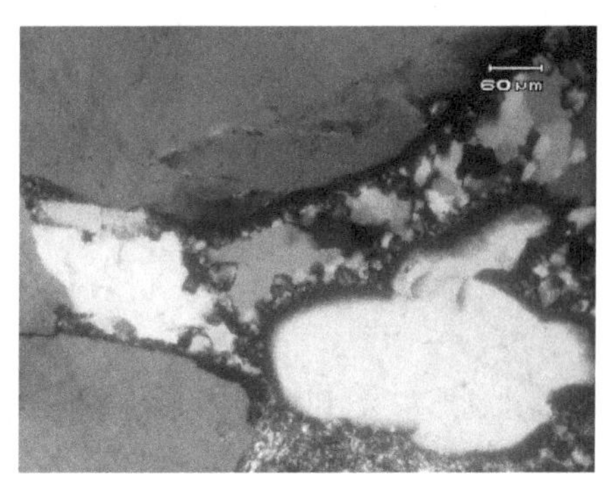

d. 绿泥石环边发育，粒间孔隙被自生石英完全胶结，正交偏光，SD24–55，2 974.28 m，S1

图 4–46　绿泥石与次生石英的胶结特征

超压保存较好会与绿泥石协同抑制胶结物的形成，而一旦绿泥石形成后流体环境发生变化或受应力破坏成岩系统内的超压释放，这种抑制作用会逐渐变弱甚至消失（王清斌等，2012），富离子孔隙水会在超压区与正常压力区之间的压力差下经过有效运移通道，向低压区或正常压力区运移，压力的降低导致流体的离子溶解度降低，在超压区和邻区形成胶结层（Zhang et al.，2015）。SD24–55 井 2 974.32 m 处砂岩绿泥石发育，原生孔隙保存好，但仅在 4 cm 原生孔隙却被自生石英完全胶结，这表明对于硅质胶结的抑制是两者的综合作用。而这种由于自生石英胶结强烈导致的原生孔隙被破坏，形成F相（见图4–46 c，d），其成因与影响将在下文中进行分析。

绿泥石与超压对于碳酸盐胶结作用具有促进作用，正常情况下超压的储层为密闭体系，与邻层段并无流体交换，这使得超压储层在独立的流体环境中演化（Jeans，1994；Stricker et al.，2016b），也减少了其他因素对储层质量的影响。超压的存在可以在高温高压的深部地层保存孔隙流体，由此引发更有效的黏土矿物转化和长石溶解，向地层水中释放丰富的K^+，Ca^{2+}，Mg^{2+}和CO_3^{2-}，超压区孔隙水较多且富含各种离子，有利于超压带的胶结物沉淀（石良等，2015）。特别对于碳酸盐矿物的胶结，低pH环境碳酸盐矿物不稳定，随着pH值升高，碳酸盐矿物稳定性快速升高，溶液CO_2分压降低，更易于形成碳酸盐矿物沉淀（邱隆伟等，2006）。

综上，该相由于超压和绿泥石胶结的联合作用保存了异常高孔隙度，有利于优质储层的形成。

4.4.3 溶蚀作用对致密化的影响

溶蚀作用改造是致密砂岩储层发育的重要因素。不同于欠压实相（C）原生孔隙发育，溶蚀相（H）典型特征是长石、岩屑溶蚀孔隙空间发育，该相砂岩中可见各类胶结物，但石英加大边、自生石英、方解石和铁方解石的胶结程度低，不足以导致储层的强烈致密化，也因此大部分溶蚀孔隙被较好地保存下来，该相是研究区各层段砂岩储层的主要成岩相。

对于溶蚀作用机理的研究，国内外学者已经取得了丰富的认识，典型的认识包括酸性溶蚀（大气淡水淋滤（张凯逊等，2016）、有机质热演化排酸溶蚀（远光辉等，2013）、有机质脱羧生成CO_2溶蚀（郝乐伟等，2011）、热液倒退溶蚀（刘子威等，2012）和碱性溶蚀作用（邱隆伟，2001）等。其中，最为广泛接受的溶蚀机理为CO_2和有机酸对矿物的溶蚀。

溶蚀作用的核心是流体，鄂尔多斯盆地上古生界海陆过渡相的煤系气源岩以陆生有机碳为主，干酪根主要为腐殖型（钱凯等，2001）。煤系地层产生的有机酸高于其他地层数百倍，为煤系地层及相邻地层中次生溶蚀提供了流体条件（何生等，2009），有机质的热成熟产生有机酸的同时还会伴生 CO_2，溶于流体后也会对胶结物和碎屑颗粒进行溶蚀，而且 CO_2 在两期有机酸产生之后稳定增加（Surdam et al.，1989；郑浚茂等，1997）。因此在可能的有机酸和碳酸、大气淡水、热流体、碱性流体等诸多潜在溶蚀流体中，前两者的影响最大。

史基安（1994）在研究有机酸对长石的溶蚀作用时提出忽略地层压力、pH 值和有机酸等因素的影响，在标准状态下各种长石都会自发地向高岭石转化，且斜长石比钾长石更易发生蚀变和溶解。赵国泉等（2005）建立了长石溶蚀的相关反应式（式 4-15 ～式 4-18），并指出成岩阶段长石溶蚀的必要条件是要有较大的热力学趋势。

$$2NaAlSi_3O_8+2H^++H_2O \rightarrow Al_2Si_2O_5(OH)_4+4SiO_2+2Na^+ \qquad (4\text{-}15)$$

$$2KAlSi_3O_8+2H^++H_2O \rightarrow Al_2Si_2O_5(OH)_4+4SiO_2+2K^+ \qquad (4\text{-}16)$$

$$CaAl_2SiO_8+2H^++H_2O \rightarrow Al_2Si_2O_5(OH)_4+Ca^{2+} \qquad (4\text{-}17)$$

$$Na_{0.6}Ca_{0.4}Al_{1.4}Si_{2.6}O_8+2.8H^++1.4H_2O \rightarrow 1.4Al_2Si_2O_5(OH)_4 +1.2Na^++0.8Ca^{2+}+2.4SiO_2 \qquad (4\text{-}18)$$

多来源的 CO_2 溶于地层水后同样会对易溶矿物形成溶蚀。当地层温度过高时，特别是大于 130° C 后，高岭石会发生伊利石化，而钾长石溶蚀会为该反应提供 K^+（式 4-19 ～式 4-22）（Lanson et al.，2002；Higgs et al.，2007；Dutton and Loucks，2010）。

$$2KAlSi_3O_8+2CO_2+11H_2O \rightarrow Al_2Si_2O_5(OH)_4\text{（高岭石）}+3H_4SiO_4+2K^++2HCO_3^- \qquad (4\text{-}19)$$

$$2NaAlSi_3O_8+2CO_2+3H_2O \rightarrow Al_2Si_2O_5(OH)_4 +4SiO_2+2Na^++2HCO_3^- \tag{4-20}$$

$$2CaAl_2Si_2O_8+2CO_2+3H_2O \rightarrow Al_2Si_2O_5(OH)_4 +Ca^{2+}+2HCO_3^- \tag{4-21}$$

$$0.75KAlSi_3O_8+Al_2Si_2O_5(OH)_4 \rightarrow SiO_2+K_{0.75}(Si_{0.35}Al_{0.75}O_{10})(OH)_2 +H_2O \tag{4-22}$$

溶蚀相（H）总体经历的演化模式较为复杂，早期压实作用导致总孔隙降低约 50%，且成岩早期各类胶结作用强度弱，经历两期溶蚀作用改造，溶蚀过程中胶结作用较弱，溶蚀孔隙被有效地保存，平均增加孔隙度大于 5.5%（见图 4–47）。

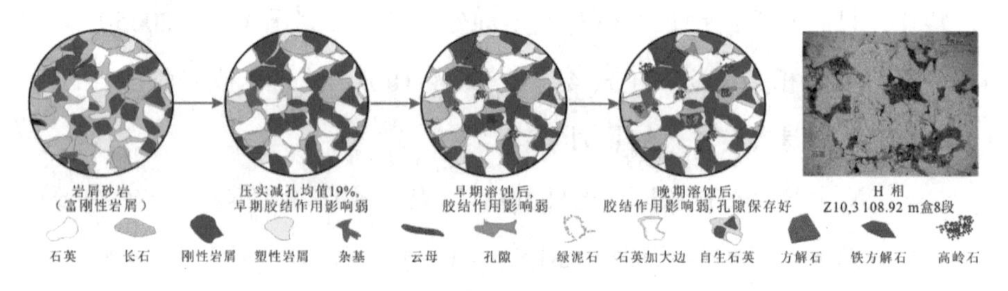

图 4–47　溶蚀相成因模式

一般溶蚀相（H）溶蚀作用可以形成两种孔隙组合，一类是盒 8 段、山 1 段砂岩中多见的粒间溶孔 + 粒内溶孔 + 高岭石晶间孔组合（见图 4–48 a），另一类是山 2 段较为多见的粒间溶孔 + 粒内溶孔组合，偶见高岭石晶间孔（见图 4–48 b）。

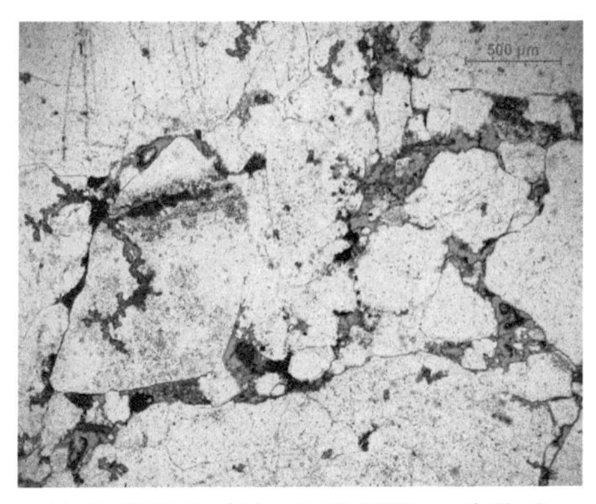

a. 次生孔隙与高岭石晶间孔，单偏光，Z10，3 108.92 m，H8

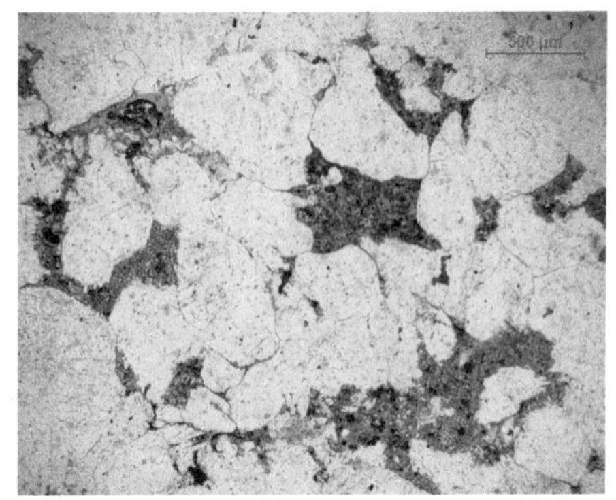

b. 次生溶蚀孔隙发育，单偏光，SD24-55，3 043.7 m，S2

图 4-48　溶蚀孔微观特征

山2段溶蚀相（H）中高岭石发育反映了酸性流体对长石与岩屑的溶蚀。但孔隙中高岭石的含量显示盒8段、山1段砂岩溶蚀产物并未没有得到充分的排驱，因此两种孔隙组合实际代表了不同的成岩系统特征。一般砂岩溶蚀作用的发生需要一个相对开放的流体流动环境，允许溶蚀性流体进入和溶蚀产物排出（Giles and Boer，1990）。山2段溶蚀相（H）发育砂体，较少有强压实相（A，B）、方解石连晶胶结相（E）的顶－底封隔，成岩体系相对开放，易于流体流动，溶蚀作用与溶蚀孔隙容易发生，高岭石易随流体迁出孔隙。

盒8段、山1段砂岩中溶蚀相（H）在剖面上与欠压实相（C）相邻，在强压实相（A，B）和方解石连晶胶结相（E）顶－底封隔的砂体内部，成岩环境应为一个相对封闭的体系。参考郑军（2016）发现的超压带内主要发育绿泥石，在超压带外主要发育高岭石成岩现象，研究认为封闭体系内部包含绿泥石发育的超压带和外侧次一级的高压带，溶蚀作用发育在高压带。相对于净水压力体系的开放性，酸性流体进入封闭成岩体系需要极强的驱动压力，超压带内由于压力较高且绿泥石封堵孔喉导致渗透率降低，外来流体难以进入，即便有机酸与 CO_2 进入，超压体系中的碱性流体也会迅速缓冲外来酸性流体，溶蚀作用常常受到抑制（李军等，2013）。而超压带外侧的高压带由于距砂泥界面较远、早期胶结较弱，且受超压带的影响压实程度也较弱，孔喉结构与渗流能力较好，当生烃作用形成的异常增压积聚到足够强大时，诱发封闭体系封隔层岩石破裂，流体会在强大的异常压力推动下沿微裂缝进入砂体内部（李军等，2013），在超压带内部压力抵御下，酸性流体聚集在超压带外侧形成溶蚀发育带。

综上，该相由于溶蚀作用形成的次生溶蚀孔隙被有效保存，改善了成岩系统内部的物性条件，是储层发育的基础。

4.4.4 强胶结主控的致密化机理研究

依据胶结孔隙损失公式（式 4-23）（CEPL，胶结作用损失孔隙度 %）定量计算胶结作用对于孔隙度降低的影响（Ehrenberg，1995）。

$$CEPL=(OP-COPL)\times\frac{CEM}{IGV} \tag{4-23}$$

计算结果表明，胶结作用引起的孔隙损失分布在 1%~34%，均值为 13.86%。是压实作用外导致砂岩孔隙度降低的另一个重要因素。在几类成岩相中 D，E，F，G 相在压实后仍残余近 50% 的原生粒间孔隙，超过 75% 的视胶结率表明强胶结主导了这四类砂岩的致密化，但各相砂岩的主要胶结物类型不同，D，E，F，G 相致密化主导胶结作用分别为石英加大边、方解石、粒间自生石英、铁方解石。方解石连晶胶结相（E）成因已在前文详述，石英加大边胶结相（D）、粒间自生石英胶结相（F）、铁方解石胶结相（G）为成岩系统内部的强胶结。由于同为强胶结控制的致密相，且都与溶蚀作用联系密切，因此对成因开展对比研究。

（1）胶结物来源

砂岩内不稳定长石、岩屑等在 CO_2 或有机酸的溶蚀下，会形成高岭石，

释放 SiO_2 和 K^+，Ca^{2+}，Al^{3+} 等离子（式 4-15 ~ 4-22），这为次生石英、方解石及黏土矿物的形成提供了物质来源（Higgs et al.，2007；Islam，2009）。

硅质往往作为长石溶蚀的直接产物，在流体中达到饱和态时以石英加大边或自生微晶石英产出。溶蚀作用形成的碳酸氢盐与钙离子或他离子反应可形成方解石或含铁方解石等碳酸盐胶结物（Higgs et al.，2007），长石溶蚀后形成的方解石胶结物富铁（图 4-49）。

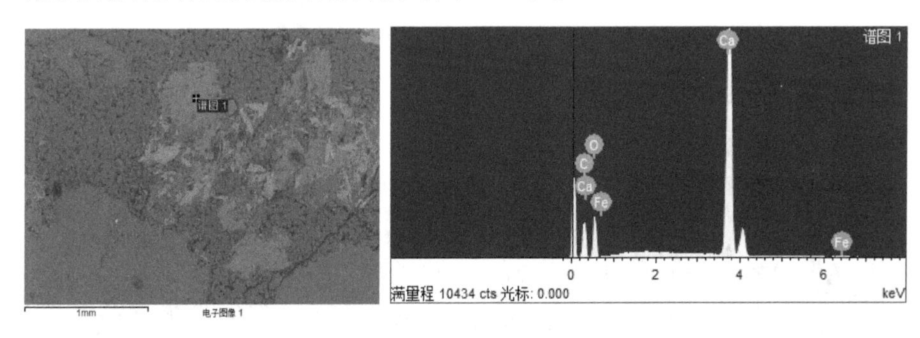

长石溶蚀后，粒间孔隙中高岭石与方解石共生（左）方解石元素组成能谱测试（右）

SD24-55，H8，3 103.77 m

图 4-49　方解石微观特征与元素组成

三种成岩相中黏土矿物主要为伊 - 蒙混层、伊利石和高岭石。

蒙脱石形成于碱性介质中。随着深埋作用的温度和压力增加，层间水释放，层间塌陷。当溶液中富 K^+，80℃ ~ 110℃时，可转变为伊 - 蒙混层矿物，130℃ ~ 180℃时，转变为伊利石。当层间溶液富 Fe^{2+}，Mg^{2+} 时，蒙脱石会向蒙脱石 - 绿泥石混层、绿泥石转化（见图 4-50）（曾允孚，1986）。研究区主要表现为蒙脱石向伊利石的转化。

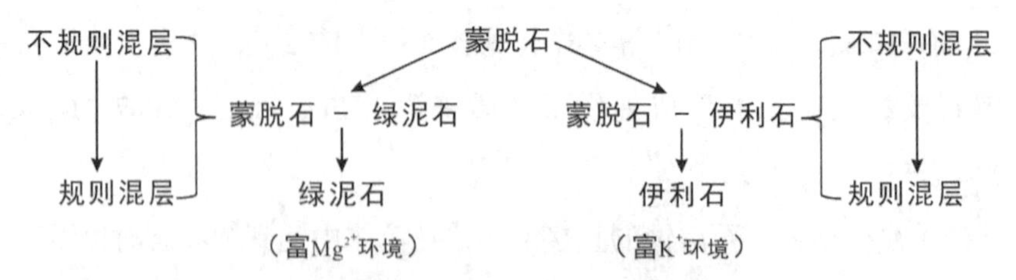

图 4–50　蒙脱石成岩转化示意图（曾允孚，1986）

高岭石作为溶蚀过程的主要产物，晶体呈分散状或者碎屑状，部分呈书页状、蠕虫状。主要形成在长石的酸性溶蚀反应过程中，且酸性孔隙水是高岭石稳定存在的必要条件。储层内部流体渗流速度较高时，高岭石被携带迁移，溶蚀的改善效果好，而一旦高岭石在原地沉淀，则物性改善效果有限（见图 4–51）。

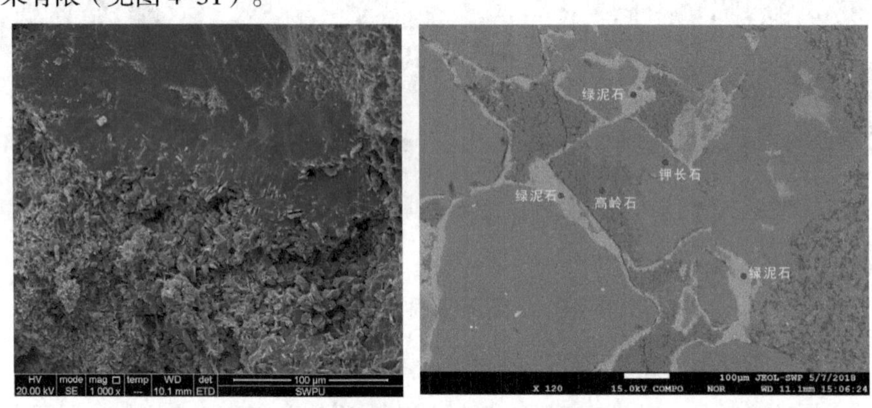

图 4–51　钾长石溶蚀形成高岭石，SD24–55，2 952.04 m，H8

（左：扫描电镜，右：电子探针）

随着成岩演化的进行，如果孔隙水的酸性条件得到较好的保存，随埋深的增加和地层压力的加大，高岭石将向地开石转化，也可能转化为珍珠陶土。但由于实际地层环境的复杂性，孔隙水在多数情况下会呈碱性，当孔隙水中大量存在 K^+，高岭石会发生伊利石化，当孔隙水中有 Ca^{2+}，Na^+ 或 Mg^{2+} 的存在时，高岭石又可以转化为蒙脱石或绿泥石（见图 4–52）（曾允孚，1986）。研究区主要表现为高岭石向伊利石转化。

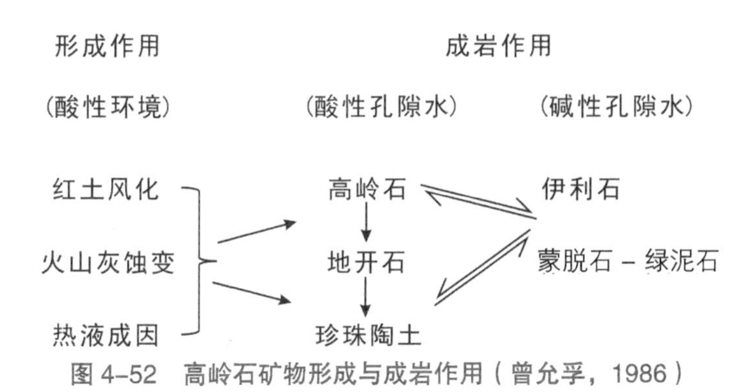

图 4–52　高岭石矿物形成与成岩作用（曾允孚，1986）

伊利石作为研究区另一种重要的黏土矿物，除来自蒙脱石转化、高岭石转化外，Richard 等（2003）认为钾长石的酸性溶蚀也可以直接形成伊利石，长石溶蚀形成高岭石释放出来的 K^+ 也可以促进其他长石转化为伊利石（式 4–24 ～式 4–25）（见图 4–53）。

$$3KAlSi_3O_8（钾长石）+2H^++H_2O = KAl_3Si_3O_{10}（OH）_2（伊利石）+6SiO_2（硅质）+2K^++H_2O \quad (4–24)$$

$$3NaAlSi_3O_8（钠长石）+ K^++2H^++H_2O = KAl_3Si_3O_{10}（OH）_2（伊利石）+6SiO_2（硅质）+3Na^+ +H_2O \quad (4–25)$$

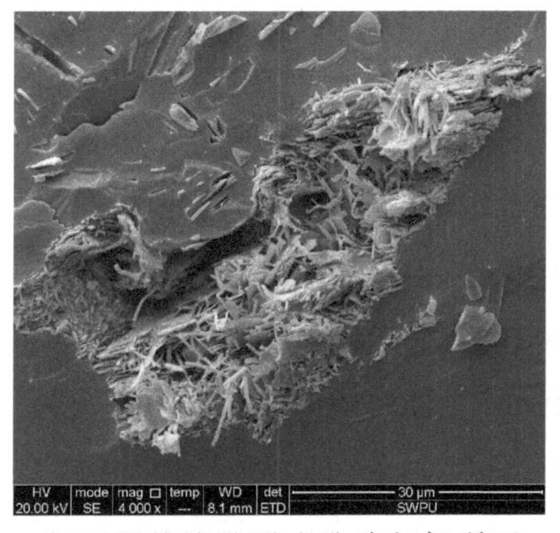

a. 长石颗粒溶蚀形成孔隙与伊利石，SD24–55，2 956.92 m，H8

b. 丝缕状、片状伊利石与高岭石共生，SD24–55，2 982.06 m，S1

图 4–53　黏土矿物类型与微观特征

伊利石的强发育反映了较强的压实作用与深埋转化。颗粒表面的薄膜状、孔隙内部丝缕状伊利石的存在减小了孔隙半径、增大了岩石比表面，这些造成了渗透率的大幅度降低。

（2）差异胶结成因机理

石英加大边胶结相（D 相）为早期石英加大强烈导致储层致密，该相绿泥石胶结程度弱甚至不发育，发育 1 ～ 2 期石英加大边，加大边厚 0.02 ～ 0.08 mm。这种相在剖面上与 E 相相邻，分析认为是有机质第一期生烃排酸随压实流体进入砂岩内部进行溶蚀改造，溶蚀在形成孔隙的同时为硅质胶结提供了物质来源，而与此同时，压实作用促进了砂岩顶底 A，B 和 E 相的形成，虽然不同砂体中三种成岩相的砂岩分布的差异性导致了成岩系统的封闭性差异，一旦溶蚀作用形成了孔隙流体 SiO_2 过饱和状态，无论成岩体系是封闭还是半封闭 – 开放，SiO_2 都会以胶结物的形式析出，封闭体系中在流体离子浓度平衡过程中，胶结物多会在远离内部高压的相对低压区析出，半封闭 – 开放体系中由于流体运移受砂体边界低渗层阻隔，也多在近边界处形成胶结（见图 4–10 e）。成岩早期由于砂体内部矿物颗粒边缘受黏土矿物及其他胶结物影响较小，因此硅质多以石英加大产出，该相的形成进一步促进了砂岩成岩系统的封闭性，对应有机质成熟时间该相多发生在早成岩 B 期末至中成岩 A 期中期（见图 4–54）。

粒间自生石英胶结相（F 相）主要表现为粒间自生石英强胶结，绿泥石环边弱发育抑制了石英加大边形成，但未造成孔喉的严重破坏。在孔隙流体贫钙质的条件下，原生孔隙保存较好。随着埋深增加压实作用持续对砂岩内部的孔隙结构改造，孔隙度不断降低，各类黏土矿物在矿物颗粒表面形成不同形式的胶结。溶蚀作用与黏土矿物转化虽然为硅质胶结提供了大量的 SiO_2，但由于失去了石英加大的生长边界，硅质以自生微晶石英胶结产出与粒间孔隙或次生孔隙中。在不同砂体中这一成岩相发育位置略有差异。在成岩系统为半封闭－开放的砂体中，该成岩相在受内部流体压力的作用下，溶蚀后 SiO_2 过饱和流体趋于由溶蚀作用带向两侧（即砂体中心向边缘）扩散，由于砂体边缘的不同致密相砂岩渗流屏蔽累加阻隔影响，最终在 D 相的相邻区域形成致密层。而在超压发育的封闭砂体中，该相除在远离高压区、D 相邻区发育外，也可以在高压作用下 SiO_2 过饱和流体突破绿泥石与超压的渗流屏蔽在超压带边缘形成胶结，若早期超压遭受破坏，流体渗流屏蔽消失，则这种相更易形成（见图 4–10 e）。大量的自生石英形成会将绿泥石与超压保存下来的原生粒间孔隙“堵死”，而通常学者们认为的绿泥石无法抑制石英胶结的形成正是这种成岩相（见图 4–10 f），超压带边缘发育的 F 相对于超压的后期保存具有重要意义。剖面上此相多与方解石连晶胶结相（E）、溶蚀相（H）交替伴生，存在两个时期，第一期溶蚀作用晚期为弱发育期，第二期强溶蚀之后为强发育期（见图 4–54）。

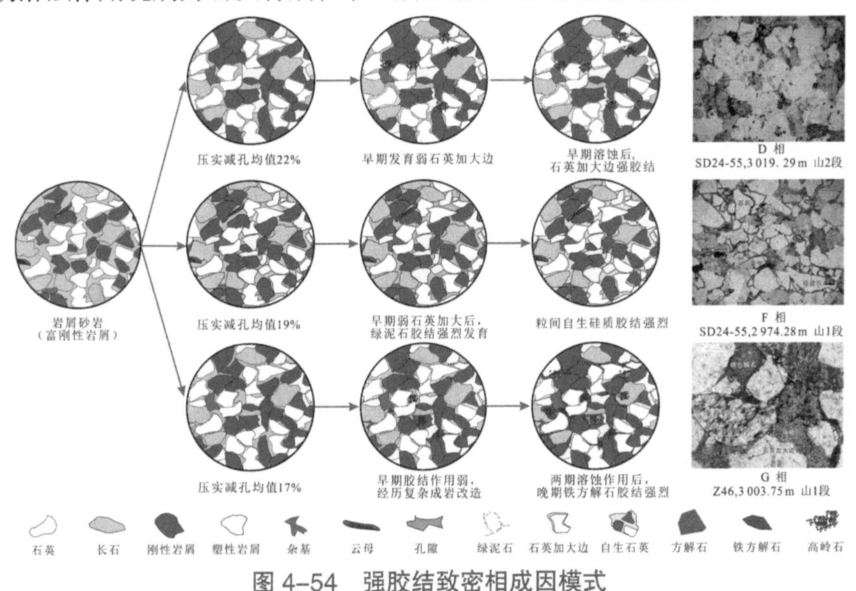

图 4–54　强胶结致密相成因模式

铁方解石胶结相（G）为晚期铁方解石强胶结导致的储层致密化，胶结物总含量为 5% ～ 8%。砂岩经历了与 H 相近似的复杂成岩过程，早期压实与胶结作用对于储层的改造并未导致储层彻底的致密化(见图4-10 g),与溶蚀相（H）不同的是粒间孔隙与溶蚀孔隙在晚期铁方解石的强胶结作用下损失殆尽。

包裹体测温显示铁方解石的形成晚于F相中的自生石英，而这个温度高于长石溶蚀反应的温度区间，与黏土矿物大量转化的温度区间相对应。碳酸盐胶结物是碱性成岩环境的产物，流体环境决定了该成岩相是否会形成。苏奥（2016）认为溶蚀作用的持续进行消耗 H^+ 的同时形成了大量的 K^+，埋藏成岩过程中几乎各类砂体都逐渐演变为封闭的成岩系统，K^+ 不能被充分迁移出砂体，地层水中会保持较高的 K^+/H^+ 值，当地层温度在 70℃～100℃时，蒙脱石会发生伊利石化并会放出大量 Ca^{2+}，Fe^{3+} 和 Mg^{2+}（Milliken et al.，1989；Land et al.，1996）。温度高于130℃时，当 K^+/H^+ 活度处于钾长石饱和点以下时，高岭石与钾长石将不能共存，钾长石溶解成为高岭石伊利石化的伴随反应，随着溶蚀的进行，成岩环境逐渐由弱酸性向碱性环境过渡（苏奥等，2016）。对研究层段G相发育的砂岩显微观察与X射线衍射分析未发现蒙脱石的存在，而高岭石则多与伊利石伴生，且随着深度的增加伊利石含量明显增多，伊-蒙混层含量降低,混层比5%～10%。这表明晚期铁方解石胶结前蒙脱石、高岭石的伊利石化已经发生，这两种反应在偏碱性环境中发生并促进pH上升，为铁方解石胶结提供了碱性环境。晚期溶蚀作用提供的碳源，蒙脱石、高岭石向伊利石转化释放了 Ca^{2+}，Fe^{3+} 和 Mg^{2+} 等离子为铁方解石的形成提供了物质，当离子浓度达到饱和状态，铁方解石胶结形成（见图4-54）。

石英加大边胶结相、粒间自生石英胶结相、晚期铁方解石胶结相与溶蚀作用、黏土矿物转化作用相关，伴随成岩环境的酸性—碱性动态变化交替形成，协同作用促进了成岩系统内部的致密化。

4.4.5　差异致密化综合模式

通过对各类成岩相成因分析建立了的每种成岩相的成岩演化路径（表 4–7），差异致密化成岩相间的演化在成岩现象上存在一定的重叠。

表 4–7　各成岩相类型主要成岩演化特征

成岩相	成岩特征	成岩演化路径	致密化时间
A	强压实致密（富塑性颗粒砂岩）	压实作用（强）→致密化	早成岩 A 期中期
B	强压实致密（富塑性颗粒砂岩）	压实作用（强）→致密化	早成岩 A 期中期
C	绿泥石胶结－原生孔隙发育相	压实作用（中等）→石英加大边（弱）→绿泥石胶结（强）→孔隙发育	早成岩 A 期中期
D	石英加大边胶结致密	压实作用（中等）→石英加大边（弱）→绿泥石环边（弱 / 不发育）→溶蚀作用（弱，伴生高岭石）→石英加大边（强）→致密化	早成岩 B 期末－中成岩 A 期中期
E	方解石连晶胶结致密	压实作用（中等）→石英加大边（弱）→绿泥石环边（弱 / 不发育）→溶蚀作用（弱，伴生高岭石）→石英加大边（弱 / 不发育）→方解石胶结（强）→致密化	早成岩 B 期末－中成岩 A 期中期
F	粒间自生石英胶结致密	压实作用（中等）→石英加大边（弱）→绿泥石环边（弱）→溶蚀作用（弱，伴生高岭石）→石英加大边（不发育）→方解石胶结（弱 / 不发育）→溶蚀作用（弱，伴生高岭石）→自生石英胶结（强）→致密化	中成岩 A 期末
G	铁方解石胶结致密	压实作用（中等）→石英加大边（弱）→绿泥石环边（弱 / 不发育）→溶蚀作用（弱，伴生高岭石）→石英加大边（弱 / 不发育）→方解石胶结（弱 / 不发育）→溶蚀作用（弱，伴生高岭石）→自生石英胶结（弱 / 不发育）→铁方解石胶结（强）→致密化	中成岩 B 期中－末
H	溶蚀相	压实作用（中等）→石英加大边（弱）→绿泥石环边（弱 / 不发育）→溶蚀作用（弱，伴生高岭石）→石英加大边（弱 / 不发育）→方解石胶结（弱 / 不发育）→溶蚀作用（弱，伴生高岭石）→自生石英胶结（弱）/（不发育）→铁方解石胶结（弱）→致密化	中成岩 B 期中－末

在层段典型成岩演化序列的框架内，将每个阶段的典型成岩作用分为强、弱两个程度，强导致成岩演化在该点结束，弱则继续进行下一阶段的成岩演化，每个阶段形成一种成岩相，形成了一个演化路径连续的差异致密化综合模式图（见图 4–55）。这种综合模式图既能体现整个层段砂岩的致密化进程特征，又突出了不同砂岩差异演化进程。分析认为差异致密化并不意味着成岩相的演化是孤立的，而是一种对立性与继承性的集合，对立性体现在同一阶段成岩作用是否会导致砂岩直接致密化，继承性则体现在不同成岩相经历的成岩路径有重叠。差异致密化的形成是因为成岩系统内成岩环境与物质是动态的，为了维持成岩系统内压力、温度、pH 值和流体性质等条件的平衡，成岩演化路径、方向会呈现出选择性，这种选择性导致了成岩演化序列的多样性。

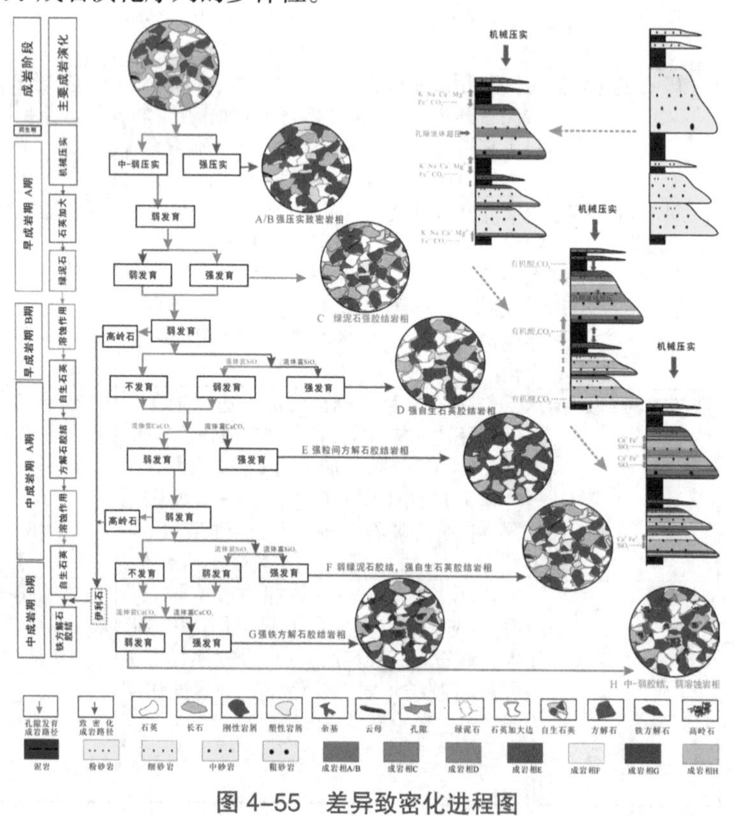

图 4–55 差异致密化进程图

综合上述分析建立不同成岩系统差异致密化模式（图 4-56）。成岩系统内差异致密化受各成岩相综合影响，强压实相与方解石胶结相的发育程度决定砂岩系统的封闭性，影响砂岩系统内成岩环境与砂泥系统间的物质交换。欠压实相与溶蚀相的发育决定了优质储层的形成，各类强胶结相加剧了成岩系统内部的致密化，隔夹层泥页岩在封隔砂岩成岩系统的同时，为胶结作用提供物质来源，为溶蚀作用提供酸性流体。

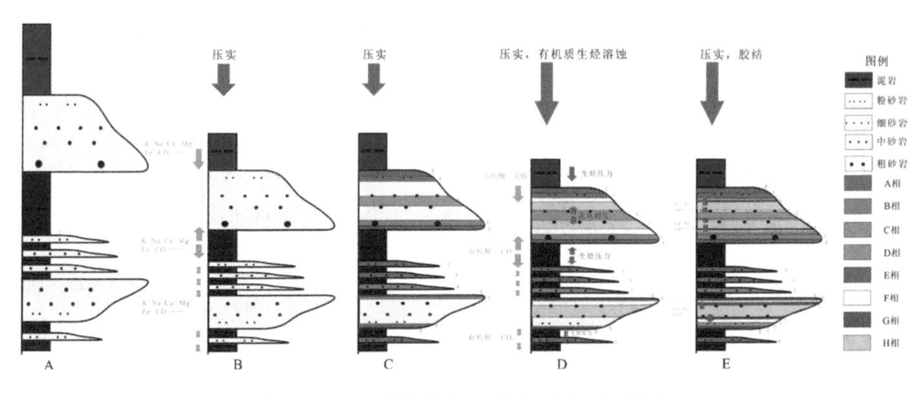

图 4-56　成岩系统内部致密演化模式

4.5　储层质量主控因素评价

成岩系统内部差异致密化受两方面因素控制，一个是沉积形成的原始条件差异，包括岩石组分、结构特征，另一个是后期成岩演化的控制。差异致密化研究中成岩相的分类虽然包含了沉积组分的差异信息，差异致密化分析中更强调后期成岩作用的影响，为弥补在储层预测过程中可能存在的不足，需要建立一种基于沉积、成岩综合因素的储层质量主控因素的评价与储层质量预测方法。国内外学者围绕储层质量控制因素及预测开展了大量研究（Ajdukiewicz and Lander，2010；Dutton and Loucks，2010；McKinley et al.，2011；Handhal，2016）。但是大多数储层质量控制因素研究成果局限在对储层质量发育影响因素的定性分析和描述上，少数的研究对储层发育影响因素进行定量评价，但缺乏对沉积、成岩多因素的综合分析。

差异致密化机理显示，储层质量演化受原始沉积组分与成岩作用影响显著，而碎屑结构特征的影响十分微弱，因此在影响因素选取中，以主要碎屑矿物含量为沉积因素代表（石英、长石、刚性岩屑、杂基、塑性岩屑），以成岩矿物含量及成岩强度参数为成岩因素代表（碳酸盐胶结物、硅质胶结物、高岭石、绿泥石、伊利石、视压实率、视溶蚀率），各类胶结物含量作为成岩因素体现，视胶结率不重复考虑，基于这些定量化参数开展研究。

（1）数据分析基本原理

储层质量影响因素间彼此存在相关性会产生多因素与孔隙度或渗透率存在多重共线性，在充分调研后选择了多元线性逐步回归作为数据分析方法，这种方法在大气研究、生物力学、结构化学、海洋学、农业和地质等领域的研究中被证实能够有效克服多重共线性现象，有利于实现多变量关系的分析（Liu et al.，2007；Zhu et al.，2009；Banerjee et al.，2011；Boulet et al.，2016）。

多元线性回归分析中，回归方程中包含的自变量越多，回归平方和 U 就越大，则偏差平方和 Q 就越小，一般情况下剩余标准差（S 剩余）也随之减少，回归方程效果越好，而精度也越高。在“最优”回归方程中总希望包括尽可能多的自变量，特别是对因变量 Y 有显著影响的自变量不能遗漏。但自变量太多时，某些自变量对因变量 Y 不起作用或作用极小，那么偏差平方和 Q 也不会由于自变量的增加而减少，相反，由于 Q 的自由度的减少，反而使剩余标准差增大，这就影响回归方程的精度。分析过程中分别以孔隙度（ϕ）、渗透率（k）作为因变量 Y，以石英、长石、刚性岩屑、塑性岩屑、杂基、钙质胶结物、高岭石、绿泥石、伊利石、硅质胶结、压实率和溶蚀率为自变量集合（X_1，X_2，X_3，…，X_{12}）。建立自变量集合关于 Y 的多元线性逐步回归分析。

考虑到储层质量预测阶段需要对建模分析进行精度验证，选取其中 5 口井 290 个样品参数作为回归分析样本，而另外 3 口井的 154 个样品作为验证数据。根据建模样品数据建立自变量数据 **X** 与观测值 **Y** 矩阵（式 4-26 ～ 4-34），其中，特征指标为 P=12，每一个特征指标有 n=290 个待分析样本。初步估计选入的回归方程的自变量个数为 6 个左右，验水平取 α =0.1，则有 $F_{0.1}$（6，283）=2.1（Paul，2011）。因此选取的引入标准和剔除自变量的临界值为

$$F_1=2.1;\ F_2=2.1$$

样品的数据矩阵如下：

$$\boldsymbol{X}=\begin{bmatrix} x_{11} & x_{12} & \cdots & x_{1p} \\ x_{21} & x_{22} & \cdots & x_{2p} \\ \vdots & \vdots & & \vdots \\ x_{n1} & x_{n2} & \cdots & x_{np} \end{bmatrix} \tag{4-26}$$

$$\boldsymbol{Y}=\begin{bmatrix} y_1 \\ y_2 \\ \vdots \\ y_n \end{bmatrix} \tag{4-27}$$

$$\bar{x}_j=\frac{1}{n}\sum_{i=1}^{n} x_{ij},\ j=1,\ 2,\ \cdots,\ p \tag{4-28}$$

$$\bar{y}=\frac{1}{n}\sum_{i=1}^{n} y_i \tag{4-29}$$

$$s_j=\sqrt{\frac{1}{n}\sum_{i=1}^{n}(x_{ij}-\bar{x}_j)^2} \tag{4-30}$$

$$s_y=\sqrt{\frac{1}{n}\sum_{i=1}^{n}(y_i-\bar{y})^2} \tag{4-31}$$

$$S_{kj}=\frac{1}{n}\sum_{i=1}^{n}(x_{ik}-\overline{x}_k)(x_{ij}-\overline{x}_j) \tag{4-32}$$

$$r_{kj}=\frac{s_{kj}}{s_k\cdot s_j} \tag{4-33}$$

$$P_i^m=\frac{(r_{iy}^{(m)})^2}{r_{ii}^{(m)}} \tag{4-34}$$

原始数据第 m 步相关系数矩阵如下：

$$R^{(m)}=\begin{bmatrix} r_{11}^{(m)} & r_{12}^{(m)} & \cdots & r_{1p}^{(m)} & r_{1y}^{(m)} \\ r_{21}^{(m)} & r_{22}^{(m)} & \cdots & r_{2p}^{(m)} & r_{2y}^{(m)} \\ \vdots & \vdots & & \vdots & \vdots \\ r_{p1}^{(m)} & r_{p2}^{(m)} & \cdots & r_{p3}^{(m)} & r_{3y}^{(m)} \\ r_{y1}^{(m)} & r_{y2}^{(m)} & \cdots & r_{y3}^{(m)} & r_{yy}^{(m)} \end{bmatrix} \tag{4-35}$$

首先对原始数据作0步相关系数矩阵 $\boldsymbol{R}^{(0)}$，对所有自变量 x_i（i=1，2，…，p）计算偏回归平方和 $P_i^{(0)}$，由于只引入一个变量，此时标准化回归方程为：

$$\widehat{y}'=b_i'^{(0)}x_i' \quad (i=1,\ 2,\ \cdots,\ p) \tag{4-36}$$

$$b_i'^{(0)}=\frac{r_{iy}^{(0)}}{r_{ii}^{(0)}} \tag{4-37}$$

$$P_i^{(0)}=\frac{(r_{iy}^{(0)})^2}{r_{ii}^{(0)}} \tag{4-38}$$

将最大者 $P_t^{(0)}$ 的 x_t 作为待引入方程，对 x_t 进行显著性检验，求取 F（式4-39），如果 $F\geqslant F_1$，则引入变量 x_t：

$$F=\frac{P_t^{(0)}(n-2)}{Q^{(1)}}=\frac{P_t^{(0)}(n-2)}{r_{yy}^{(0)}-P_t^{(0)}} \tag{4-39}$$

引入变量后，对矩阵进行变换，做出第1步变换后的矩阵 $\boldsymbol{R}^{(1)}$：

$$r_{ij}^{(1)}=\begin{cases} r_{ij}^{(0)}-\dfrac{r_{it}^{(0)}r_{tj}^{(0)}}{r_{tt}^{(0)}} & i\neq t,\ j\neq t \\ \dfrac{r_{tj}^{(0)}}{r_{tt}^{(0)}} & i=t,\ j\neq t \\ -\dfrac{r_{it}^{(0)}}{r_{tt}^{(0)}} & i\neq t,\ j=t \\ \dfrac{1}{r_{tt}^{(0)}} & i=t,\ j=t \end{cases} \tag{4-40}$$

$$\boldsymbol{R}^{(1)}=\left[r_{ij}^{(1)}\right] \tag{4-41}$$

随后继续引入变量，当逐步回归进行到第 m 步时，已有 r 个自变量，$x_1^{(m)}$，$x_2^{(m)}$，$x_r^{(m)}$（它们是 12 个自变量中的 r 个）引入回归方程，即有：

$$\hat{y}=b_0^{(m)}+b_1^{(m)}x_1+\cdots+b_r^{(m)}x_r \tag{4-42}$$

考虑第 m+1 步，要在剩下的 12−r 个自变量中选出某一个变量进入回归方程，当然应在这 12−r 个变量中选其在回归中对 y 所起作用最大的那个变量 x_t，即 x_t 对应的偏回归平方和 $P_t^{(s)}$ 最大，并利用其对应的 F 值来检验 x_t 的影响是否显著，如果 $F\geqslant F_1$，则引入 x_t。

$$F=\frac{P_t^{(m)}}{Q^{(m+1)}/(n-r-1)} \tag{4-43}$$

$$Q^{(m+1)}=r_{yy}^{(m)}-p_t^{(m)} \tag{4-44}$$

而当逐步回归进行至第 s 步时，欲在第 s+1 步对所引入的 r 个自变量中剔除某个在回归方程中已不再是重要的变量 x_h，它所对应的偏回归平方和 $P_h^{(s)}$ 必然最小，可用统计量 F 来检验 x_h 是否显著（式 4–45、4–46）。如果 $F<F_2$，则 x_h 应剔除，反之则保留。因此要剔除一个变量，首先这个变量要对已建立的回归方程影响小，而且还要求影响不显著。

$$F=\frac{P_h^{(m)}}{Q^{(m)}/(n-r-1)} \tag{4-45}$$

$$Q^{(s)}=r_{yy}^{(s)} \tag{4-46}$$

按照上述步骤进行逐步回归，直到第 k 步既不能引入也不能剔除。可以由 $\boldsymbol{R}^{(k)}$ 得到回归方程的结果如下。

标准回归系数：$b'^{(k)}_i=r_{iy}^{(k)}$。标准残差平方和：$Q^{(k)}=r_{yy}^{(k)}$。

复相关系数：$R=\sqrt{1-r_{yy}^{(k)}}$。标准回归方程：$\hat{y}=\sum_{i=1}^{p}b'^{(k)}_i x'_i$。

（这里的 i 表示引入后没有被剔除的变量的足码）

为建立最终的回归方程，需要将所有标准化的量转化成原有关的相应量（式 4–47 ～ 4–50）。

$$b_i^{(k)}=\frac{s_y}{s_i}b'^{(k)}_i=\frac{s_y}{s_i}r_{iy}^{(k)}\ (i=1,\ 2,\ \cdots,\ p) \tag{4-47}$$

$$b_0^{(k)}=\overline{y}-\sum_{i=1}^{p}b_i^{(k)}\overline{x}_i \tag{4-48}$$

$$s_y=\sqrt{\frac{1}{n}\sum_{a=1}^{n}(y_a-\overline{y})^2} \tag{4-49}$$

$$s_i=\sqrt{\frac{1}{n}\sum_{a=1}^{n}(x_{ia}-\overline{x}_i)^2} \tag{4-50}$$

（2）孔隙度影响因素评价

依据上述回归分析步骤孔隙度进行回归分析，回归分析建立了 12 个自变量与与孔隙度的相关系数矩阵（见表 4–8），相关系数可以反应各自变量与因变量孔隙度的关系，由表可知对孔隙发育建设性因素根据影响程度排序为高岭石＞硅质胶结＞伊利石＞绿泥石＞塑性岩屑＞杂基＞石英，而对于孔隙度发育有着破坏性的各因素影响程度排序则为压实作用（视压实率）＞长石＞刚性岩屑＞钙质胶结＞溶蚀作用（视溶蚀率）。依据各因素与孔隙度的相关程度综合分析认为高岭石、硅质胶结、伊利石、绿泥石与压实作用、长石含量是孔隙度发育的主要影响因素。

表 4-8　回归参数相关性测试表

变量	x_1	x_2	x_3	x_4	x_5	x_6	x_7	x_8	x_9	x_{10}	x_{11}	x_{12}	y
	Q	F	R	P	M	Ca	K	Ch	I	Si	ACOMR	ADISR	MPOR
Q	1												
F	–0.356	1											
R	–0.771	0.447	1										
P	–0.510	–0.280	0.359	1									
M	0.064	–0.085	–0.063	0.013	1								
Ca	–0.366	0.135	0.002	–0.190	–0.199	1							
K	–0.107	–0.397	–0.189	0.346	–0.211	–0.217	1						
Ch	–0.120	–0.150	–0.080	0.114	–0.201	–0.119	0.699	1					
I	–0.072	–0.457	–0.206	0.374	–0.198	–0.177	0.906	0.440	1				
Si	0.376	–0.328	–0.440	–0.150	0.179	–0.201	–0.044	0.033	–0.082	1			
ACOMR	0.116	0.481	0.423	–0.145	–0.127	–0.358	–0.510	–0.372	–0.469	–0.272	1		
ADISR	0.322	0.100	–0.296	–0.288	0.019	–0.057	–0.161	–0.149	–0.143	0.054	0.095	1	
MPOR	0.205	–0.507	–0.345	0.233	0.228	–0.197	0.347	0.252	0.314	0.322	–0.665	–0.078	1.000

注：Q 为石英，F 为长石，R 为刚性岩屑，P 为塑性岩屑，M 为杂基，Ca 为碳酸盐胶结物，K 为高岭石，Ch 为绿泥石，I 为伊利石，Si 为硅质胶结物，ACOMR 为视压实率，ADISR 为视溶蚀率，MPOR 为测试孔隙度。

数值分析的结果与定性分析的认识存在一定的差异，特别是通常认为的高岭石、硅质胶结和伊利石这些可以直接造成孔隙损失的因素与孔隙度发育具有较强的正相关性，而长石含量、溶蚀作用这些明显可以增加孔隙度的因素却与孔隙度成负相关。这主要因为高岭石、硅质胶结和伊利石可能作为溶蚀作用的产物，含量越高表明储层经历的溶蚀作用越强，而统计的长石含量多为非易溶长石含量，易溶长石早已发生溶蚀形成孔隙。溶蚀率与孔隙度成较弱的负相关则可能是由于溶蚀作用普遍较弱，溶蚀后的胶结作用改造使得最终孔隙度很低，进而导致溶蚀作用与最终的孔隙度关系成负相关。

孔隙度预测回归方程建立共进行了 10 步，其中，x_8 绿泥石、x_9 伊利石均因 F- 统计量＜ 2.1 而未引入，而 x_{12} 溶蚀率在 x_4 塑性岩屑变量引入后，因为 F- 统计量由 9.44 降低为 0.60 被剔除（见表 4-9）。之所以有三个自变量未被引入回归方程，是因为自变量间存在相关关系（见表 4-8），剔除的自变量受到其他变量影响较大，与之相关的一个或几个变量组合能够反映出这三个变量对孔隙度的影响，因此即使定性的观察发现绿泥石、溶蚀率对孔隙度发育具有积极作用，伊利石可以堵塞孔隙，但定量表征和孔隙度预测时，由于其他因素的综合导致这三个变量因对孔隙度影响程度过小而被忽略。

表 4-9　孔隙度发育主控制因素多元逐步线性回归分析过程

步	引入或剔除变量	偏回归平方和 P 值	F- 统计量
1	引入 x_{11}	0.4418	227.95
2	引入 x_6	0.2174	183.08
3	引入 x_7	0.0661	68.76
4	引入 x_{10}	0.0216	24.35
5	引入 x_5	0.0335	43.29
6	引入 x_{12}	0.0071	9.44
7	引入 x_1	0.0104	14.45
8	引入 x_3	0.0421	73.84
9	引入 x_4	0.0272	57.19
	剔除 x_{12}	-0.0003	0.60
10	引入 x_2	0.0948	689.26

多元逐步回归分析构建的孔隙度预测回归方程如下：

$$y=-57.907+0.931x_1+0.926x_2+0.904x_3+0.959x_4+0.05x_5+0.09x_6+0.064x_7+0.081x_{10}-0.346x_{11} \tag{4-51}$$

根据孔隙度发育的影响程度，不同因素与孔隙度之间的关系不符合定性分析的结果。如硅质胶结对孔隙度的发育具有建设性，而长石则对孔隙度的发育具有破坏性。孔隙度的发育受到许多因素的影响，而这些因素也相互关联。多元线性回归方法的优点是消除了多重共线性的影响，回归方程中的因素综合反映了所有因素的影响。由于多元线性方程中的每个因子不仅能反映因子本身对孔隙度的影响，还可能包括排除因子的影响。因此，不考虑具有建设性或破坏性的因素，利用每个变量偏回归系数的绝对值来判断每个因素在方程中的贡献度，即对孔隙度的影响程度。该序列为塑性岩屑、石英、长石、硬质岩屑、视压实率、碳酸盐胶结物、硅质胶结、高岭石和杂基。可以看出，在沉积因素中，塑性岩屑、石英、长石和刚性岩屑对孔隙度有很大影响。在成岩因素中，视压实率具有最大的影响，其次是碳酸盐岩胶结物、硅质胶结和高岭土。综合分析表明，塑性岩屑、石英、长石、刚性岩屑、视压实率和碳酸盐岩胶结物是影响孔隙度发育的主要因素。

依据回归分析构建的方程计算实测值对应的预测值（见图 4–57）。

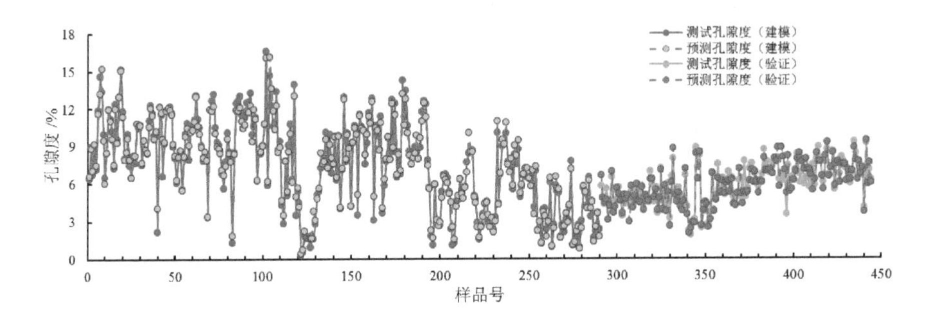

图 4–57　模型预测结果与实测孔隙度对比

测量值与预测值成线性相关，建模数据与验证数据的测量值与预测值间的相关关系确定值（R^2）分别为 0.9736 和 0.8295。建模数据与验证数据的均方根误差（RMSE）分别为 0.5866 和 0.6810（见图 4–58），建模数据与预测值拟合效果良好，特别是 4% ～ 10% 区间由于建模样本点丰富，预测值与测量值误差小，而小于 4% 和大于 10% 的数据由于样本数量较少，虽然大部分数据预测效果较好，但仍存在一定数量的值与实际值误差较大。模型验证阶段，由于验证数据集中于 2% ～ 10%，与建模数据集中区域耦合，因此预测效果好。孔隙度预测精度的提高需要在建模阶段增加孔隙度＜ 4% 和＞ 10% 的样本。

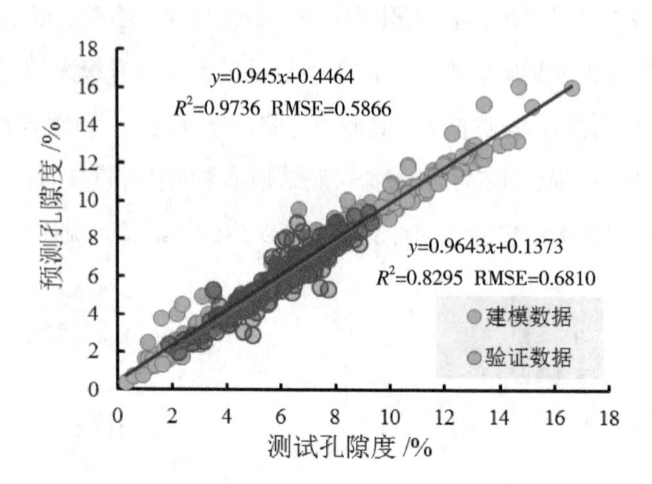

图 4-58　实测孔隙度与预测孔隙度交会图

（3）渗透率影响因素评价

在对渗透率发育影响因素的预测和分析中，由于渗透率的绝对值很小，渗透率 ln（*K*）的对数被认为是 *Y* 值。并建立了 12 个独立变量与渗透率之间的相关系数矩阵。在回归参数的相关测试（见表 4-10）的基础上，可以获得独立变量与渗透率之间的关系。

表 4-10　回归参数相关性测试表

变量	x_1	x_2	x_3	x_4	x_5	x_6	x_7	x_8	x_9	x_{10}	x_{11}	x_{12}	y
	Q	F	R	P	M	Ca	K	Ch	I	Si	ACOMR	ADISR	MPOR
Q	1												
F	−0.356	1											
R	−0.771	0.447	1										
P	−0.510	−0.280	0.359	1									
M	0.064	−0.085	−0.063	0.013	1								
Ca	−0.366	0.135	0.002	−0.190	−0.199	1							
K	−0.107	−0.397	−0.189	0.346	−0.211	−0.217	1						
Ch	−0.120	−0.150	−0.080	0.114	−0.201	−0.119	0.699	1					
I	−0.072	−0.457	−0.206	0.374	−0.198	−0.177	0.906	0.440	1				
Si	0.376	−0.328	−0.440	−0.150	0.179	−0.201	−0.044	0.033	−0.082	1			
ACOMR	0.116	0.481	0.423	−0.145	−0.127	−0.358	−0.510	−0.372	−0.469	−0.272	1		
ADISR	0.322	0.100	−0.296	−0.288	0.019	−0.057	−0.161	−0.149	−0.143	0.054	0.095	1	
MPER	0.317	−0.544	−0.465	0.154	0.265	−0.183	0.274	0.106	0.281	0.394	−0.579	0.021	1

注：Q 为石英，F 为长石，R 为刚性岩屑；P 为塑性岩屑，M 为杂基，Ca 为碳酸盐胶结物，K 为高岭石，Ch 为绿泥石，I 为伊利石，Si 为硅质胶结物，ACOMR 为视压实率，ADISR 为视溶蚀率，MPER 为测试渗透率（ln *K*）。

根据回归参数相关性测试表分析各自变量与渗透率的关系，渗透率发育建设性因素影响程度排序为硅质胶结物＞石英＞伊利石＞高岭石＞杂基＞塑性岩屑＞绿泥石＞ 溶蚀作用（视溶蚀率），对渗透率发育具有消极影响的因素影响程度排序为压实作用（视压实率）＞长石＞刚性岩屑＞碳酸盐胶结物。与孔隙度分析一样，渗透率影响因素数值分析的结果与定性分析也存在差异，硅质胶结、高岭石、伊利石、绿泥石和杂基这些易导致渗透率较低的因素竟然成为了建设性因素，这在一定程度上归因于这些胶结物形成于溶蚀作用之后，作为溶蚀作用对孔隙结构改造强度的一种反应，虽然定性分析这些因素会降低渗透率，但含量越高表明溶蚀改造越强烈。分析认为硅质胶结、石英、伊利石、高岭石、压实作用和长石含量是渗透率发育的主要控制因素。

利用 10 个步骤建立了渗透率预测的回归方程，其中，x_9 伊利石和 x_{12} 溶蚀率没有被引入，因为它们的 F^- 统计值是＜ 2.1。由于这些低 *F* 统计量的值＜ 2.1，在 x_8 绿泥石被引入后，x_7 高岭石被剔除，在 x_{10} 硅质胶结被引入后，x_6 碳酸盐胶结物被剔除（见表 4–11）。回归方程未被引入或被剔除的自变量原因与孔隙度分析中的一样，这些自变量对于渗透率的影响被方程中的其他自变量组合体现。

多元逐步回归分析构建的回归方程如下：

$$y=-14.113+0.188x_1+0.15x_2+0.153x_3+0.212x_4+0.035x_5-0.158x_8+0.042x_{10}-0.078x_{11} \tag{4-52}$$

渗透率的发育也是多种因素作用的结果。与孔隙度分析相似，不考虑建设性或破坏性，用各变量的偏回归系数的绝对值来判断各因素对方程的影响程度，即对渗透率的影响程度。该序列为塑性岩屑、石英、绿泥石、刚性岩屑、长石、视压实率、硅质胶结物和杂基。在沉积因素中，塑性岩屑、石英、刚性岩屑和长石对渗透率有很大的影响。在成岩因素中，绿泥石具有最大的影响，其次是视压实率和硅质胶结。综合分析表明，塑性岩屑、石英、绿泥石和刚性岩屑、长石是影响渗透率发育的主要因素。依据构建的方程计算实测值对应的预测值（见图 4-59）。

表 4-11　渗透率发育主控制因素多元逐步线性回归分析过程

步	引入或剔除变量	偏回归平方和 P 值	F- 统计量
1	引入 x_{11}	0.335276	145.26
2	引入 x_6	0.175095	102.63
3	引入 x_7	0.071928	49.24
4	引入 x_1	0.03539	26.38
5	引入 x_4	0.033279	27.08
6	引入 x_3	0.022164	19.19
7	引入 x_2	0.018419	16.84
8	引入 x_8	0.006312	5.87
	剔除 x_7	−0.00117	1.09
9	引入 x_{10}	0.003513	3.29
	剔除 x_6	−0.00075	0.71
10	引入 x_5	0.002832	2.67

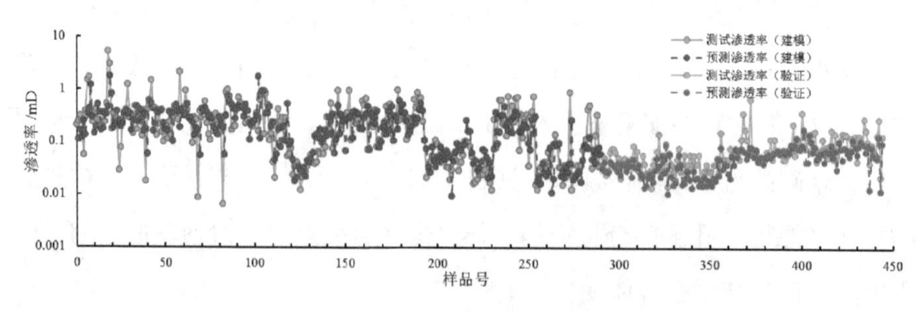

图 4-59　模型预测结果与实测渗透率对比

渗透率测量值与与预测值成幂指数相关，训练和测试数据的渗透率测量值与预测值之间的确定系数（R^2）分别约为 0.7023 和 0.543，建模数据和验证数据的均方根误差（RMSE）分别为 0.333 和 0.0715（见图 4-60）。相比于孔隙度的分布区间，渗透率更为集中，主要分布于 0.01 ～ 1 mD，总体预测效果良好，模型验证阶段由于我们选取的验证数据点的渗透率集中于 0.01 ～ 1mD，也有着较好的预测效果。因此认为该方程能够实现对渗透率的有效预测，对于渗透率＜ 0.01mD 和＞ 1mD 的样品，由于建模样本较少，无法确定这两个区间的预测效果，与孔隙度预测一样，如果提高渗透率的预测精度，需要在回归分析阶段增加样本。

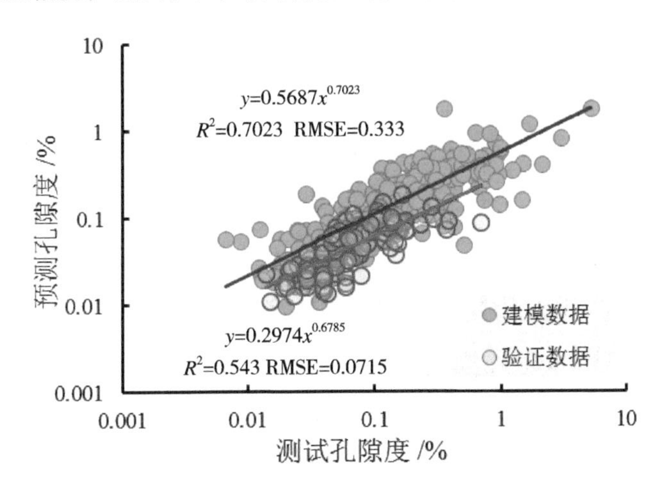

图 4-60　实测渗透率与预测渗透率交会图

4.6　小结

本章节在沉积特征与储层基本特征研究基础上，根据砂岩成岩作用定性、定量研究，建立各层段典型成岩演化序列，并以此为框架，划分差异致密化成岩相、开展成岩相预测，总结不同砂体结构中成岩相组合规律，将砂岩与毗邻的泥岩层作为一个成岩系统，研究典型成岩系统中差异致密化成因机理。

（1）三个层段砂岩普遍经历了中 – 强压实、中 – 强胶结和弱溶蚀的改造。三个层段砂岩经历了整体相似的成岩演化，成岩强度及致密化时间存在差别。致密化时间盒 8 段为中成岩 A 期末，山 1 段为中成岩 B 期初期，山 2 段中成岩 B 期中期。储层存在两期明显的油气充注，油气充注与储层致密化关系为边充注边致密。

（2）依据砂岩致密程度差异可分为孔隙发育相和致密相两大类，根据主控因素细分：孔隙发育相包含欠压实相和溶蚀相；致密相砂岩孔隙发育程度低，可分为强压实相和强胶结相，强压实相包含富塑性颗粒砂岩和富刚性颗粒砂岩的强压实，强胶结相包含由石英加大、自生石英、方解石和铁方解石四种胶结物导致的致密相。

（3）在砂岩微观薄片鉴定成岩相分类基础上，利用测井数据，结合概率神经网络方法（PNN），建立成岩相预测模型。预测准确率大于95%。

（4）研究层段二叠纪开始持续稳定沉降，并在中晚三叠世进入快速埋藏期，薄层砂砂体及中厚层砂体顶－低界面砂岩在早成岩阶段A期受强压实致密化，压实引起孔隙度损失率＞85%。同期泥岩向砂岩排水并形成垂向流动屏障，砂体内局部流体超压抵御压实，形成欠压实相，相对封闭的成岩环境内温度、压力升高，流体介质由酸性向碱性转变，Fe^{2+}、Mg^{2+}充足时，绿泥石环边胶结形成，导致超过90%的渗透率损失，流体可动性大幅降低，早成岩A期后超过10%的原生孔隙被有效保存。随着埋藏增大，在持续压实和有机质生烃作用下，隔夹层泥岩中的孔隙压力不断增高并周期性释放CO_2，页岩中富Ca^{2+}，Mg^{2+}等离子地层水不断向砂岩体扩散，率先在砂岩边界形成方解石等胶结相，其厚度为0.1～1.5 m。

（5）包裹体均一温度表明储层经历了二期油气充注，第一期发生在T_3末～J_2（210～175 Ma），第二期发生在K_1（138～95 Ma），规模较大。主要充注期有机质热演化过程中提供的有机酸与CO_2等酸性流体对长石等颗粒溶蚀，形成了溶蚀相，增加孔隙＞5%。两期溶蚀过程中流体环境动态变化，中成岩A期、中成岩B期酸性环境中先后分别形成石英加大边胶结相、自生石英胶结相，溶蚀作用消耗H^+与黏土矿物转化导致流体向碱性过渡，中成岩 B 期形成铁方解石胶结相。溶蚀成岩相和铁方解石胶结相主要发育在厚层砂体中部。

（6）根据成岩相预测结果，明确不同砂体结构中的成岩相组合规律。在完整的砂泥系统中开展差异致密化机理研究：强压实作用促进强压实相（A，B）、方解石致密胶相（E）形成，导致相对封闭成岩系统的形成；欠压实相（C）保存了成岩系统内部异常高孔隙度；强溶蚀作用对储层内部进行有效改造（H）；溶蚀作用后期形成的强胶结相（D，F，G）联合加剧成岩系统内部致密化程度；隔夹层泥页岩起到封隔砂岩成岩系统的同时，为胶结作用提供物质来源，为溶蚀作用提供酸性流体。

（7）基于对沉积因素和成岩因素的综合考量，选取沉积因素（石英、长石、刚性岩屑、杂基、塑性岩屑）和成岩因素（碳酸盐胶结物、硅质胶结物、高岭石、绿泥石、伊利石、压实率、溶蚀率），利用多元线性逐步回归分析孔隙度、渗透率发育的主控因素。其中，塑性岩屑、石英、长石、刚性岩屑、视压实率和碳酸盐岩胶结物是影响孔隙度发育的主要因素。而硅质胶结、石英、伊利石、高岭石、压实作用和长石含量是渗透率发育的主要控制因素。

第 5 章　差异致密化成岩相孔隙结构特征研究

储层微观孔隙结构特征作为储层基本属性，主要指岩石内部孔隙和喉道的几何形状、大小、分布及其相互连通关系。储层岩石微观孔隙结构直接影响着储层的储集与渗流能力，并最终决定着油气藏产能的差异分布（郝乐伟等，2013）。差异致密化导致不同成岩相在孔隙发育程度和孔隙类型方面差异明显，这也必然会形成孔隙结构的多样性。明确成岩相间孔隙结构特征差异，是进一步开展储层评价、渗流影响因素研究的基础。

本次研采用偏光显微镜、扫描电镜观察结合高压压汞、恒速压汞、核磁共振和 X-CT 扫描测试等实验，定性定量相结合，二维三维相结合，系统对比不同成岩相间微观孔隙结构特征的差异。为保证各实验结果的匹配性，首先对于完整岩心柱塞进行物性及核磁共振测试，其后对完整岩心样品截取不同厚度的样品磨制铸体薄片、开展高压压汞、恒速压汞、数字岩心及氮气吸附测试（见图 5-1），测试样品主要为全井连续取芯的 SD24-55 井。

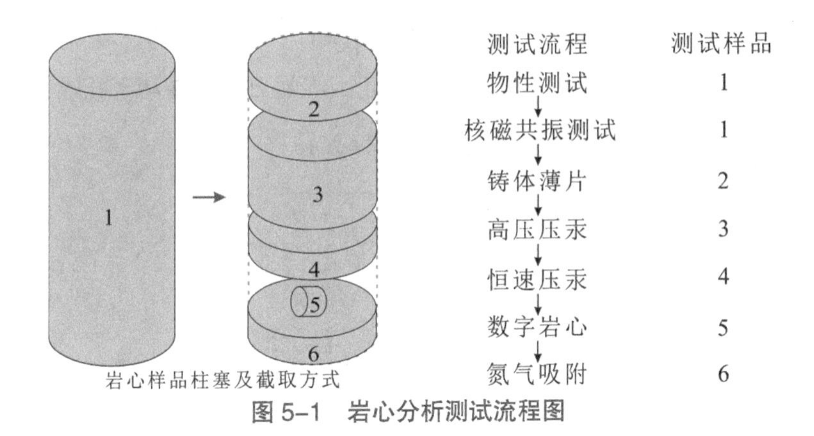

图 5-1　岩心分析测试流程图

5.1　物性参数特征

岩心物性参数测试采用 CMS-300 非常规孔渗分析仪，测试样品为直径 2.5 cm，长度 2 ～ 5 cm 的柱塞，测试压力为 3.5 MPa，测试介质为 N2，物性测试样品磨制对应的铸体薄片。

全井段物性参数分析，孔隙度分布在 0.08% ～ 11.68%，平均值为 3.71%，砂岩孔隙度均值普遍低于 10%（见图 5-2 a）。欠压实相（C）岩石原生孔隙保存较好，孔隙度最高，一般分布在 8.06% ～ 11.68%，平均值为 9.95%，其次为 H 相，砂岩经历的胶结作用弱，伴随两期溶蚀改造增加了次生孔隙，孔隙度一般分布为 4.7% ～ 8.7%，平均值为 7.1%。B 相中部分样品也具有较好的孔隙度，一般分布为 1.28% ～ 6.35%，平均值为 4.15%。其余模式砂岩受到压实和各种胶结作用改造，孔隙度不超过 5%。特别是 E 相 – 连晶方解石胶结与 F 相 – 粒间自生石英胶结强烈，由于孔隙与喉道被强烈破坏，砂岩平均孔隙度低于 2%（见图 5-2 b）。

渗透率总体分布在 0.004 ～ 1.929 mD，平均值为 0.071 mD，具有超低渗特征（平均渗透率＜ 0.1 mD）（见图 5-2 a），成岩演化对于渗透率的影响要强于孔隙度。溶蚀相（H）由于溶蚀改造，在增加孔隙的同时也对孔隙的连通性有一定贡献，改善了砂岩渗透性。欠压实相（C）虽然早期绿泥石环边胶结有助于保存孔隙，但也正因绿泥石的存在堵塞孔喉，降低有效孔喉半径，渗透率也较低（见图 5-2 c）。

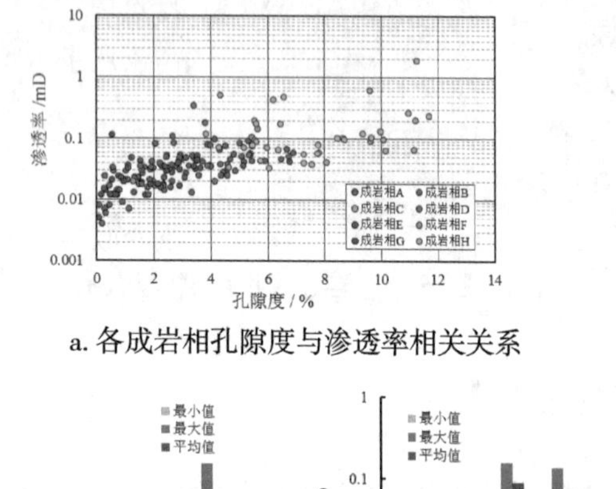

a. 各成岩相孔隙度与渗透率相关关系

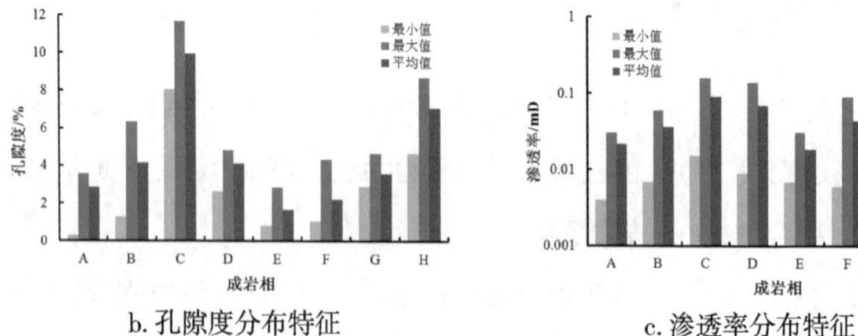

b. 孔隙度分布特征　　　　c. 渗透率分布特征

图 5-2　各成岩相物性参数特征

5.2　孔隙类型与喉道特征

8 种成岩相中，欠压实相（C）与溶蚀相（H）砂岩孔隙发育较好（见图 4-10），C 相发育原生孔隙与次生溶蚀孔隙组合，喉道多为缩颈状、片状（见图 5-3 a），H 相孔隙空间主要为次生孔隙，局部发育受溶蚀改造的原生粒间孔，喉道为片状、弯片状（见图 5-3 b）。其余成岩相孔隙发育程度低，连通性差，喉道多为弯片状，部分样品发育微裂缝（见图 5-3 c）。

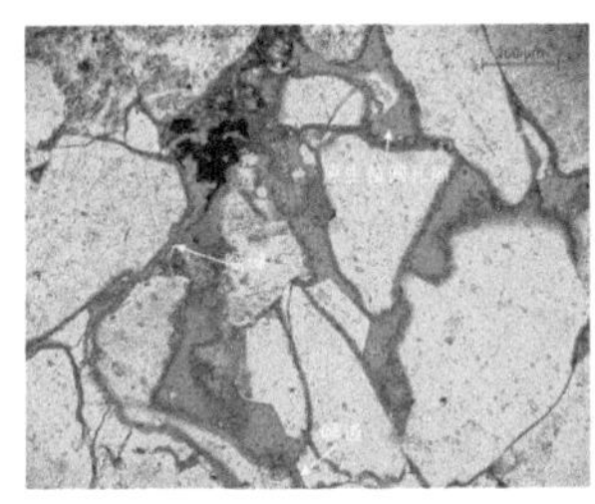

a. 原生粒间孔隙，缩颈状喉道，单偏光，C 相，SD24-55，2 974.32 m，S1

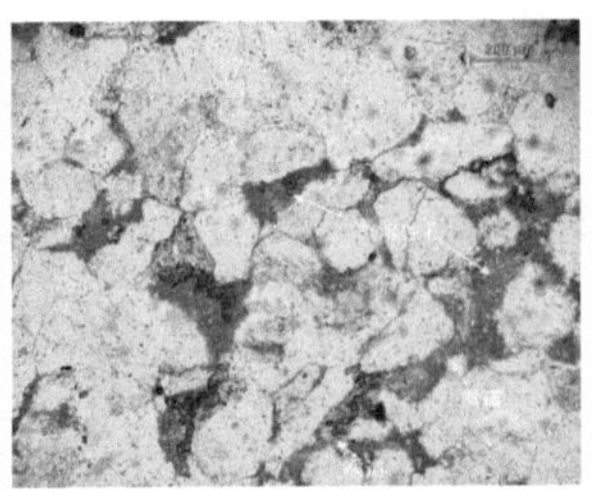

b. 次生溶蚀孔，缩颈状、弯片状喉道，单偏光，H 相，SD24-55，3 046.18 m，S2

c. 微裂缝发育，发育粒间微孔，单偏光，B 相，SD35-57，2 978.46 m，S1

图 5-3　砂岩微观孔隙结构特征

5.3　孔隙结构特征

5.3.1　基于高压压汞实验的孔隙结构特征评价

在物性测试基础上，利用 Poremaster-60 压汞仪对直径 2.5 cm、长度 2 cm 左右的岩心进行压汞测试，仪器最大进汞压力为 60 000 psi（414 MPa），测试孔隙半径大于 0.0036 μm，实验测试设定最大压力为 100 MPa。

（1）孔喉分布参数特征

普遍较强的压实与胶结作用使得砂岩孔隙喉道半径偏小，压汞测试结果中各相平均半径分布在 0.117 ～ 0.335 μm，中值半径为 0.021 ～ 0.100 μm。

根据孔喉半径分布形态可将各相砂岩分为单峰和双峰、无峰态三大类。石英加大边胶结相（D）、方解石连晶胶结相（E）和溶蚀相（H）属单峰分布，峰值集中在 0.063 ～ 0.160 μm，歪度较小，对称性好。强压实相（A，B）、欠压实相（C）、粒间自生石英胶结相（F）和铁方解石胶结相（G）为双峰分布，其中，成岩相 A，B，C，F 为双峰偏小孔喉，细歪度，主峰集中于 0.0063 ～ 0.0630 μm，主峰与次峰相差普遍较大，G 相为双峰偏大孔喉，粗歪度，主峰集中于 0.25 ～ 0.63 μm，主峰与次峰相差较小。C，D 相分选性最好，孔隙喉道分布均匀，其次为 H，A，B 相，E，F，G 相分选性较差（见图 5-4）。结构系数反映流体在孔隙中渗流迂回程度，A 相孔隙发育程度低，连通性差结构系数最低。随着成岩演化程度由成岩相 A 到成岩相 H 的复杂程度增强，结构系数有增大趋势，H 相结构系数较低反映弱胶结与相对强的溶蚀作用有效地保持了孔隙的连通性（见图 5-5）。

致密砂岩强非均质性导致了高排驱压力与低退汞效率。8 种致密化成岩相典型压汞测试排驱压力均大于 0.6 MPa，特别是 A，D 相由于成岩早期受成岩作用的强烈影响进入致密化阶段，排驱压力高达 1.3 MPa。C 相则因为厚层的绿泥石环边将孔隙喉道强烈堵塞，排驱压力也超过了 1MPa。A，E，F 相孔隙结构更为复杂，进汞饱和度和退汞效率都较低。而孔、渗性质较好的 H 相最大退汞效率也不超过 60%（见图 5-4 a）。这表明经历各种成岩作用的改造，孔喉结构对于非润湿相流体的束缚能力增强。

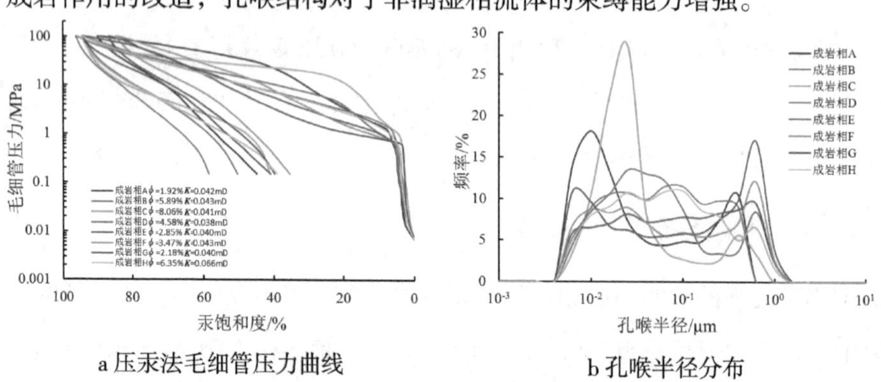

a 压汞法毛细管压力曲线　　b 孔喉半径分布

图 5-4　差异密化模式典型压汞曲线与孔喉分布特征

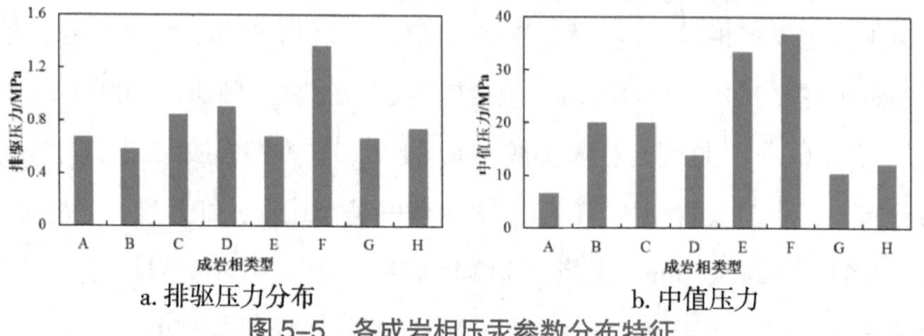

a. 排驱压力分布　　b. 中值压力

图 5-5　各成岩相压汞参数分布特征

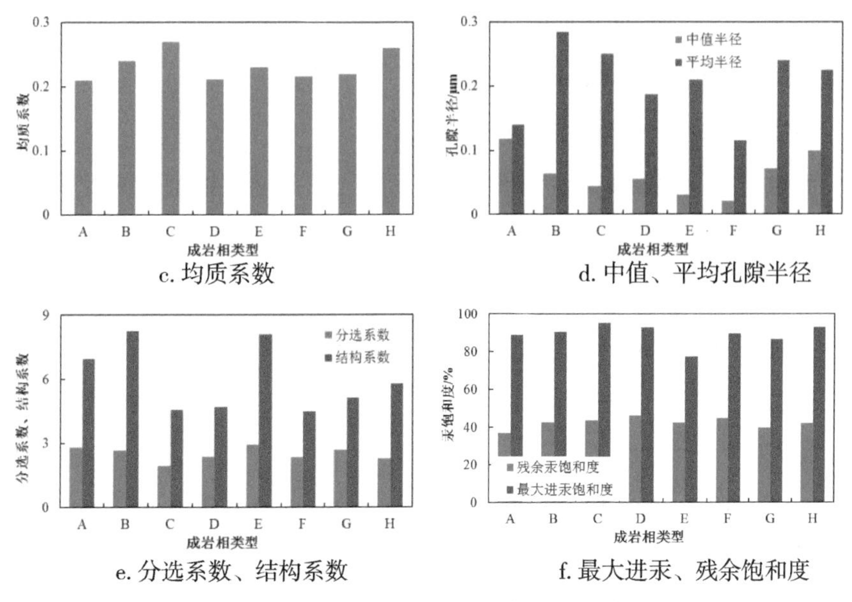

c. 均质系数　　d. 中值、平均孔隙半径

e. 分选系数、结构系数　　f. 最大进汞、残余饱和度

图 5-5　各成岩相压汞参数分布特征（续图）

（2）压汞曲线分形特征

为了充分利用压汞曲线表征孔喉结构特征，近年来学者们引入分形理论（赖锦等，2013；张宪国等，2013）。利用毛细管压力数据计算的分形维数 D，定量评价孔隙结构的非均质性（马新仿等，2004；文慧俭等，2007）。常用的计算方法包括润湿相和非润湿相法两种（赖锦等，2013；马新仿等，2004）。

1）含水饱和度法（润湿相）

当最大孔隙半径 r_{max} 远大于最小孔隙半径 r_{min} 时，含水（润湿相）饱和度 S 与孔喉中值半径 r 关系如下（彭军等，2018）：

$$S=\left(\frac{r}{r_{max}}\right)^{3-D} \tag{5-1}$$

毛细管压力 p_c 的拉普拉斯方程为：

$$p_c=\frac{2\sigma\cos\theta}{r} \tag{5-2}$$

将 r 代入 S 中，两边同时取对数得

$$\lg(S)=(D-3)\lg(p_c)+(3-D)\lg(p_{cmin}) \tag{5-3}$$

2）汞饱和度法（非润湿相）

而对于非润湿相而言，累积进汞饱和度 S_{Hg} 与毛细管压力 p_c 之间存在如下关系（彭军等，2018）：

$$\lg(S_{Hg})=(D-2)\lg(p_c)+\lg(a_0) \tag{5-4}$$

通过 S，S_{Hg} 与 p_c 的对数关系式，采用最小二乘法拟合可获得 D。其中，S 与 S_{Hg} 的关系为

$$S=100-S_{Hg} \tag{5-5}$$

分别利用上述方法对研究典型的三类砂岩样品孔隙分形维数进行计算。

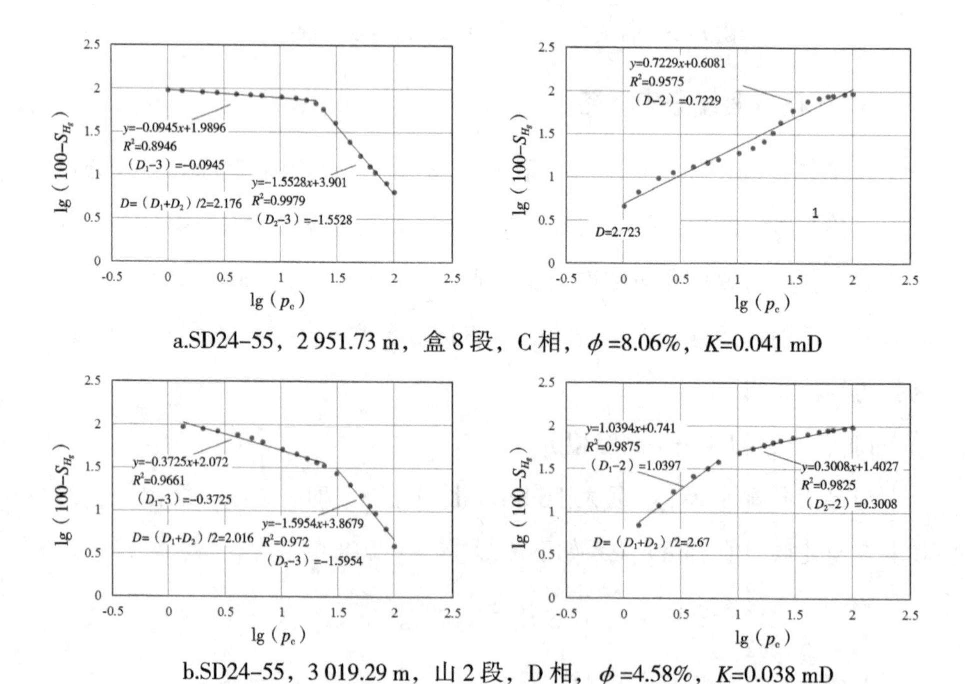

a.SD24-55，2 951.73 m，盒 8 段，C 相，ϕ=8.06%，K=0.041 mD

b.SD24-55，3 019.29 m，山 2 段，D 相，ϕ=4.58%，K=0.038 mD

图 5-6　典型砂岩含水饱和度法（左）与汞饱和度法（右）孔隙分形特征对比

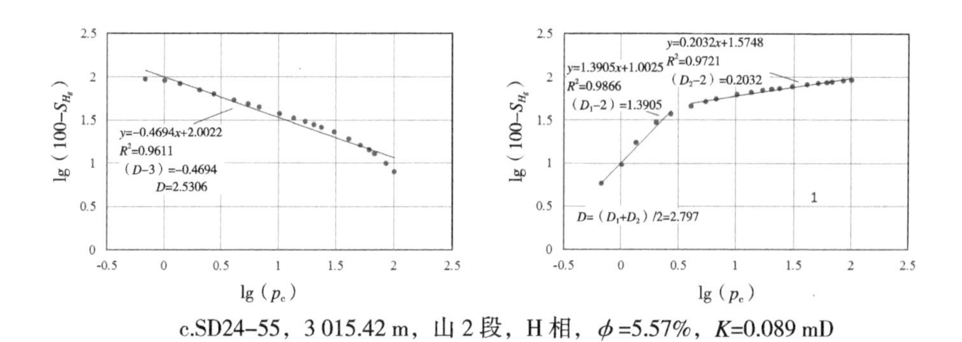

c.SD24-55，3 015.42 m，山 2 段，H 相，ϕ =5.57%，K=0.089 mD

图 5-6　典型砂岩含水饱和度法（左）与汞饱和度法（右）孔隙分形特征对比（续图）

计算结果显示两种计算方式得到的隙结构分形维数存在差别（见图 5-6）。文慧俭等（2007）认为含水饱和度法计算结果与储层物性变化没有相关性，难以反映储层非均质性。且该方法的前提是 $r_{\max}$ 远大于 $r_{\min}$，难以适用于细 - 微喉、高排驱压力的样品。鉴于研究样品的最大孔喉半径普遍小于 1.063 μ m，而压汞表征的最小孔喉半径为 0.007 μ m 左右，且含水饱和度法分形维数与孔隙度、渗透率相关性较差。因此，本次研究利用汞饱和度法计算的孔隙结构的分形维数评价各成岩相的微观非均质性（见图 5-7）。

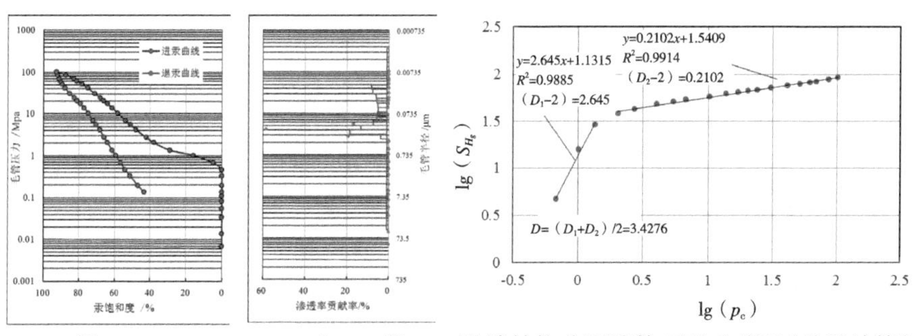

a. A 相，2974.94m，　山 1 段，　孔隙结构分形维数 汞饱和度法（分段计算）
ϕ =2.69%，K=0.084 mD

图 5-7　各岩相压汞测试与孔隙结构分形维数特征图

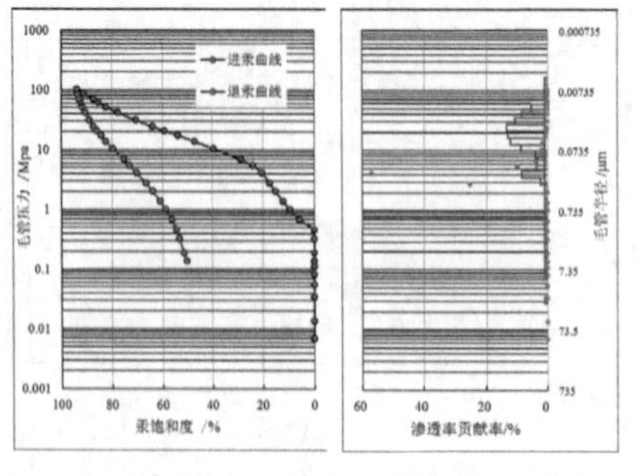

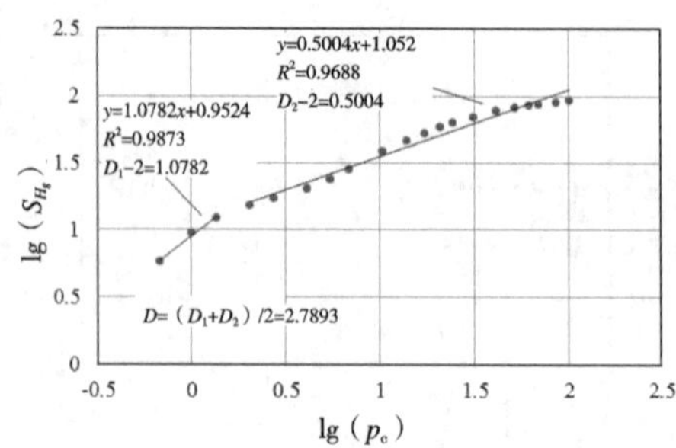

b. B 相，2 974.7 m，山 1 段，ϕ =5.89%，K=0.043 mD　　孔隙结构分形维数 汞饱和度法（分段计算）

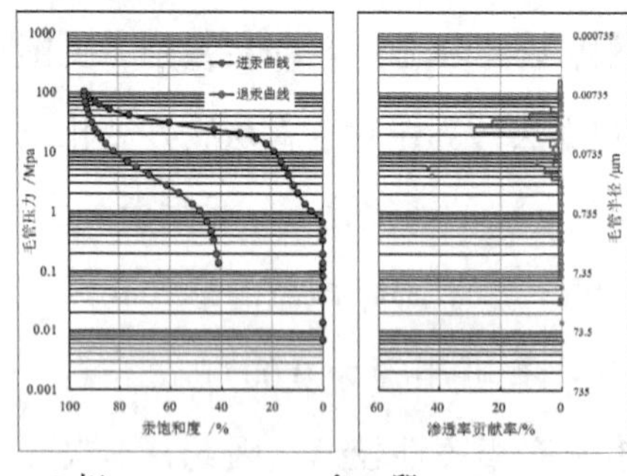

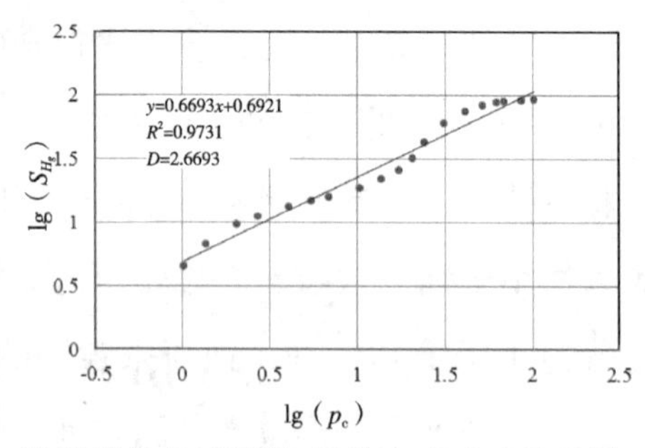

c.C 相，2 951.73 m，盒 8 段，ϕ =8.06%，K=0.041 mD　　孔隙结构分形维数 汞饱和度法（整体计算）

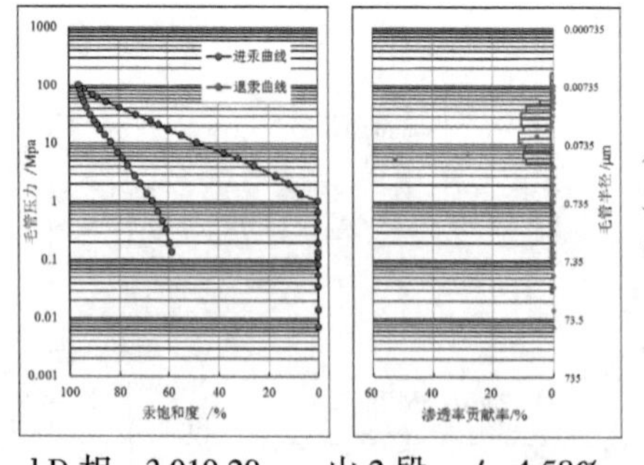

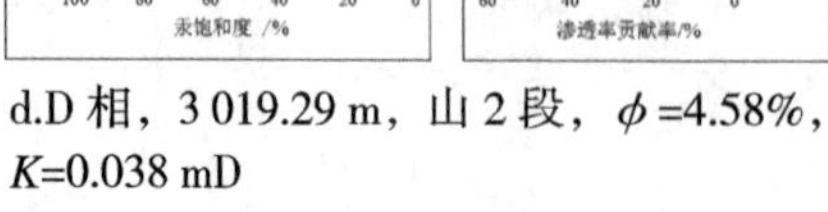

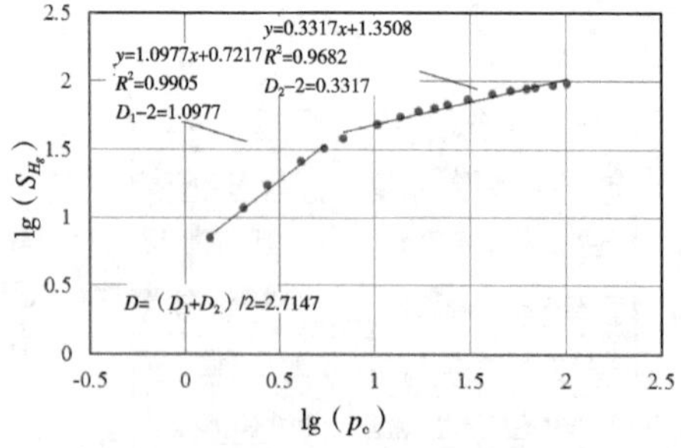

d.D 相，3 019.29 m，山 2 段，ϕ =4.58%，K=0.038 mD　　孔隙结构分形维数 汞饱和度法（分段计算）

图 5–7　各岩相压汞测试与孔隙结构分形维数特征图（续图）

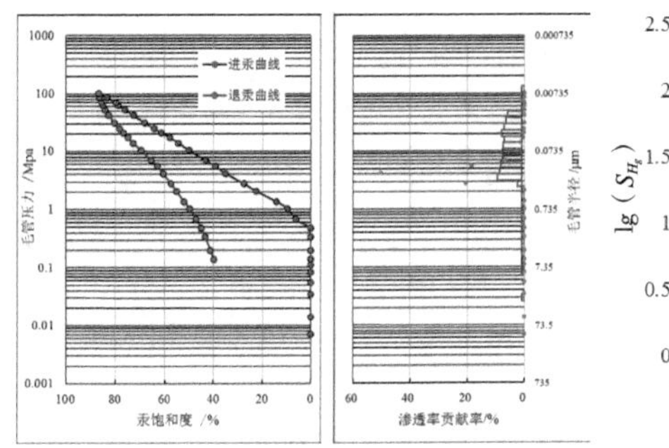

e.E 相，3 017.71 m，山 2 段，ϕ=3.47%，K=0.04 mD

孔隙结构分形维数 汞饱和度法（分段计算）

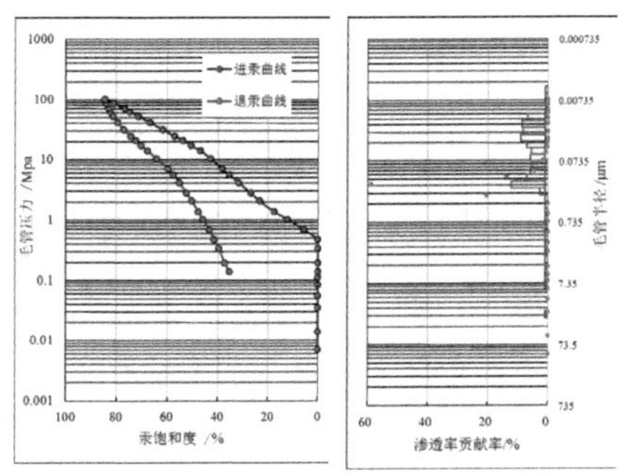

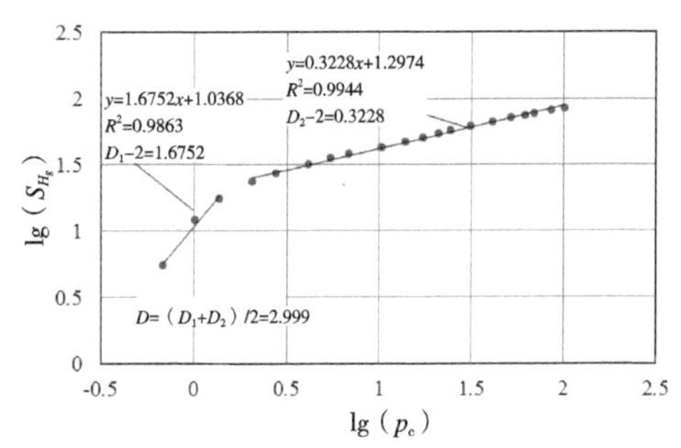

f. F 相，2 942.26 m，盒 8 段，ϕ=1.92%，K=0.042 mD

孔隙结构分形维数 汞饱和度法（分段计算）

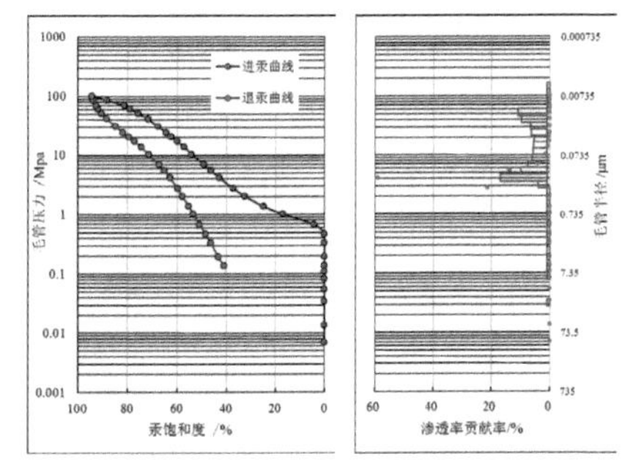

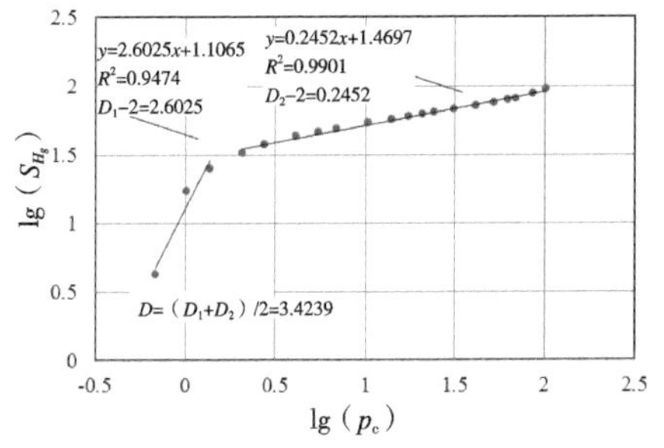

g.G 相，3 004.31 m，山 1 段，ϕ=2.85%，K=0.031 mD

孔隙结构分形维数 汞饱和度法（分段计算）

图 5-7　各岩相压汞测试与孔隙结构分形维数特征图（续图）

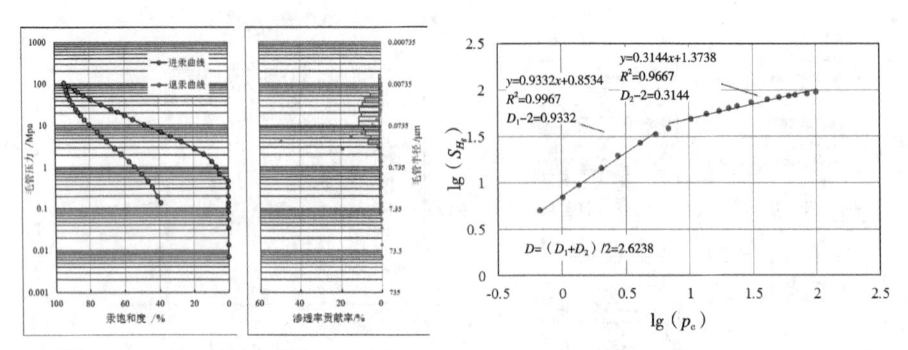

h.H 相，2 979.52 m，山 1 段，ϕ=6.35%，K=0.066 mD　　孔隙结构分形维数 汞饱和度法（分段计算）

图 5–7　各岩相压汞测试与孔隙结构分形维数特征图（续图）

分形维数与各参数相关关系显示，小孔隙分形维数与饱和度中值压力、相对分选系数呈较强的正相关，与孔隙度、排驱压力和分选系数成较弱的正相关，与平均孔隙半径、孔隙度中值半径和均质系数成较强的负相关，与渗透率成较弱的负相关，与结构系数无明显相关性（见图 5–8）。大孔隙分形维数与均值系数成较强正相关，与平均孔隙半径、分选系数成弱正相关，与孔隙度、相对分选系数成弱负相关，与渗透率、排驱压力、饱和度中值压力、孔隙中值半径和结构系数无明显相关性（见图 5–8）。小于拐点半径的小孔隙结构特征控制了砂岩孔隙整体的非均质性。

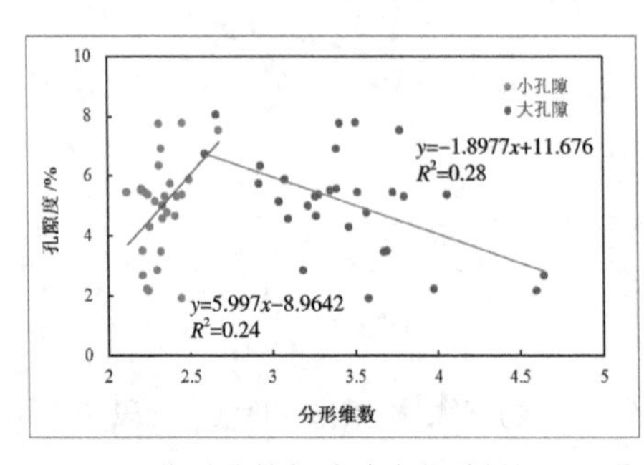

a. 分形维数与孔隙度相关性图

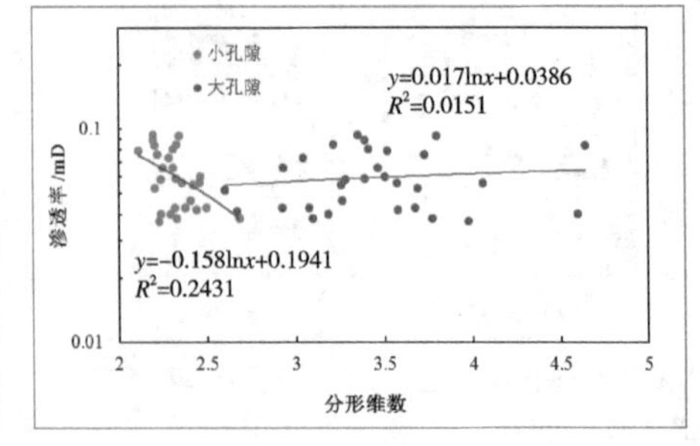

b. 分形维数与渗透率相关性图

图 5–8　孔隙分形维数与孔隙结构参数相关性

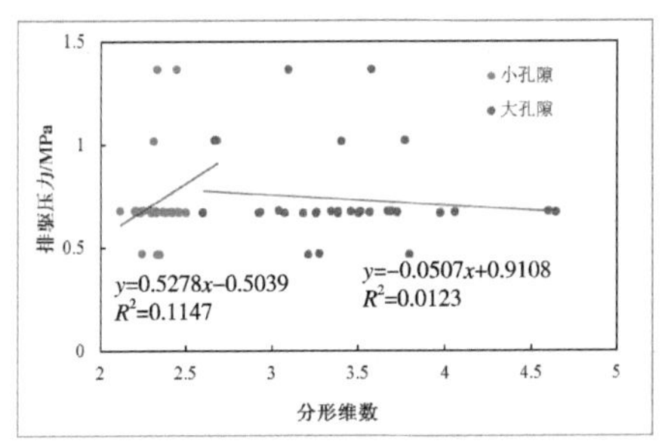

c. 分形维数与排驱压力相关性图

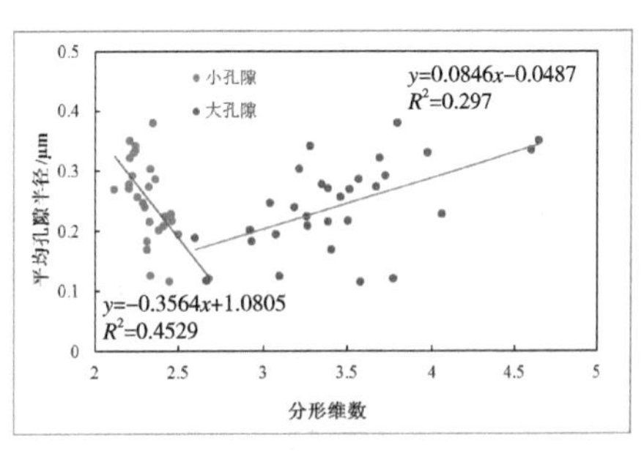

d. 分形维数与平均孔隙半径相关性图

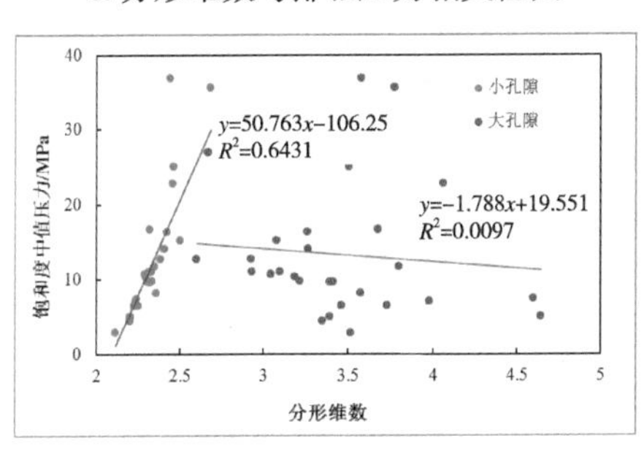

e. 分形维数与中值压力相关性图

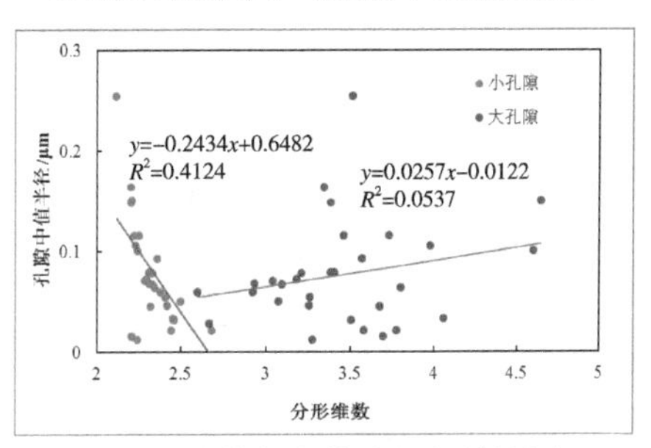

f. 分形维数与中值半径相关性图

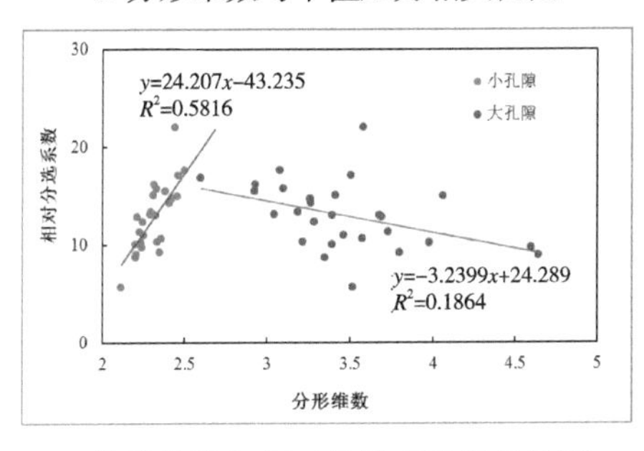

g. 分形维数与相对分选系数相关性图

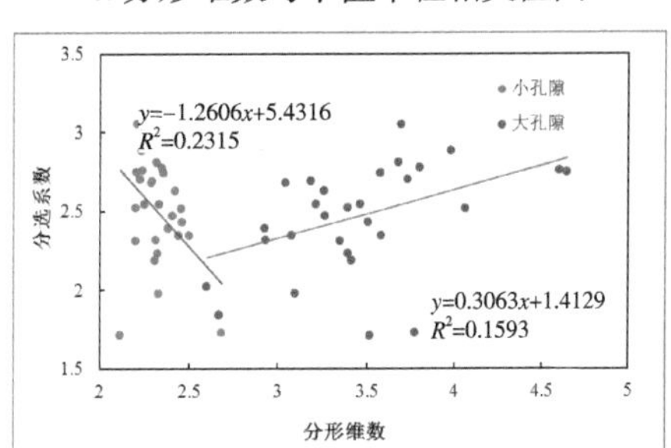

h. 分形维数与分选系数相关性图

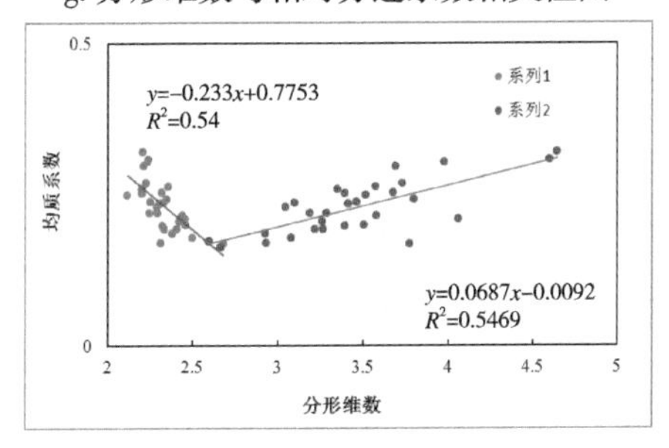

i. 分形维数与均值系数相关性图

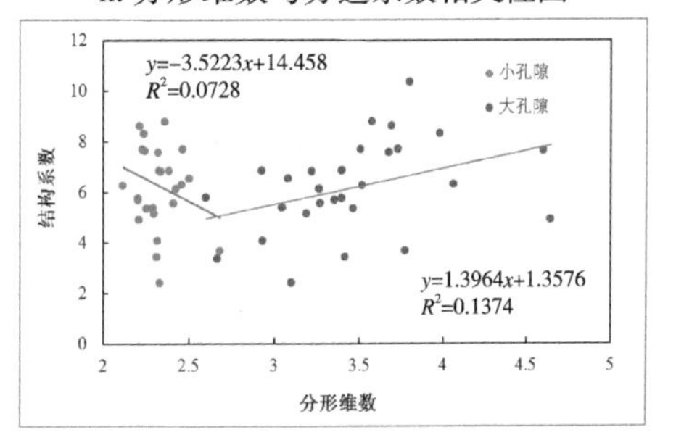

j. 分形维数与结构系数相关性图

图 5-8　孔隙分形维数与孔隙结构参数相关性图（续图）

统计结果表明：各成岩相分形拐点半径主要分布在 0.18~0.36 μm，小于拐点半径的小孔隙部分的分形维数分布在 2~2.5，小孔隙部分的结构相对均匀，而大孔部分的分形维数较大，分布在 2.5~4.2，大孔隙的非均质性较强。特别对于致密程度高的成岩相类型，大孔隙与小孔隙部分的分形维数相差较大，且总体分形维数较高。总体孔隙分形维数与渗透率具有较好的匹配，分形维数越低，孔隙分布越均匀，渗透性越好（见图 5-9）。

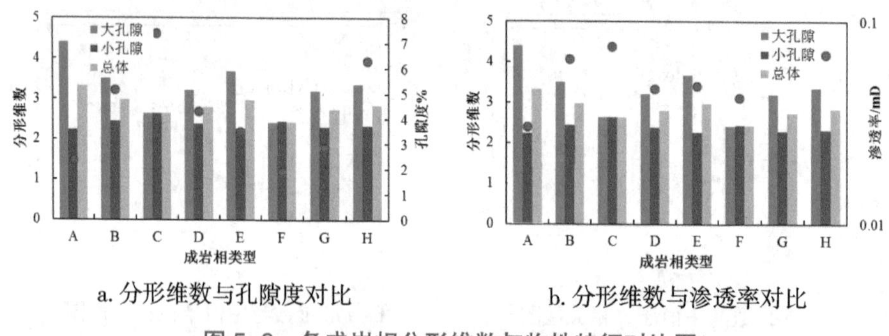

a. 分形维数与孔隙度对比　　b. 分形维数与渗透率对比

图 5-9　各成岩相分形维数与物性特征对比图

5.3.2　基于恒速压汞实验的孔隙结构特征评价

恒速压汞技术的发展主要源于学者试图解决压汞实验中的压力波动，H.H.Yuan 和 P.G.Toledo 为代表最早阐述了恒速压汞机理，20 世纪 90 年代，美国 Coretest 公司 Jared Potter 博士与 P.G.Toledo 等合作开发了 ASPE-730 恒速压汞仪。

常规压汞实验以毛细管束模型为基础，假设多孔介质由一系列直径不同的均匀毛细管束组成，测试得到的是不同级别喉道对应的孔隙体积。相比于常规压汞，恒速压汞技术假设多孔介质由直径大小不同的喉道和孔隙构成，为了得到孔道和喉道的信息，恒速压汞技术保持汞以恒定低速率进入岩石孔隙，由于进汞速度非常缓慢（一般为 0.000 005 cm^3/s），进汞过程逼近于准静态，这也导致进汞过程中，界面张力与接触角保持不变，汞的前缘所经历的每一处孔隙形状的变化，都会引起弯月面形状的改变，从而引起系统毛管压力的改变。进汞过程如图 5-10 所示，图 5-10 a 为孔喉群及汞突破孔隙、喉道的过程示意图，图 5-10 b 为汞注入过程中压力涨落对应的进汞体积曲线。汞进入喉道Ⅰ时，压力逐渐上升直到突破喉道毛管力，汞突破该喉道进入孔隙 1，压力降低，汞将孔隙 1 充满后压力回升，进入下一个次级喉道，当汞突破喉道Ⅱ进入孔隙 2 后，压力再次降低。汞以上述过程依次由大到小直至将主喉道控制的所有孔隙填满，直至压力达到主喉道处的压力，为一个完整的孔隙单元。主喉道半径、孔隙半径、孔隙和喉道数量分别可由突破点压力、进汞体积和压力突变点数量获得。

通过对压力波动的有效识别，恒速压汞能得到孔隙、喉道、孔喉比及各自的含量分布，并绘制出总毛管压力、孔隙毛管压力及喉道毛管压力三条曲线，对于客观地评价孔喉非均质性强的致密砂岩十分有效。

研究利用 ASPE-730 压汞仪开展恒速压汞测试，最高进汞压力为 900 psi 相当于 6.2055 MPa，与之对应的喉道半径为 0.12 μm，测试注汞速率设定为 0.000 001 cm^3/s。半径小于 0.12 μm 的喉道及其所控制的孔隙将超出仪器的测试范围，在渗流过程中无法测试。而这部分孔喉则可利用高压压汞进行测试。

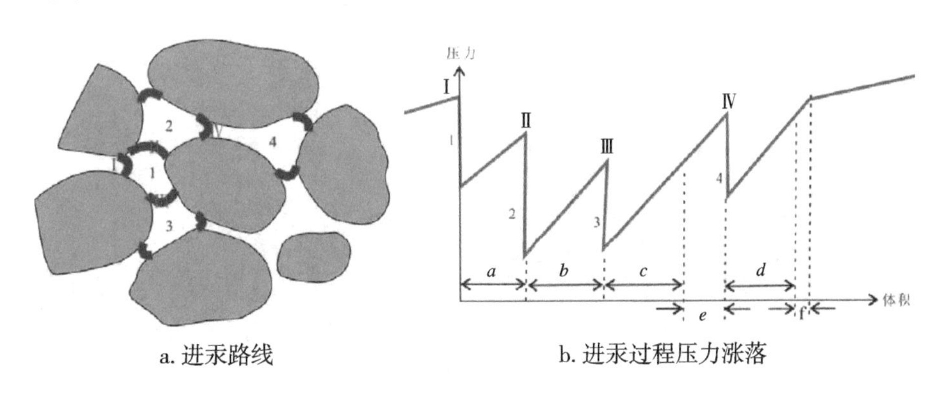

a. 进汞路线　　b. 进汞过程压力涨落

图 5-10　恒速压汞进汞路线与压力涨落示意图

在数字岩心分析的基础上，选择了渗流测试中孔隙连通性较好的四种岩相类型样品进行恒速压汞测试，主要有强压实相（B）、欠压实相（C）、铁方解石胶结相（G）、溶蚀相（H），其中C，H相样品孔隙发育，B，G相样品微裂缝发育，裂缝型样品孔隙度较低，却具有较好的渗透性（见图5-11）。

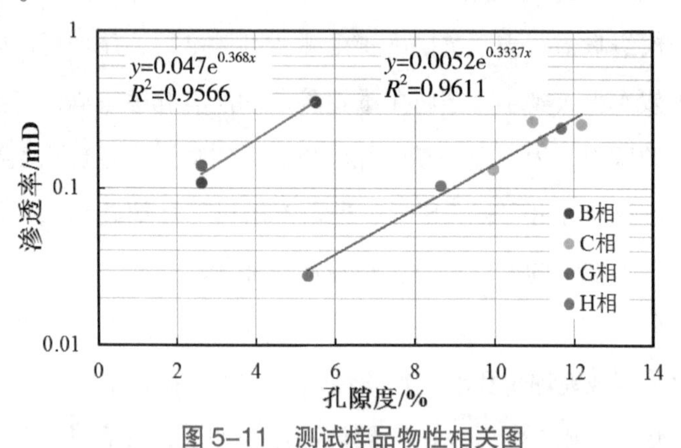

图5-11 测试样品物性相关图

对比孔隙型和裂缝型样品测试结果，孔隙型为富绿泥石C相，储渗空间为原生孔隙发育与少量次生溶蚀孔隙（见图5-12 a），裂缝型样品为B相，储渗空间主要为微裂缝与局部溶蚀孔隙组合（见图5-12 b）。

a. 孔隙型，砂岩原生粒间孔隙保存较好，单偏光，C相，SD24-55，2 951.73 m，H8

b. 砂岩致密化程度高，发育微裂缝，单偏光，B相，SD24-55，2 982.91 m，S1

图5-12 典型砂岩微观特征对比

两种类型样品的进汞启动压力都与孔隙度、渗透率成负相关，同等孔隙度级别的微裂缝样品启动压力远小于孔隙型样品，根据恒速压汞测试的进汞曲线形态特征，将曲线划分为孔喉明显分割区（孔隙群落内孔隙与喉道尺寸差别大，能被有效划分）、过渡区（孔隙群落内孔隙与喉道尺寸差距逐渐减小，早期能有效划分，后期混为一体）及孔喉一体区（孔隙群落内孔隙与喉道尺寸都较小，混为一体，代表该段孔喉信息全部以喉道体现）（见图 5-13）。测试结果显示整体曲线上升越平缓，则孔喉条件相对越好，且这三个进汞区间内，孔喉明显分割区进汞曲线越平缓，则相对大的孔隙与喉道则比例越高，孔隙的主流喉道值也相应较大，而孔喉一体区比例越高，微孔喉比例越高。

孔隙型进汞曲线总体较为平缓，过渡区与前后两个区间过渡平缓，前两个区间比例大，反映出整体孔隙分布较为均匀（见图 5-13 a）。分别截取两个区间代表段，45 ～ 85 psi 段进汞曲线压力涨落幅度较大（见图 5-14 a），而 90 ～ 120 psi 段早期压力涨落幅度中等，后期涨落幅度已十分微弱（见图 5-14 b）。

微裂缝发育的样品进汞曲线总体表现为前期平缓，后期陡升，过渡区与前后两个区间夹角明显（见图 5-13 b）。同样截取前两个区间代表段，45 ～ 85 psi 段进汞曲线前期涨落幅度较大，后期逐渐微弱（见图 5-15 a），90 ～ 120 psi 段压力涨落幅度极其弱（见图 5-15 b）。这表明早期汞在一定压力下进入以微裂缝为主的孔隙群落后，由于孔隙发育程度低且主要为微孔，汞进入孔隙群落需要克服的毛管力陡然上升，主流喉道半径受微裂缝影响较大。

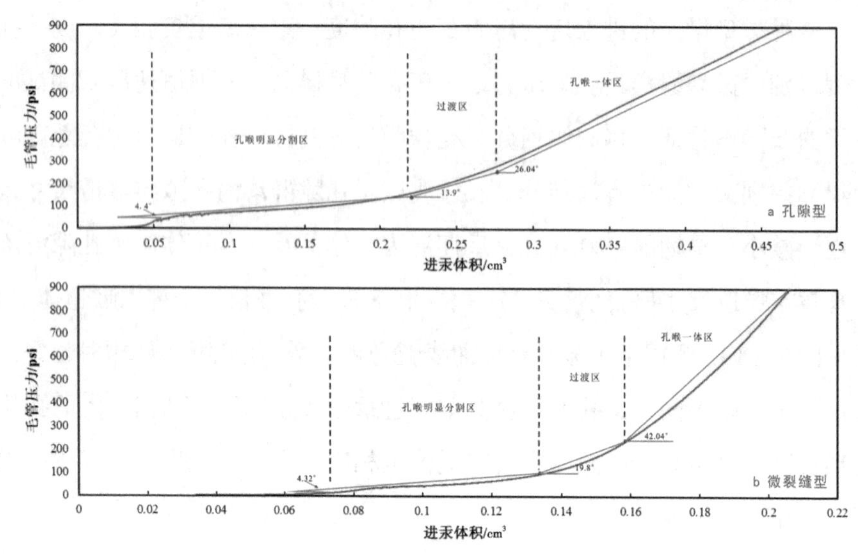

图 5-13　孔隙型与裂缝型砂岩典型恒速压汞进汞曲线特征对比

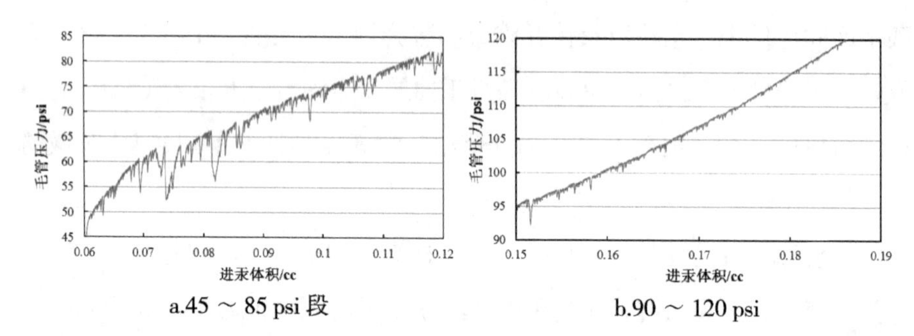

图 5-14　不同压力段进汞曲线特征 C 相，SD24-55，2 951.73 m，H8

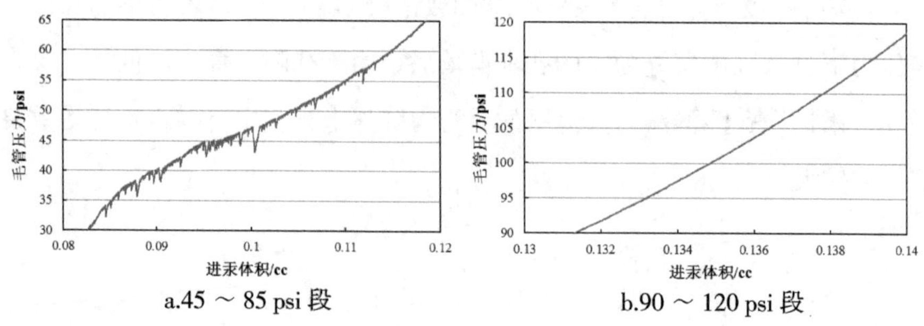

图 5-15　不同压力段进汞曲线特征 B 相，SD24-55，2 982.91 m，S1

根据恒速压汞测试的得到了各类型砂岩样品的总毛管压力、孔隙毛管压力及喉道毛管压力三条曲线（见图 5-16），通过对这些数据的计算，得到了孔隙半径分布、喉道半径分布、孔喉比分布、不同半径喉道对渗流贡献、主流喉道半径和微观均质性等定量化参数。

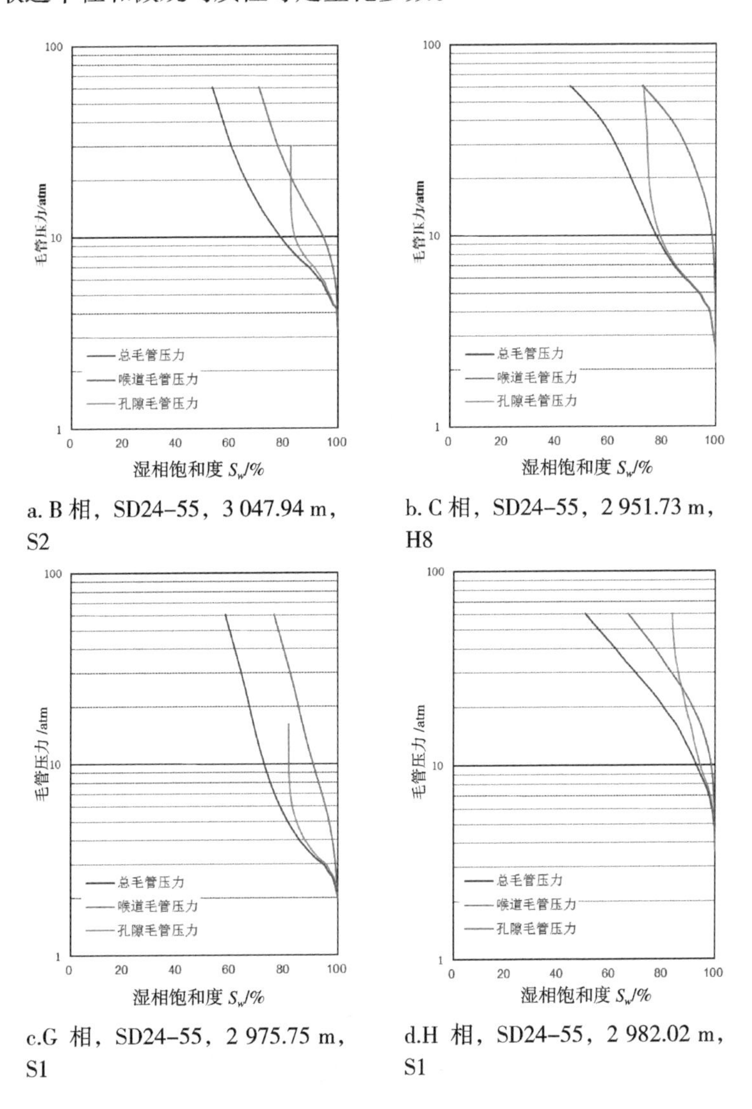

a. B 相，SD24-55，3 047.94 m，S2

b. C 相，SD24-55，2 951.73 m，H8

c.G 相，SD24-55，2 975.75 m，S1

d.H 相，SD24-55，2 982.02 m，S1

图 5-16　各成岩相典型恒速压汞毛管压力曲线图

图 5-17 为图 5-16 b 对应的孔喉结构参数分布。孔隙半径主要分布在 100 ~ 150 μm，喉道半径主要分布在 0.5 ~ 1.5 μm，孔喉比 90 ~ 270，对渗流贡献最大的喉道半径分布在 1 ~ 2 μm。

对比各成岩相恒速压汞测试孔隙结构参数（见表 5-1，见图 5-18），平均喉道半径基本分布在 0.6 ~ 1.16 μm，主流喉道半径较平均半径大，较为集中的分布在 1 ~ 1.2 μm，裂缝型样品虽然孔隙度较低，但两种参数却接近甚至显著高于孔隙样品。

孔隙平均半径各样品间相差不大，分布区间主要为 115 ~ 126 μm，孔喉比整体表现为孔隙型样品较高，多数样品大于 180，而裂缝型样品则分布在 100 ~ 150 μm。

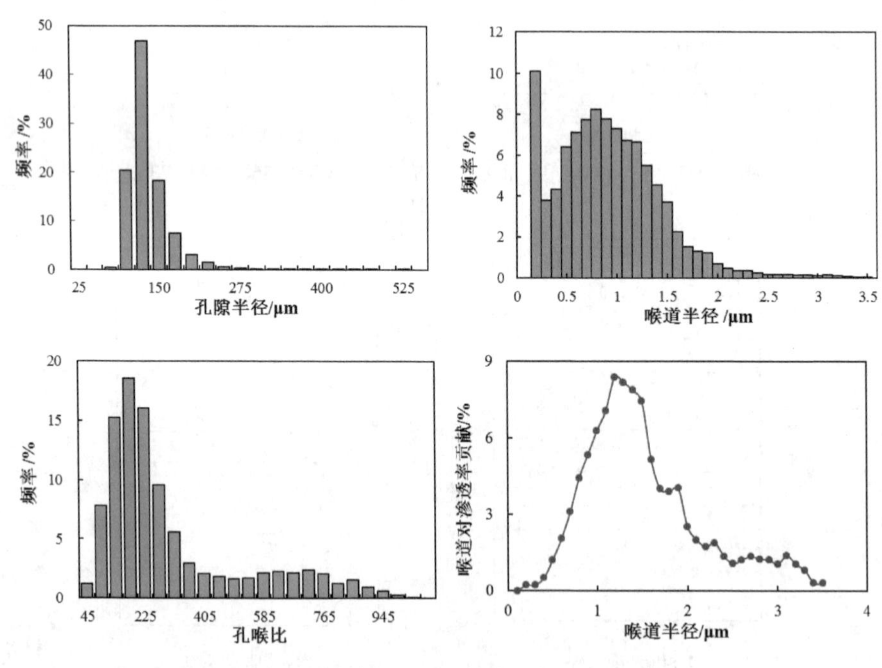

图 5-17　恒速压汞测试孔喉结构参数

反映喉道性质的微观均质系数虽然整体都较小，但裂缝型样品大于 0.031，而孔隙型样品普遍小于 0.03，这表明裂缝型样品的喉道半径普遍接近喉道最大半径。相对分选系数特征相反，裂缝型样品一般小于 0.31，而孔隙型样品普遍大于 0.4，反映裂缝型样品喉道分布更为均匀。

单位体积样品内有效孔隙体积、有效喉道体积裂缝型样品显著小于孔隙型样品。

综合分析认为这些孔喉结构参数的差异主要因为裂缝型样品（B，G 相）的主要储渗空间为微裂缝，孔隙发育程度低，进汞过程中汞克服的是微裂缝网络的毛管力，因此微缝既是孔隙又是喉道，而孔隙型样品（C，H 相），孔隙、喉道特征明显。相比之下，非均质性更强。

表 5–1　个样品恒速压汞特征参数统计

样号	层位	深度 m	相	ϕ/%	K/mD	S_{Hg}/%	S_{Hg-p}/%	S_{Hg-t}/%	P_d/psi	$\overline{R}$/μm	$\overline{R}_{th}$/μm	$\frac{\overline{R}_p}{\overline{R}_{th}}$	MR_{th}/μm	a	D	V_p/mL/cm^3	V_{th}/mL/cm^3
184	山 1	2 980.43	B	5.52	0.359	41.78	18.24	23.54	29.12	126.3	1.93	174.1	2.30	0.056	0.314	0.075	0.097
316	山 2	3 047.94	B	2.63	0.141	71.62	42.74	28.88	50.03	128.6	1.08	142.3	1.20	0.031	0.280	0.326	0.220
123	盒 8	2 951.73	C	12.2	0.257	59.84	38.99	20.85	23.56	126.3	1.23	208.1	2.03	0.030	0.635	0.289	0.155
18	盒 4	2 799.78	C	10.95	0.269	55.01	27.32	27.69	31.99	126.0	1.02	278.9	1.40	0.027	0.529	0.306	0.310
46	盒 5	2 808.13	C	11.19	0.202	21.56	9.76	11.80	48.19	120.5	0.93	160.1	1.10	0.027	0.336	0.442	0.535
133	盒 8	2 954.58	C	9.97	0.134	33.22	9.09	24.12	48.40	117.7	0.81	206.5	1.07	0.022	0.456	0.239	0.634
161	山 1	2 975.75	G	2.64	0.109	46.90	17.45	29.44	48.59	120.8	1.06	128.5	1.22	0.031	0.295	0.180	0.304
193	山 1	2 982.02	H	8.63	0.105	49.75	16.25	33.49	52.41	116.8	0.58	231.6	0.83	0.015	0.528	0.570	1.172
261	山 2	3 013.77	H	5.31	0.094	38.09	10.53	27.57	58.11	119.3	1.30	143.6	1.03	0.019	0.400	0.036	0.094
125	盒 8	2 951.91	H	11.68	0.243	5.74	1.15	4.60	31.21	120.9	1.56	189.2	1.67	0.046	0.680	0.048	0.193

注：ϕ 为孔隙度；K 为渗透率；S_{Hg} 为总进汞饱和度；S_{Hg-p} 为孔隙进汞饱和度；S_{Hg-t} 为喉道进汞饱和度；P_d 为启动压力；$\overline{R}$ 为平均孔隙半径；$\overline{R}_{th}$ 为平均喉道半径；$\frac{\overline{R}_p}{\overline{R}_{th}}$ 为平均孔喉比；MR_{th} 为主流喉道半径；a 为微观均质系数；D 为相对分选系数；V_p 为单位体积岩样有效孔隙体积；V_{th} 为单位体积岩样有效喉道体积。

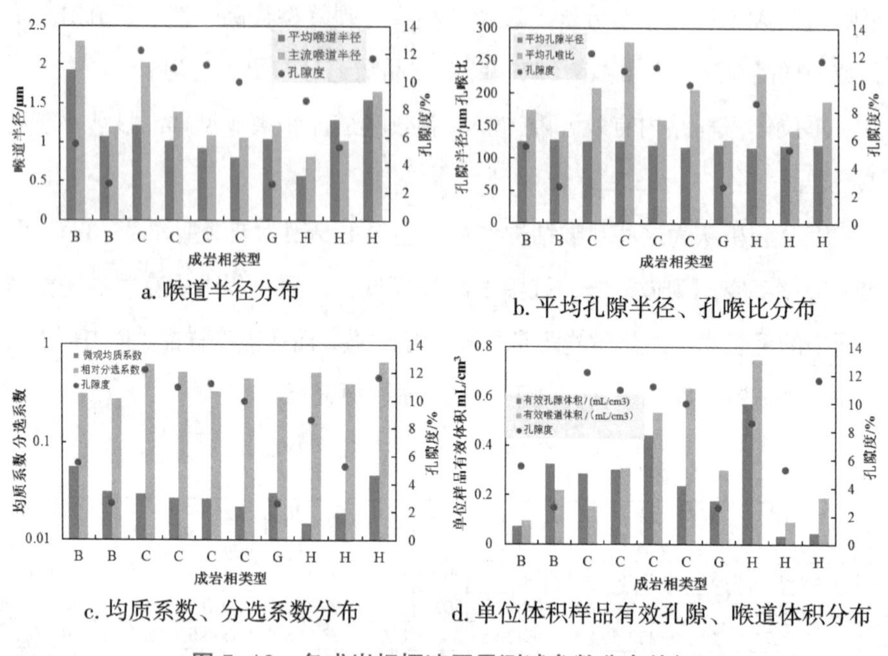

a. 喉道半径分布

b. 平均孔隙半径、孔喉比分布

c. 均质系数、分选系数分布

d. 单位体积样品有效孔隙、喉道体积分布

图 5-18　各成岩相恒速压汞测试参数分布特征

5.3.3　基于核磁共振实验的孔隙结构特征评价

核磁共振技术近年来被广泛应用于储层孔隙结构与可动流体评价。这是由于流体的质子在磁场中具有共振的特性，多孔介质孔隙内部流体中氢原子的核磁共振信号强度与孔隙大小成正比，通过测量孔隙流体中氢核的核磁共振弛豫信号的幅度和弛豫速率即可以实现对微观结构的定量分析（张娜，2018）。由于岩石内部存在一系列大小不同的孔隙，核磁测试的弛豫信号是多种横向弛豫分量共同叠加的结果：

$$S(t)=\sum_{i} M_i \exp\left(-\frac{t}{T_{2i}}\right) \tag{5-6}$$

式中：$S(t)$——t 时刻测得的回波信号；

M_i——弛豫时间为 T_{2i} 时的孔隙流体核磁信号所占比例。

得到回波信号后，即可利用数学反演方法计算不同 T_2 弛豫时间流体比例，得到核磁共振 T_2 谱。T_2 分布可以反映孔隙的大小、分布，弛豫时间较长的核磁信号对应岩石较大孔隙中的流体，反之弛豫时间较短的核磁信号对应岩石较小孔隙中的流体（孙军昌，2012）。核磁测试不仅能得到孔隙度、渗透率等参数，在结合离心、流体渗流试验还可以获得可动（束缚）流体饱和度、流体微观分布状态等重要参数（张娜，2018）。

本次研究中选取不同储层岩样切成直径约为2.5cm、长度约为3.0～5.0cm的柱塞岩心，岩心烘干后测量干重、孔隙度和渗透率，对岩心抽真空加压饱和纯水。对饱和纯水状态的岩心称重，计算含水体积。同时对其进行NMR 测量，得到 T_2 谱。其中，核磁共振测试在苏州纽迈电子科技有限公司生产的 MacroMR12-150H-I 上进行。磁场强度为 0.3 T，中心频率约为 12.58 MHz。测试参数：温度为 25℃，测试等待时间（RD）取 500 ms，回波时间（TE）取 3.5 ms，回波个数为 400。为定量分析不同成岩模式砂岩可动流体性质，对八种类型典型岩心进行离心，离心转速对应实验筛选出的最佳离心力（300 psi），离心后测试 T_2 谱。

（1）核磁共振 T_2 谱分形特征

相比于压汞分析，NMR 通过 T_2（横向弛豫时间）谱分布获取毛管压力信息评价岩石孔隙结构具有无损性，且较压汞具有更宽的孔喉半径范围。有学者认为利用核磁测试结果对孔隙结构的分析更为全面。近年来也有大量学者将核磁共振与分形几何方法联合，对岩石孔隙结构进行分析。早期部分学者利用核磁共振 T_2 谱构建伪毛细管压力曲线（运华云等，2002；刘堂宴等，2003），何雨丹等（2005）、张超谟等（2007）对前人的方法进行了改进，建立了含水饱和度与弛豫时间 T_2 关系：

$$\lg S_v=(3-D)\lg T_2+(D-3)\lg T_{2max} \quad (5\text{-}7)$$

其中，T_2 为横向弛豫时间；S_v 为小于对应的 T_2 值的孔隙体积占总孔隙体积的比例；D 为分形维数；T_2max 为最大横向弛豫时间。

选取压汞分析时对应的三个样品的核磁共振结果进行分析，核磁测试孔隙结构整体都具有明显的分段性（见图 5–19），在具有分形特征孔隙结构类型的储层中，$\lg S_v$ 与 $\lg T_2$ 成线性相关（张超漠等，2007），整段拟合显示两者相关性 R^2 普遍低于 0.85，分段式拟合小孔隙与大孔隙两部分的相关程度都较高，但小孔普遍高于大孔，小孔分形维数低，大孔分形维数高，这表明致密砂岩样品的小孔在任何样品中都具有较强的均一性，而大孔隙则由于不同样品的成岩复杂性而呈现较强的非均质性（见表 5–2）。虽然分段式能反映两部分孔隙结构的差异性（见图 5–19），但由于利用分段式计算的不同样品的整体孔隙结构分形维数差值较小，因此在对比不同类型砂岩的孔隙结构时，选择整段式进行对比。

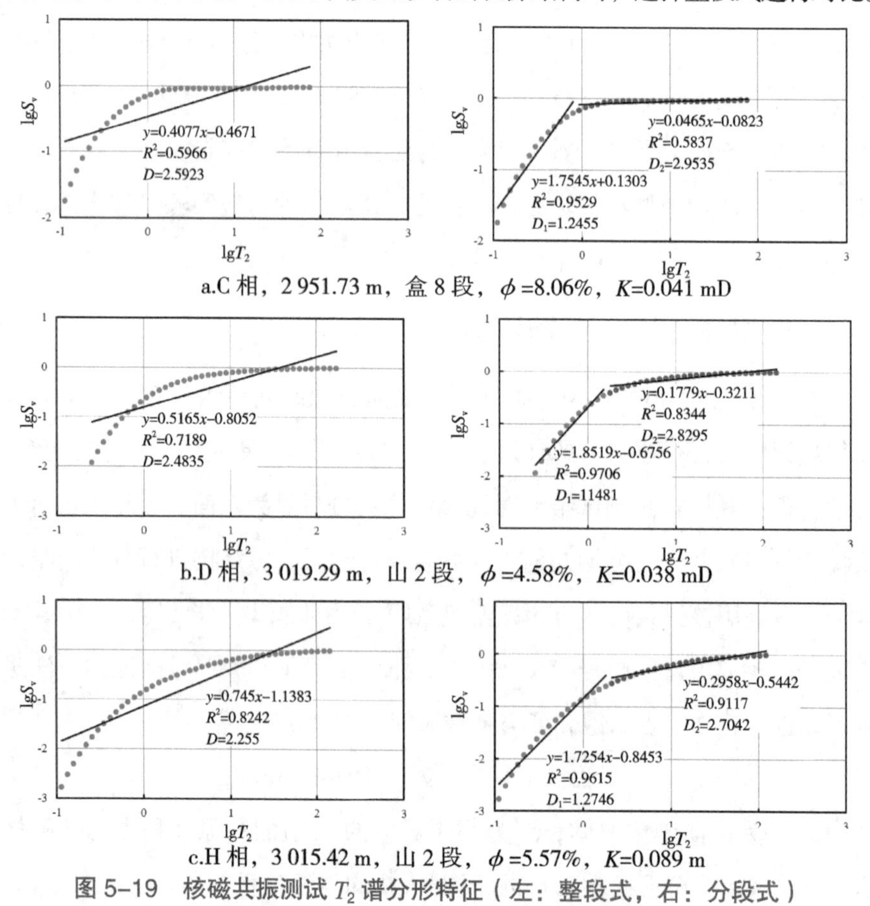

a.C 相，2 951.73 m，盒 8 段，ϕ=8.06%，K=0.041 mD

b.D 相，3 019.29 m，山 2 段，ϕ=4.58%，K=0.038 mD

c.H 相，3 015.42 m，山 2 段，ϕ=5.57%，K=0.089 m

图 5–19　核磁共振测试 T_2 谱分形特征（左：整段式，右：分段式）

基于核磁共振的分形处理显示：分形维数小孔隙部分分布在 1.07 ～ 1.71，大孔隙部分分布在 2.76 ～ 2.93，小孔隙部分相均质性较好，大孔隙部分非均质性强。孔隙整体分形的 $\lg S_v$ 与 $\lg T_2$ 相关系数分布在 0.6 ～ 0.85（见表 5–2），核磁测试分形维数 DNMR 普遍低于压汞测试的结果。出现这种差异的原因有两方面：一是两种分形处理方法本身的差别，另一个是核磁测试 T_2 谱分布与压汞毛管压力 P_c 反映的孔隙空间是不同的，前者反映的是所有孔隙喉道半径大小，后者反映的是进汞部分对应的最小喉道及其连通孔隙的半径和体积。核磁测试对于孔喉非均质性的表征更为全面。

表 5–2　核磁共振 T_2 谱分形特征参数统计

样品信息				物性				分形维数			
								两段式		整段式	
成岩相	样号	深度 /m	层位	孔隙度 /%	渗透率 /mD	$T2_{cut\text{-}off}$ / ms	核磁—压汞转换系数	D_1（小孔）	D_2（大孔）	D	R^2
A	158	2 974.94	山 1	2.69	0.084	0.80	30	1.49	2.93	2.55	0.67
	161	2 975.79		5.31	0.093	0.20	—	1.16	2.87	2.57	0.67
	294	3 032.59		2.24	0.037	2.50	82	1.53	2.87	2.46	0.75
	297	3 033.14		2.18	0.040	2.70	38	1.35	2.85	2.41	0.75
均值				3.11	0.064	1.55	—	1.38	2.88	2.50	0.71
B	63	2 933.63	盒 8	5.38	0.058	0.70	48	1.16	2.93	2.65	0.61
	113	2 948.41		5.39	0.056	0.58	22	1.13	2.91	2.62	0.61
	156	2 974.7	山 1	5.89	0.043	0.70	22	1.20	2.91	2.54	0.65
	162	2 976.83		5.32	0.055	0.70	21	1.21	2.92	2.65	0.60
	255	3 012.4	山 2	4.29	0.066	1.60	52	1.54	2.79	2.19	0.83
均值				5.25	0.056	0.86	—	1.25	2.89	2.53	0.66
C	18	2 799.78	盒 4	10.95	0.269	0.46	—	1.29	2.93	2.70	0.58
	46	2 808.13	盒 5	11.19	0.202	0.32	—	1.18	2.93	2.74	0.55
	123	2 951.73	盒 8	8.06	0.041	0.53	18	1.18	2.93	2.65	0.60
均值				10.07	0.171	0.44	18	1.22	2.93	2.70	0.58
D	167	2 979.12	山 1	4.68	0.046	1.00	32	1.16	2.90	2.59	0.63
	282	3 019.29	山 2	4.58	0.038	2.00	55	1.15	2.83	2.48	0.72
均值				4.63	0.042	1.50	43.5	1.15	2.87	2.54	0.68
E	61	2 933.45	盒 8	3.52	0.053	0.70	46	1.11	2.92	2.70	0.57
	276	3 017.71	山 2	3.47	0.043	1.80	70	1.21	2.86	2.47	0.70
均值				3.50	0.048	1.25	58	1.16	2.89	2.59	0.64

续表

样品信息				物性				分形维数			
								两段式		整段式	
成岩相	样号	深度 /m	层位	孔隙度 /%	渗透率 /mD	$T2_{cut-off}$ / ms	核磁—压汞转换系数	D_1（小孔）	D_2（大孔）	D	R^2
F	86	2 942.26	盒 8	1.92	0.042	0.69	75	1.19	2.91	2.66	0.61
	310	3 045.15	山 2	4.33	0.507	22.00	—	—	—	2.36	0.96
均值				3.13	0.275	11.35	75	1.19	2.91	2.51	0.78
G	233	3 004.31	山 1	2.85	0.040	1.60	45	1.25	2.84	2.53	0.72
H	115	2 948.97	盒 8	7.53	0.038	0.52	26	1.07	2.91	2.58	0.62
	181	2 979.52	山 1	6.35	0.066	0.70	8	1.28	2.90	2.57	0.66
	187	2 981.3		5.73	0.043	0.65	21	1.32	2.90	2.51	0.69
	190	2 981.56		8.44	0.103	0.75	—	1.28	2.88	2.49	0.70
	193	2 982.02		8.63	0.105	0.65	—	1.31	2.89	2.56	0.68
	261	3 013.77	山 2	5.52	0.094	2.40	15	1.19	2.81	2.45	0.69
	265	3 014.56		5.62	0.144	3.90	—	1.62	2.76	2.48	0.86
	268	3 015.42		5.57	0.089	3.00	15	1.71	2.82	2.46	0.85
	304	3 042.98		5.46	0.079	18.00	15	—	—	2.51	0.92
均值				6.54	0.085	3.40	—	1.30	2.86	2.51	0.74

核磁测试得到的各岩相孔隙结构整体分形特征中欠压实相（C）相分形维数最高，均值可达 2.7，其次为方解石连晶胶结相（E）相，均值为 2.6 左右，其余各相分布在 2.5 ~ 2.55，强烈的成岩改造后各岩相砂岩的小孔隙较均匀，大孔隙特征差异大，致密相孔隙非均质性较为接近，而 C，H 相由于大孔隙发育，表现出强非均质性（见图 5-20）。

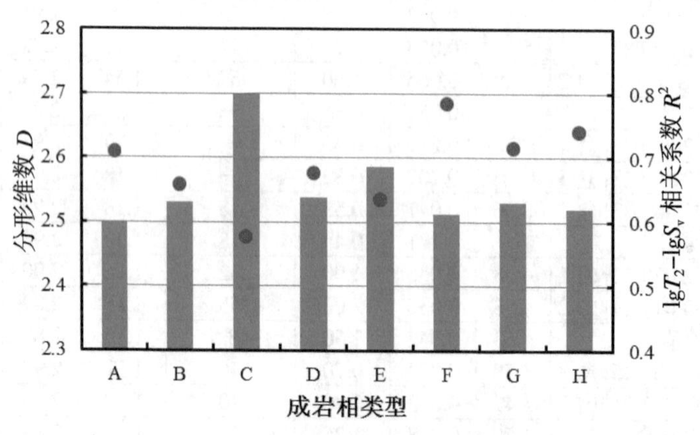

图 5-20　各成岩相砂岩孔隙分形特征参数分布

（2）孔隙半径分布特征（核磁－压汞联合表征）

由于依据 T_2 弛豫时间对孔隙的分析仅为定性的表征，研究中对部分核磁测试样品进行压汞测试，结合压汞曲线分析，力求将核磁测试 T_2 结果转换为孔隙半径分布，明确各类形态曲线代表的孔隙结构的差异。

多孔介质孔隙中流体的 T_2 弛豫时间为

$$\left(\frac{1}{T_2}\right)_{\text{total}}=\left(\frac{1}{T_2}\right)_{\text{S}}+\left(\frac{1}{T_2}\right)_{\text{D}}+\left(\frac{1}{T_2}\right)_{\text{B}} \tag{5-8}$$

式中：$\left(\frac{1}{T_2}\right)_{\text{S}}$——岩石颗粒表面的弛豫贡献；

$\left(\frac{1}{T_2}\right)_{\text{B}}$——流体本身的弛豫贡献；

$\left(\frac{1}{T_2}\right)_{\text{D}}$——分子扩散的弛豫贡献。

在储层研究时体弛豫和扩散弛豫项的影响可以忽略，流体的 T_2 弛豫时间主要由表面弛豫时间决定。表面弛豫与岩石比表面密切相关，比表面越大，弛豫越强，T_2 弛豫时间越小，岩石表面弛豫可表示为

$$\left(\frac{1}{T_2}\right)_{\text{S}}=\rho_2\left(\frac{S}{V}\right)_{\text{pore}} \tag{5-9}$$

式中：ρ_2——弛豫率；

S/V——孔隙比表面，它与孔隙半径的关系为 $S/V=F_{\text{S}}/r$；

F_{S}——孔隙形状因子；

r——孔隙半径。

（式 5-9）的另一种形式为

$$(T_2)_{\text{S}}=\frac{1}{\rho_2F_{\text{S}}}r \tag{5-10}$$

参考前人研究成果，令 $1/\rho_2F_{\text{S}}=C$，则公式可表示成 $T_2=C\times r$。对该公式两端同时取对数则有

$$\lg T_2=\lg C+\lg r \text{ 即 } \lg T_2-\lg C=\lg r \tag{5-11}$$

改变 C 值的大小并对曲线对 $\lg T_2$—lgC ~ A（核磁共振 T_2 谱累积分布）与 lg r ~ S_{Hg}（压汞孔喉半径累积分布）进行误差计算对比，求取最佳 C 值进行转换。

部分学者利用上述线性转换法在不同研究中利用核磁 T_2 谱求取了孔径分布，本书在上述方法基础上，参考（王俊杰，2017）提出的转换方法，考虑压汞的进汞饱和度难以达到 100%，而采用抽空 - 加压饱和的核磁测试能够较为完全地反映几乎所有连通的孔隙空间，由于两种测试方式的大孔隙部分可对比性强，故在对比转换前，对压汞孔喉累计分布曲线整体向上平移，平移量为未进汞孔隙百分比。

研究区砂岩样品转换效果较好（见表 5-2），特别是核磁与压汞的孔隙 - 孔喉累计分布曲线匹配效果好（见图 5-21），转换系数 C 与孔隙度、渗透率都成较弱负相关（见图 5-22）。

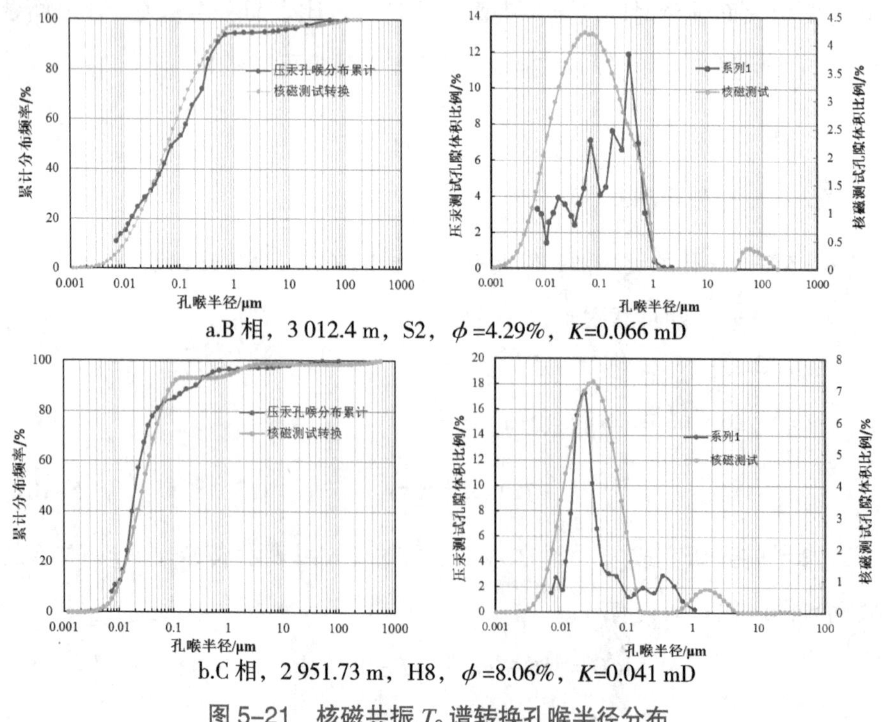

a.B 相，3 012.4 m，S2，ϕ =4.29%，K=0.066 mD

b.C 相，2 951.73 m，H8，ϕ =8.06%，K=0.041 mD

图 5-21　核磁共振 T_2 谱转换孔喉半径分布

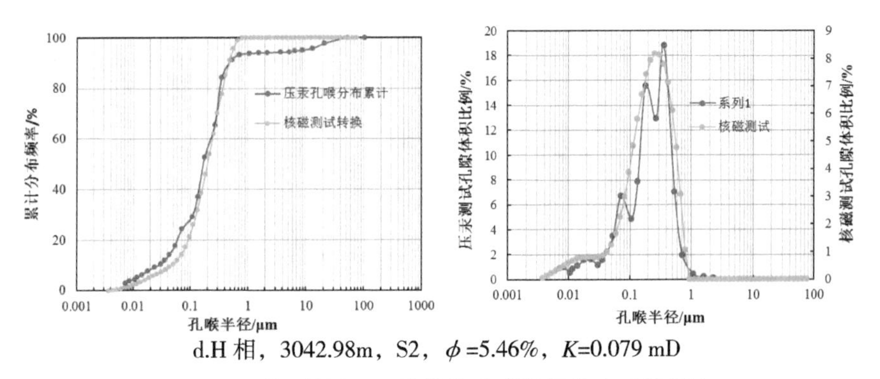

d.H 相，3042.98m，S2，ϕ=5.46%，K=0.079 mD

图 5-21　核磁共振 T_2 谱转换孔喉半径分布（续图）

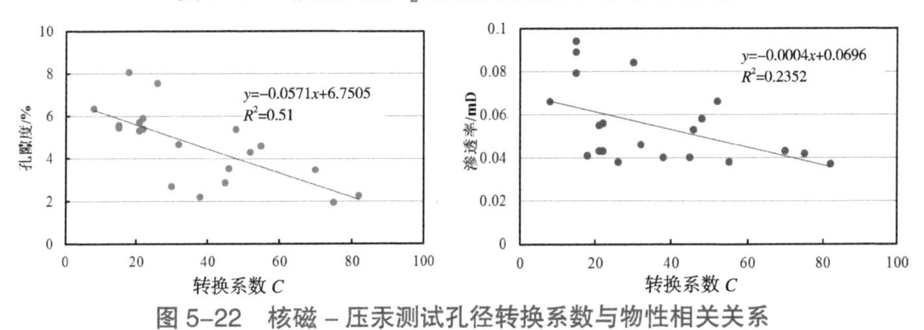

图 5-22　核磁 - 压汞测试孔径转换系数与物性相关关系

根据转换结果，得到各成岩相砂岩的核磁孔隙半径分布特征（见图 5-23）。

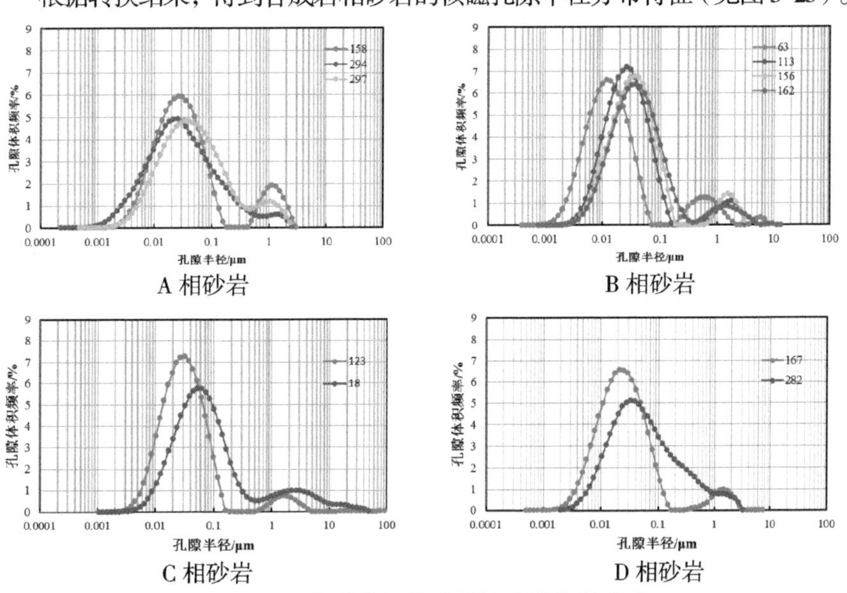

图 5-23　各成岩相核磁转换孔隙半径分布

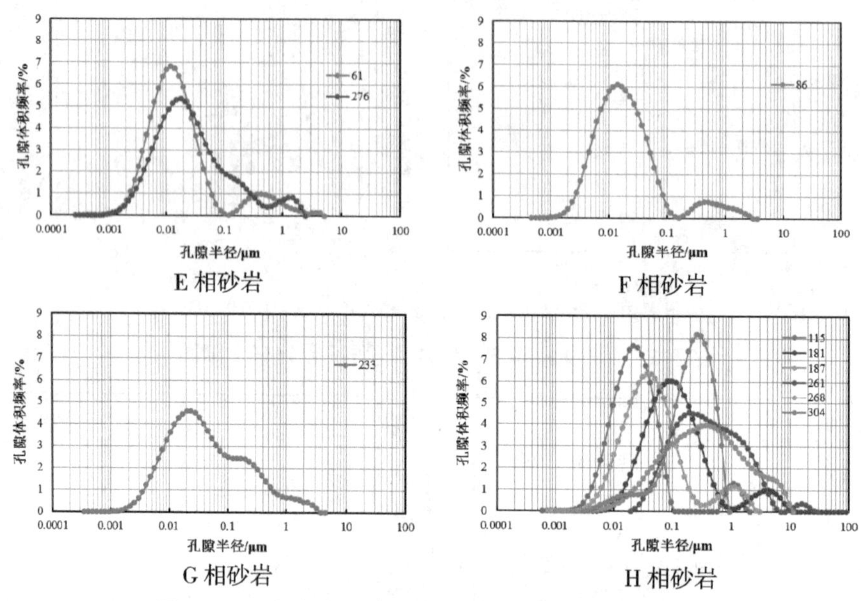

图 5-23　各成岩相核磁转换孔隙半径分布（续图）

核磁测试结果显示核磁测试的孔隙半径范围较压汞测试更大，更为全面地反映了砂岩内部孔隙的分布特征。各成岩相类型的孔隙半径分布具有以下特征：孔径分布具有明显的双峰性，与分形特征结果一致；小孔隙在各成岩相砂岩中分布占绝对优势，通常高于 80%，大孔隙部分在各成岩相砂岩中占比一般在 10% 左右，对于部分单峰分布的样品而言，大孔隙的占比可达到 30%；小孔隙的半径范围各岩相相差不大，一般主要分布在 0.001 ～ 0.003μm，H 相较大，为 0.004 ～ 0.7μm；小孔隙的比例接近的情况下，大孔隙的比例直接影响了储层质量，根据主要孔隙半径区间比例将成岩相孔隙半径分布区间分为四级，欠压实相（C）、溶蚀相（H）、强压实相（B）大孔隙较发育（见表 5-3）。

表 5-3　各成岩相主要孔隙半径分布特征

成岩相	主要孔隙半径区间				孔隙半径区间分级
	小孔 / μm	比例 /%	大孔 / μm	比例 /%	
A	0.001~0.1	73~83	0.6–2	8.8~13	4
B	0.003~0.2	90.1~92.3	0.5~4	7.4~8.3	2
C	0.004~0.2	81.85~92.6	1~10	5~9.9	1
D	0.003~0.1	89.8~91.5	1~2	3.6~4.3	3
E	0.002~0.1	80.8~88	0.2~2	10~12.8	4
F	0.002~0.1	89.9	0.2~3	8.3	4
G	0.001~0.3	88.3	1~3	4	3
H	0.004~0.7	67.5~93.2	0.8~10	5.6~31	1

5.3.4　基于数字岩心分析的孔隙结构特征评价

计算机断层扫描（computed tomography）是通过 X 射线束透射物体获得被测物体的密度分布图像。测试具有无损性与高分辨率成像的特性，基于高分辨率 Micro-CT 扫描技术与数字图像处理技术构建的数字岩心图像，相比压汞、核磁等分析，实现了对岩石孔隙 - 喉道大小、连通性和形态等微观结构特征的三维可视化与定量化分析，同时能快速、精确地提供孔隙度、渗透率和毛管压力等参数（徐湖山，2014）。随着油气勘探开发要求的不断精细化，数字岩心技术被广泛应用于微观岩石孔隙结构、裂缝分布评价等研究中（姚军等，2005；雷健等，2018）。同时，CT 扫描能够直接用于微观驱替与剩余油分布特征评价（张顺康，2007；姚军等，2010；于春生，2011），基于构建的数字岩心提取的孔隙网络模型，能够用于微观渗流数值模拟（Arzilli et al.，2016）。围绕如何构建与实际岩心孔喉匹配的孔隙网络模型，国内外研究人员进行着不断的尝试与探索。特别是基于微米 CT 和纳米 CT 扫描进行数字岩心评价微观孔隙特征，并依据提取的孔隙网络模型进行渗流模拟是当前与未来很长时期内的重要发展方向之一。

（1）数字岩心表征原理

CT 扫描图像的获取主要是利用 X 射线透照岩心某一层，通过保持射线照射平面不变，旋转样品，扫描获取岩心空间信息。假设岩心为均质体，对 X 射线的线性衰减系数为 μ ，则强度为 I_0 的 X 射线在岩心中行进距离 x 后衰减为 I，依据比尔指数定律：

$$I=I_0 e^{-\mu x} \tag{5-12}$$

其中，I 为衰减后的信号强度；I_0 为信号强度；μ 为衰减系数。

对于非均匀物质，衰减系数为坐标的函数 $\mu=\mu(x, y)$，某一方向上沿着路径 L 的衰减总量为：

$$\int_L \mu \mathrm{d}l=\ln\left(\frac{I_0}{I}\right) \tag{5-13}$$

通过实验测得 I 和 I_0 可求取积分，换算得到物质密度分布图像。

为定量评价三维孔隙结构特征。需要利用软件对灰度图像进行分割，首先确定明显孔隙或裂缝与岩石骨架的灰度界限值，其中小于灰度界线值点的幅度与全部点幅度和的比值即为体孔率。定量计算可以得到图像灰度平均值、均值系数和分选系数等参数。

图像灰度平均值：

$$\overline{G}_c=\sqrt{\left(\sum_{t=1}^{n} g_i^2 a_i\right)} \tag{5-14}$$

均值系数：

$$a=\frac{\sum g_i a_i}{g_{max}} \tag{5-15}$$

分选系数：

$$CCG=\sqrt{\sum\left(g_i-\overline{G}_c\right)^2 a_i} \tag{5-16}$$

式中：$\overline{G}_c$ 为图像灰度平均值；a 为均值系数；CCG 为分选系数；g_i 为单个像素点灰度值；a_i 为某一灰度值的分布频率。

本次实验采用 Xradia XRM-500 型 CT 扫描仪，X 光源的最大功率为 10 W，最大允许电压为 150 kV；X 射线焦点尺寸为 5 μm，空间分辨率为 1.5 μm，理论最大分辨率为 1μm。对 8 种典型成岩相砂岩钻取直径 2 ～ 3 mm、高 5 mm 的柱塞，以 1μm 分辨率进行 X–CT 扫描，扫描 900 张成像切片，选取其中 600 ～ 700 张成像效果的高分辨率图像，利用 FEI 公司的专业数字岩心处理软件 PerGeos 重建三维数字岩心体，进行孔隙特征分析及孔隙网络模型提取。具体流程及原理如下（见图 5–24）。

1）灰度图像滤波

采用非局部均质滤波法去除扫描切片中的由于仪器的影响造成的噪点干扰，使岩石骨架和孔隙空间的过渡明显，更易清楚分辨。

2）图像分割

利用分水岭算法对灰度图像进行分割，该方法对微弱边缘具有良好的响应。在分割结束后利用开运算与闭运算对分割结果进行修正。开运算是先腐蚀后膨胀，用来消除小物体、在纤细点处分离物体、平滑较大物体的边界的同时并不明显改变其面积，多用来去除小颗粒影响噪声，粘连断开目标物。闭运算则是先膨胀后腐蚀，用来填充物体内细小空洞、连接邻近物体、平滑期边界的同时并不明显改变其形状面积（樊曼劼，2011）。开运算后，图像中光线强度大的部分被有效减弱，闭运算则减弱了像素间的亮度突变，连接了图像中不连续的边缘（陶鹏，2017）。两种运算结合修正，不改变图像面积的同时也较好地降低了噪声影响。

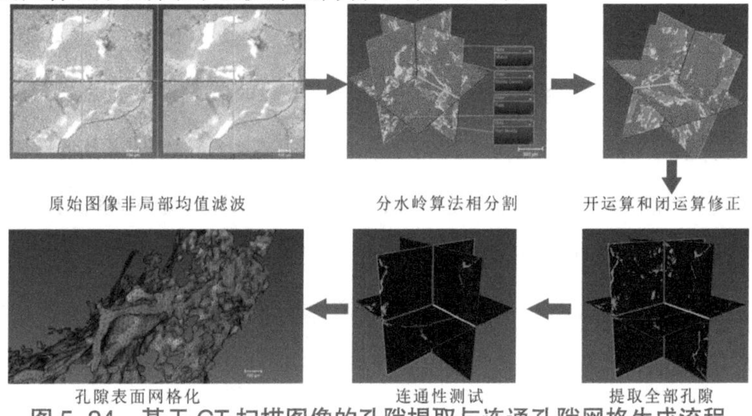

图 5–24　基于 CT 扫描图像的孔隙提取与连通孔隙网格生成流程

3）孔隙网络提取

为了实现对孔隙、喉道的表征，需要对整个孔隙空间再次进行分割，提取孔隙网络模型，用理想化的球体、柱体等规则形状来表征复杂的孔隙空间，而这些球体或柱体的空间位置和几何参数选取是构建模型的关键（雷健，2018）。

从 1949 年 Puroell 建立毛细管束模型，到 Owen（1952）提出一个小的喉道连接两个大的孔隙的孔喉模型，以及 Fatt（1956）发展搭建的二维毛管网络模型和 Chatzis 和 Dullien（1977）对 Fatt 二维毛管网络模型扩展到三维，再到 Lowry 和 Miller（1995）、Idowu（2009）提出的随机网络模型。孔隙网络模型研究逐渐三维化、复杂化。

由于数字岩心技术在油气勘探开发领域开发中的良好应用效果，基于 CT 扫描的孔隙网络模型重构受到越来越多的关注，借助数字岩心提取孔隙网络模型，评价孔隙结构参数也成为主要趋势（杨保华等，2011；Bauer et al.，2012）。

从数字岩心中提取孔隙网络主要有居中轴线法和最大球法两种，本书孔隙网络提取基于最大球法。最大球算法由 Silin 等（Silin et al.，2003；Silin and Patzek，2006）提出，Al-Kharusi 和 Blunt（2007）将该方法引入数字岩心的研究。该算法以孔隙内空间的任意点作为基准，不断寻找以此点为圆心的与岩石骨架边界相切的最大内切球。全部找到后，包含于其他内切球中的球体被移除，剩余内切球组成最大球集合能无冗余地描述孔隙空间（雷健，2018）。Dong（2007）提出了将最大球划分为孔隙和喉道的成簇算法，利用成簇算法分类合并最大球集合，分别用较大的球和一系列较小的球代表孔隙和喉道。以最大球和较小球半径代表孔隙半径与喉道半径，以孔隙或喉道体素数代表孔隙、喉道体积（雷健，2018）。

单个孔隙体素的最大内切球确定过程如下（见图 5-25）。以红色体素为初始点，向 8 个方向搜索，直至遇到骨架体素或边界。搜索方向在二维和三维图形中具有不同类别，二维包含边、角，三维包含面、棱和角。将体素 1 到体素 2 的距离作为内切球半径下限，体素 1 到体素 4 的距离视为内切球半径上界，最大球半径介于两者之间（雷健，2018）。

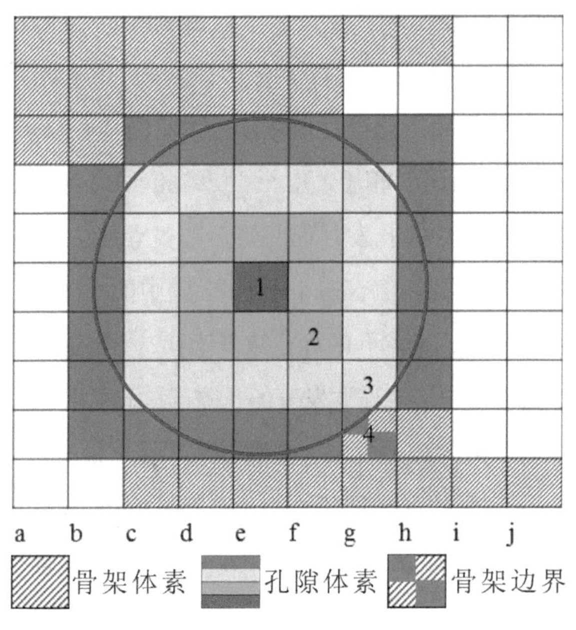

图 5-25　最大球法示意图（雷健，2018）

研究中孔隙网络提取包括两步：第一步为全部孔隙提取、网络模型生成，对整个像素体的孔隙特征及孔隙、喉道连通情况进行分析；第二步是对提取的全部孔隙进行连通性测试，将孔隙体素连续的部分保留，而孤立的体素则作删除处理。

4）孔隙表面网格化

对连通的孔隙体进行表面网格化，为渗流数值模拟提供网格参数。

（2）基于数字岩心的孔隙结构特征

通过对八种典型成岩相岩心样品的 CT 扫描与数字岩心重构，获取了岩心骨架、孔隙分布和孔喉网络模型（见表 5-4，见图 5-26~ 图 5-27）。

基于 CT 扫描提取的孔隙结构特征参数显示：气测孔隙度高的欠压实相（C）、溶蚀相（H）样品与气测孔隙度误差较小，这主要是因为砂岩内部孔隙发育相对均匀，局部能较好地反应整体特征。而气测孔隙度较低的其他相，两种手段得到的孔隙度误差较大，由于砂岩孔隙发育非均质强，CT 扫描选取的部位孔隙发育程度高于或低于整体。但 CT 提取的孔隙结构特征很大程度上与差异致密化过程相吻合，因此仍具有较强的对比研究价值。致密化程度高的强压实相（A）、强胶结相（D、E、F）总体孔隙发育情况较差，孔隙网络中大孔发育程度低，且多呈独立局部发育，小孔隙比例较高，孔隙等效半径均值普遍小于 5μm，中值小于 4μm，由于孔隙多为孤立，喉道欠发育，平均孔喉配位数低于 0.2，连通性测试显示测试样品骨架内部在 z 轴方向未形成连通发育的孔隙。欠压实相（C）、溶蚀相（H）由于孔隙发育较好，孔隙连通性强，孔隙等效半径均值一般为 5 ～ 10μm，中值为 3.5 ～ 9μm，平均孔喉配位数大于 0.25，配位数较低主要是因为孤立的微孔隙大量发育。同为致密相的强压实相（B）、铁方解石胶结相（G），由于微裂缝发育，对部分大孔隙具有较好的连通，虽然整体微孔发育，但连通性较好，等效孔隙半径中值大于 8μm，平均孔隙半径大于 10μm。

连通性测试显示欠压实相（C）有效的连通孔隙度超过 75%，溶蚀相（H）则为 30% ～ 41%，而微裂缝发育的 B，G 相分别为 69.95% 和 84.55%。总体而言各相岩心主要孔隙半径区间小于 5μm，仅有 H，G，C，F 和 B 相样品部分样品大于 5μm 的孔隙比例超过 20%，特别是 123，310 和 162 三块样品＞ 5μm 的比例可达 30% 以上。综合认为在微孔发育、孔喉配位数低的特征条件下，有效连通孔隙发育大孔隙、微裂缝影响强烈，较为明显的是 H 相砂岩由于大孔相对较少，连通孔隙较原生孔隙发育的 C 相及微裂缝影响的 B，G 相低（见图 5-26 ～图 5-27）。

喉道长度分布显示 A，D，G，H 相主要分布在 0 ～ 40μm，E，F 相则主要分布在 40 ～ 80μm，B，C 相分布在大于 80μm 的区间。根据实际情况分析砂岩经历的成岩作用越复杂、致密化程度越高，连通孔隙的喉道相应地就偏短，但这种喉道仅能在局部对孔隙进行连接，而如果早期孔隙得到较好的保存、或后期微裂缝形成会在较大范围内形成连通孔隙的喉道，促进连通孔隙的发育（见图 5-26 ～图 5-27）。

表 5-4　基于 CT 扫描的岩心孔隙结构参数

样号	成岩相	等效孔隙半径 /μm							气测孔隙度 /%	CT 孔隙度 /%	平均孔喉配位数	CT 连通孔隙度 /%	有效连通率 /%
		平均	最小	最大	中值	方差	峰态	歪度					
158	A	4.17	2.58	66.20	3.69	5.88	68.09	6.06	2.69	1.49	0.04	–	–
162	B	4.01	2.57	128.73	5.24	12.16	211.22	11.52	5.32	5.24	0.11	3.67	69.95
123	C	11.01	6.94	447.93	8.73	252.64	261.17	14.17	8.06	9.05	0.31	7.83	86.57
18	C	5.03	2.55	179.02	3.68	56.07	109.11	9.15	10.95	10.43	0.25	7.86	75.36
282	D	2.24	1.26	29.00	1.92	2.14	34.40	4.71	4.58	1.83	0.17	–	–
61	E	4.69	2.57	104.19	5.22	8.88	123.39	7.54	3.52	2.30	0.06	–	–
310	F	5.47	6.94	108.20	3.36	29.92	17.10	3.64	4.33	2.56	0.14	–	–
233	G	20.06	2.56	158.68	8.13	409.70	0.86	1.08	2.85	8.02	1.57	6.78	84.50
115	H	5.81	1.26	103.75	4.07	49.64	36.32	5.31	7.53	7.10	0.37	2.37	33.38
187	H	5.48	2.56	110.41	3.93	28.11	28.70	4.35	5.73	7.96	0.25	2.95	37.11
193	H	7.62	2.56	95.60	4.24	74.03	13.35	3.18	8.63	8.01	0.53	3.36	41.95

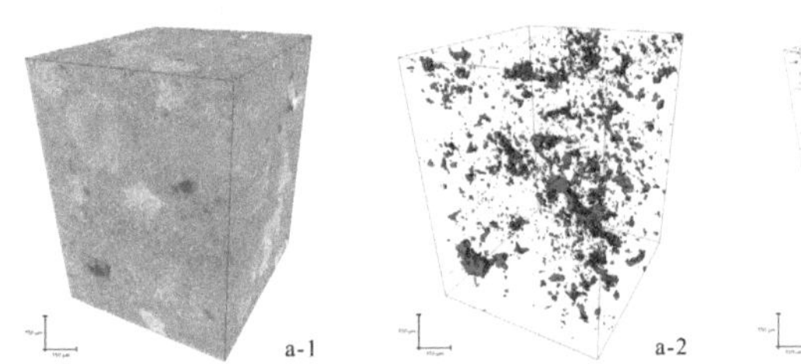

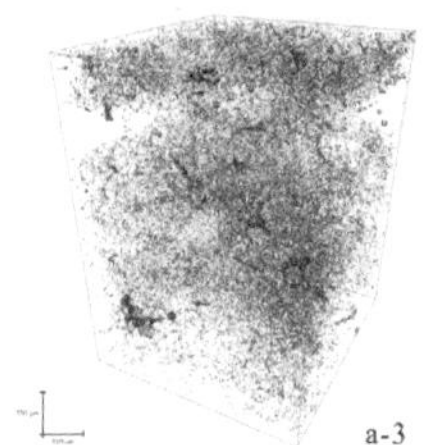

a. A 相，SD24-55，2 974.94 m，山 1 段

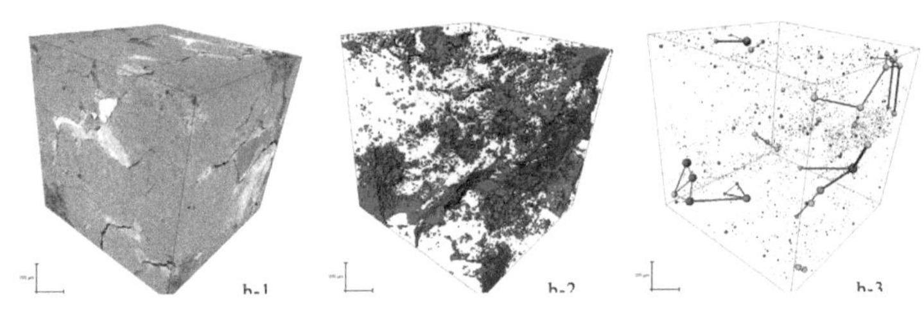

b. B 相，SD24-55，2 976.83 m，山 1 段

图 5-26　岩心内部孔隙空间及球棒模型特征

c. C 相，SD24–55，2 951.73 m，盒 8 段

d. D 相，SD24–55，3 019.29 m，山 2 段

图 5–26　岩心内部孔隙空间及球棒模型特征（续图）

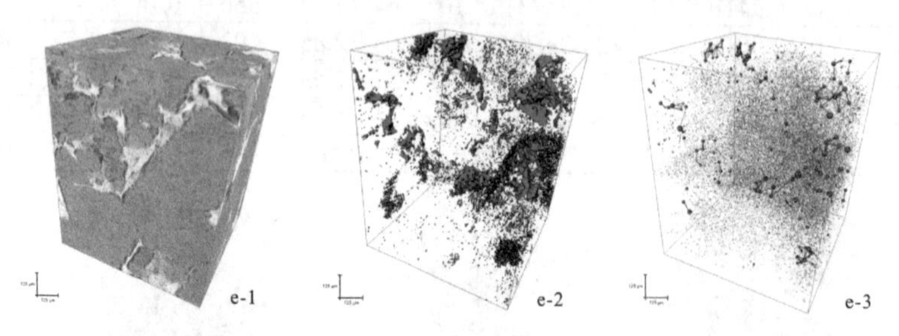

e. E 相，SD24–55，2 933.45 m，盒 8 段

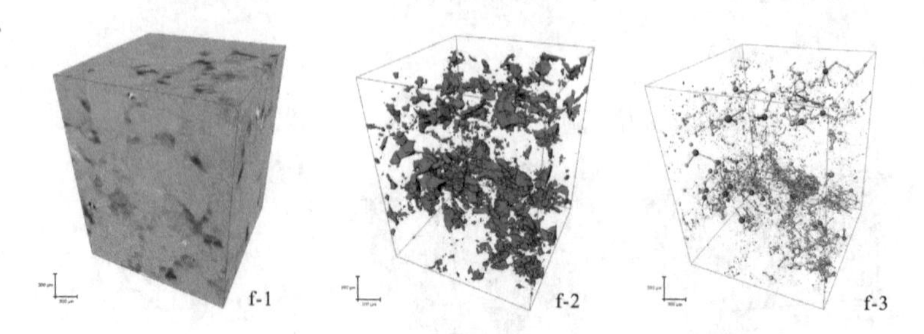

f. F 相，SD24–55，3 045.15 m，山 2 段

图 5–27　岩心内部孔隙空间及球棒模型特征

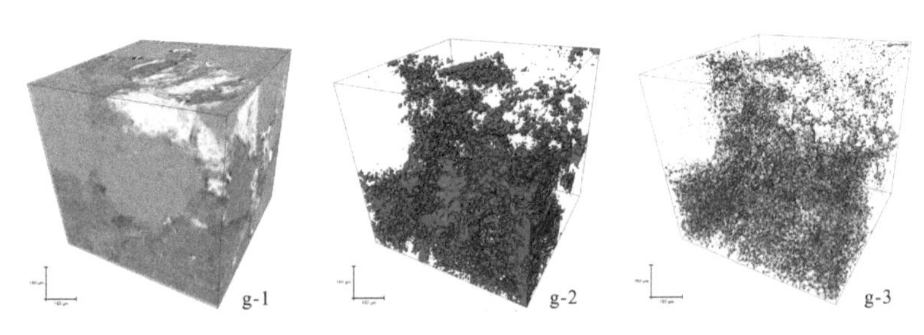

g. G 相，SD24–55，3 004.31 m，山 1 段

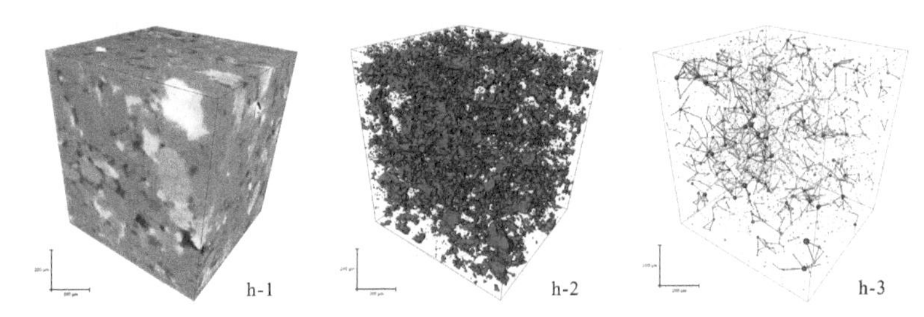

h. H 相，SD24–55，2 948.97 m，盒 8 段

图 5–27　岩心内部孔隙空间及球棒模型特征（续图）

在岩相孔隙结构评价基础上，对岩相孔隙结构特征进行定量分类，选取孔隙度、渗透率、四种测试手段中典型的孔隙结构参数共 15 项参数，根据孔隙结构参数储层质量关系的正相关或负相关性，选取每项参数的最高值或最低值作为最优参数值，通过参数值与最优参数值的比值确定每种成岩相的 15 种参数相对于最优参数值的贡献度 F（式 5–17~ 式 5–18），每种成岩相 15 种参数的贡献度汇总即为该相的总体孔隙结构特征贡献度（见表 5–5）。8 类成岩相孔隙结构特征贡献度分布在 7.39 ～ 11.60，其中欠压实相（C）、溶蚀相（H）、强压实相（B）和铁方解石胶结相（G）孔隙结构特征较好。

正相关参数：

$$F=\frac{X_{\mathrm{i}}}{X_{max}}\quad \mathrm{i}=(\mathrm{A},\ \mathrm{B},\ \cdots,\ \mathrm{H}) \tag{5-17}$$

负相关参数：

$$F=1-\frac{(X_i-X_{min})}{X_{min}} \quad i=(A, B, \cdots, H) \tag{5-18}$$

表 5-5 成岩相孔隙结构参数与结构特征贡献度统计表

物性与孔隙结构参数		成岩相类型								最优参数
		A	B	C	D	E	F	G	H	
孔隙度 /%		2.85	4.15	9.96	4.10	1.67	2.22	3.58	7.08	9.96
渗透率 /mD		0.02	0.04	0.09	0.07	0.02	0.04	0.02	0.09	0.09
压汞	排驱压力 /MPa	0.67	0.59	0.85	0.90	0.68	1.37	0.67	0.74	0.59
	孔隙半径中值 /μm	0.01	0.06	0.04	0.06	0.03	0.02	0.07	0.10	0.10
	分选系数	2.80	2.66	1.94	2.36	2.94	2.35	2.69	2.30	1.94
	最大汞饱和度 /%	90.66	90.58	95.41	92.88	77.46	89.73	86.58	93.29	95.4
恒速压汞	孔隙半径 /μm	—	127.45	122.63	—	—	—	120.80	119.1	127.5
	喉道半径 /μm	—	1.51	1.00	—	—	—	1.06	1.15	1.51
	孔喉比	—	158.20	213.40	—	—	—	128.50	188.13	213.4
	主流喉道半径 /μm	—	1.75	1.40	—	—	—	1.22	1.18	1.75
核磁共振	核磁分形维数	2.50	2.53	2.70	2.54	2.59	2.51	2.53	2.51	2.5
数字岩心	等效孔隙半径 /μm	4.17	4.01	8.02	2.24	4.69	5.47	20.06	6.31	20.06
	等效半径中值 /μm	3.69	5.24	6.21	1.92	5.22	3.36	8.13	4.08	8.13
	孔喉配位数	0.04	0.11	0.28	0.17	0.06	0.14	1.57	0.38	1.57
	有效连通率 /%	—	69.95	80.97	—	—	—	84.50	37.48	84.50
结构特征贡献度		7.99	10.47	11.60	8.75	8.00	7.39	11.55	11.05	15
分类		Ⅳ	Ⅱ	Ⅰ	Ⅲ	Ⅲ	Ⅳ	Ⅱ	Ⅰ	

综合分析对比各种测试手段得到的砂岩孔隙结构参数，受各测试技术原理的差异影响，不同测试手段测得的孔隙结构参数存在差异(见图 5-28)。

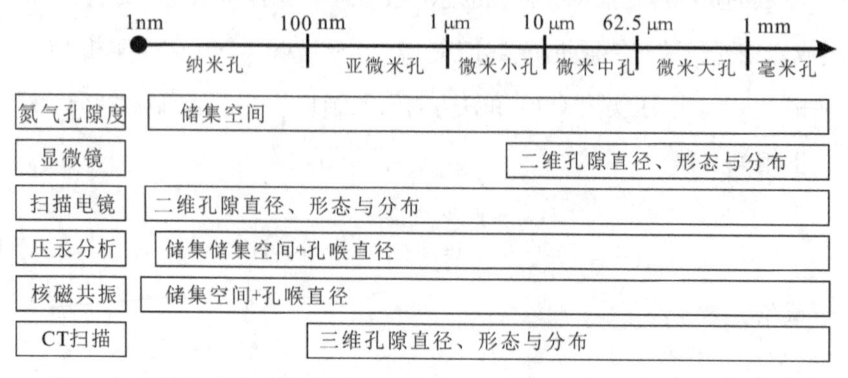

图 5-28 致密砂岩孔隙结构表征技术及有效范围（吴松涛等，2018）

以 18 号样品为例进行对比，气测孔隙度能够反映整体储集空间的大小，但无法表征孔喉直径等参数，氮气测试能够反映 2 nm 以上的所有孔隙空间，18 号样品孔隙度为 10.95%。

铸体薄片显微观察与扫描电镜分析同属图像测试，这两类测试能够直观地进行孔隙形态、大小的二维分析，由于分辨率的差异，显微镜仅能够识别微米级以上的较大孔喉信息，18 号样品孔隙半径分布在 50 ～ 100 μm，喉道半径则分布在 3.5 ～ 7 μm。扫描电镜具有超高分辨率，有效识别范围最低为 0.5 ～ 2nm，该技术能够对样品表层的矿物与孔隙形态、大小进行分析，但分辨率与样品大小难以兼顾，因此该方法更多用于对砂岩局部微观孔隙及孔隙内部物质高放大倍数下的定性观察。

CT 扫描技术是当前非常规储层三维孔隙表征的重要技术，其实现了对岩石内部孔隙结构特征的三维定量化表征，包括孔隙度、孔隙－喉道形态、大小和连通性，并能够模拟渗透率、毛管压力等参数（徐湖山，2014）。但其技术原理为几何放大，与光学显微镜、扫描电镜等技术都要面临分辨率与样品的大小不可兼顾的矛盾。CT 测试结果受到测试仪器分辨率的限制和孔喉分割算法影响。微米 CT 只能对大于 2 μm 的孔隙系统进行刻画，无法反映完整的孔隙空间。而精度更高的纳米 CT 目前能够识别的最小孔隙直径也仅为 100 nm 左右。18 号样品孔隙半径分布在 2.55 ～ 179.02 μm，连通孔隙半径分布在 20 ～ 60 μm，喉道半径为 2 ～ 14 μm，连通孔喉配位数大于 3。

高压压汞和恒速压汞是两种主要的致密砂岩孔隙结构评价技术，前者是离散的，后者是连续的。高压压汞注入压力高，进汞速度快，有效分析范围更大，测试结果是某一级别的喉道所控制的孔隙体积，实验过程加压速率过快极易导致次生裂缝的形成。而恒速压汞逼近于准静态过程，进汞速度非常缓慢，可以将孔隙与喉道区别，但恒速压汞测试压力上限为 900 psi，表征范围有限。18 号样品高压压汞测试孔喉半径分布在 0.1 ～ 0.6μm，恒速压汞测试孔隙半径分布在 100 ～ 160μm，喉道半径分布在 0.5 ～ 1.5μm。高压压汞法测得的孔喉半径明显小于恒速压汞法，需要进行接触角校正才能接近真实值。

低场核磁共振分析是近年新兴的孔隙结构与可动流体评价方法，具有快速、无损、安全和高效等特点（张娜，2018）。其主要是通过测量饱和含氢流体样品的核磁共振 T_2 弛豫时间谱以反映岩心的孔隙度、孔喉分布、可动流体状态与类型。特别与压汞测试结合能够得到孔喉半径分布特征，与核磁共振测井结合能够对储层孔喉特征进行连续分析。当孔隙中完全饱和流体时该方法对于样品孔喉的表征范围较压汞法更宽。但岩心内部流体的饱和程度及顺磁性物质及含氢物质的存在会引起误差。18 号样品核磁测试孔喉半径分布在 4 nm ～ 50μm，主要区间为 0.01 ～ 0.3μm 和 1 ～ 10μm。

由于测试技术间的差异，尚未有一种技术能够集合各种测试手段的优势对致密砂岩孔隙结构进行全面表征（吴松涛等，2018），因此要全面认识致密砂岩的孔隙结构特征需要综合上述多种测试手段开展研究。

5.4 小结

在砂岩差异致密化成因机理研究基础上，综合利用偏光显微镜、扫描电镜观察结合高压压汞、恒速压汞、核磁共振和 X-CT 扫描测试等实验，定性定量相结合，二维三维相结合，系统对比差异致密化成岩相间微观孔隙结构特征差异。

（1）差异致密化导致不同成岩相间孔隙发育程度与物性特征差异明显，欠压实相（C）原生孔隙度发育，孔隙度、渗透率最高，H 相次生溶蚀孔隙发育，孔渗能力较好，B，G 相发育微裂缝的样品对于储层的储集性与渗流能力有一定改善。其余各相受强压实作用和强胶结作用改造，孔隙度普遍低于 5%，渗流能力差。

（2）压汞测试表明砂岩经历的成岩改造越复杂，微观孔隙非均质性越强，对非润湿相流体的束缚能力越大。小于拐点半径的孔隙特征对于砂岩孔隙结构影响强烈。

（3）恒速压汞测试显示孔隙（C，H）与微裂缝（B，G）发育样品，平均喉道半径分布在 0.6 ～ 1.16μm，主流喉道半径分布在 1 ～ 1.2μm，孔隙平均半径分布在 115 ～ 126μm，孔喉比表现为孔隙型样品较高，一般大于 180，裂缝型样品分布在 128 ～ 174。喉道微观均质系数与相对分选系数显示裂缝型样品喉道分布更为均匀。孔隙型样品的微观孔喉结构非均质性更强。

（4）核磁共振测试显示各成岩相砂岩中小于 0.1μm 的孔隙比例大于 80%，大于 0.1μm 的孔隙控制了整体的非均质性差别。

（5）数字岩心测试显示致密相（A，D，E，F）砂岩孔隙主要为孤立微孔，连通性差。在欠压实相（C）、溶蚀相（H）和致密相（B，G）砂岩中，有效连通孔隙度受大孔隙与微裂缝比例影响强烈。

（6）多手段联合表征对各岩相砂岩孔隙结构分级，C，H 相孔隙发育为Ⅰ类，B，G 孔隙度低，微裂缝发育，为Ⅱ类，D 相为Ⅲ类，A，E，F 相小于 8，为Ⅳ类，Ⅲ、Ⅳ类孔隙结构较差。

第6章　差异致密化成岩相渗流特征研究

储层致密化程度高、孔隙结构非均质强，在这些因素的影响下，储层流体渗流特征复杂，气藏开采过程中显示出启动压力大、气井见效慢、见水后含水上升快、产气指数下降快等特点。差异致密化加剧了储层渗流特征的复杂性，宏观表现为生产能力与采收率的巨大差异。要突破致密砂岩气高效开发的瓶颈，需要在前文的研究基础上明确微观渗流特征与影响因素。由于成岩相类型相同的砂岩具有相同或高度相似的矿物组成、成岩演化和孔隙结构特征，因此成岩相类型相同的砂岩在垂向及侧向形成的连续集合，可被看作一个岩石物理特征、渗流特征相似的相对均质体，即一个流动单元（袁彩萍等，2006）。通过对不同成岩相以及成岩相组合的微观渗流特征研究，能够实现对宏观储层系统内渗流规律的认识。

本章在前文储层特征、差异致密化成因和孔隙结构特征的研究基础上，综合绝对渗透率测试、数字岩心渗流模拟、可动流体饱和度测试和气水相渗，研究差异致密化对渗流特征的影响。

6.1　不同成岩相对渗透率影响研究

6.1.1　基于数字岩心的渗透率模拟

数值模拟作为岩石渗流性质研究的手段之一，近年来随着计算机技术的进步而不断发展。相比于传统的室内渗流评价实验，数字模拟能够模拟流体的运动和分布状态，确定各种流体在岩石中的绝对渗透率和相对渗透率（雷健，2018），这种方法对于致密砂岩的微观渗流机理研究十分有益。微观尺度的渗流数值模拟的方法较多，本次研究主要基于数字岩心提取的孔隙网络模型，依据孔隙级流动模拟理论进行渗流模拟。

通过渗流模拟评价各成岩相砂岩的绝对渗透率差异。绝对渗透率是一定压差下单相流体在多孔介质中的流动能力，是多孔介质的一种固有特性，独立于任何外部条件，在达西定律中作为反映多孔介质结构特性的一个常系数。孔隙空间内流体流动，通过在进口或出口边界对流速积分获取经过孔隙空间的流体流量，结合达西公式，从而求得宏观渗流参数，达西尺度渗流描述方程为

$$\frac{Q}{S}=-\frac{k}{\mu}\cdot\frac{\Delta P}{L} \tag{6-1}$$

式中：Q 为通过数岩总流量；S 为渗流横截面积；k 为绝对渗透率；μ 为流体动力黏度；ΔP 为压差；L 为岩样长度。

基于传统计算流体力学 CFD（Computational Fluid Dynamics）数值模拟计算低渗储层孔隙模型中微观流动的方法近年来发展成熟且应用广泛。基于连续假设的传统 CFD 法的描述方程为 Navier–Stokes 方程：

$$\frac{\partial \rho_{\rho}}{\partial t}+\nabla\cdot(\rho u)=0 \tag{6-2}$$

$$\frac{\partial(\rho u)}{\partial t}+\nabla\cdot(\rho u\mu)=\nabla\cdot\sigma \tag{6-3}$$

$$\frac{\partial(\rho e)}{\partial t}+\nabla\cdot(\rho u e)=\sigma\cdot\nabla u-\nabla\cdot q \tag{6-4}$$

式中：ρ 为流体密度；t 为时间；u 为流速；μ 为流体动力黏度；∇ 为拉普拉斯算子；e 为内能；σ 为应力张量；q 为热通量。

本次通过假设模拟条件（孔隙流动为流速较小且不随时间变化的层流；流体为不可压缩的牛顿流体），对 Navier–Stokes 方程进行了简化（式 6–5），求解出 Stokes 方程，研究微观渗流机理就可以运用达西定律，通过该方程组能够计算出 Q，ΔP，以及外部条件 S，L，μ。

$$\begin{cases}\vec{\nabla}\cdot\vec{V}=0\\ \mu\nabla^2\vec{V}-\vec{\nabla}P=\vec{0}\end{cases} \tag{6-5}$$

式中：$\vec{\nabla}.$ 为散度算子；$\vec{\nabla}$ 为梯度算子；$\vec{V}$ 为流体在介质中流动阶段的速度；μ 为流动流体的动态黏度；∇^2 为拉普拉斯算子；P 为流体在介质中流动阶段的压力。

对流动边界条件加以限定（陶鹏，2017）：

流体－固体界面无滑动边界条件；

在不垂直于主流方向的图像表面添加一个完整的固相单体素平面（无滑动边界条件），实现从外部隔离样本，流体不能流出系统；

在垂直于主流方向上添加实验参数设置，保证多孔介质中压力为准静态，流体可以自由地在岩石孔隙中流动；

输入压力 13 000 Pa、输出压力 10 000 Pa、流体黏度 0.001 Pa · s。研究利用 PerGeos 软件进行岩心 z 轴（地层水平方向）方程组求解与渗透率模拟。

模拟渗透率前首先对全部样品进行连通性测试，提取孔隙网络模型，孔隙发育的欠压实相（C）、溶蚀相（H）及微裂缝发育强压实相（B）、铁方解石胶结相（G）在岩心 Z 轴方向上发育连续孔隙体（见图 6–1），孔隙网络以孔隙为主导的砂岩，孔喉配位数主要分布在 1 ～ 4，孔隙网络以裂缝主导的样品，孔喉配位数分布范围较宽，主要集中在 2 ～ 8，> 10 的比例也接近 10%（见表 6-1）。综合对比，连通孔隙的平均孔喉配位数越高，则有效连通孔隙度比例越高，对比几种岩相的成因特征认为对有效连通孔隙的贡献程度排序依次为超压 + 绿泥石>微裂缝>溶蚀作用。

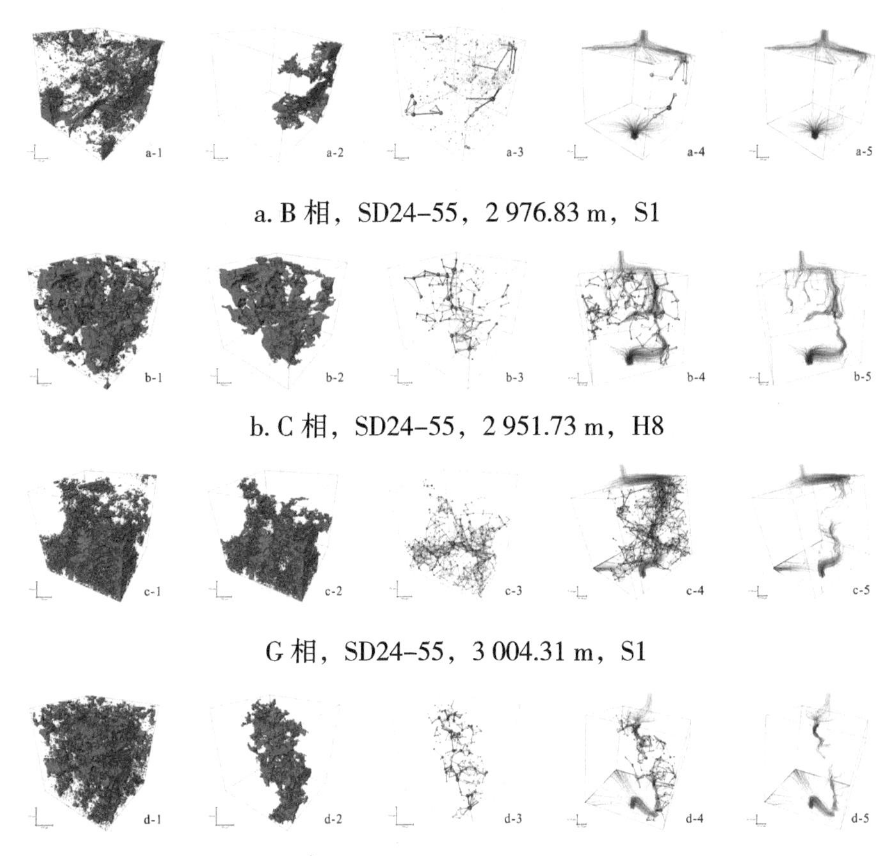

a. B 相，SD24-55，2 976.83 m，S1

b. C 相，SD24-55，2 951.73 m，H8

G 相，SD24-55，3 004.31 m，S1

d. H 相，SD24-55，2 982.02 m，S1

图 6-1　孔隙空间特征及连通孔隙流体流动模拟

渗流模拟结果图显示（图 6-1）：岩心内部存在主要的渗流通道，与连通的孔隙、喉道分布吻合，孔隙的连通程度决定了微观尺度的渗流性质好坏。欠压实相（C）砂岩由于孔隙连通性强，存在多个优势渗流通道。微裂缝发育样品中，有效连通的裂缝能够改善砂岩的渗流条件。

表 6-1　各岩相连通孔隙结构参数统计表

样号	深度 /m	层位	成岩相	平均孔隙体积 μm³	平均等效孔隙半径 /μm	平均孔喉配位数	平均喉道等效直径 /μm	平均喉道长度 /μm	储渗空间类型
162	2976.83	S1	B	41 835	13.5	4.2	10.2	78.7	微裂缝
123	2951.73	H8	C	134 369	21.3	2.6	14.9	85.7	孔隙
18	2799.78	H4	C	125 813	20.7	3.1	10.9	89.4	孔隙
233	3004.31	S1	G	21 835	10.1	5.3	7.2	69.2	微裂缝
115	2948.97	H8	H	49 403	19.8	2.2	8.8	74.5	孔隙
187	2981.3	S1	H	15 611	8.1	3.5	6.7	68.1	孔隙
193	2982.02	S1	H	40 886	13.8	2.9	8.8	65.8	孔隙

数字岩心模拟绝对渗透率结果与实验气测渗透率具有较好的正相关性（见表 6-2）。由于渗流模拟基于较大孔隙、喉道参数建立的孔隙网络模型，因此得到的渗透率模将较物理实验值大（赵秀才，2009）。数字岩心渗流模拟能够动态表征各岩相的空间渗流性质，具有其他手段不具有的优势，与其测试手段结合有助于认识微观渗流机理差异。

表 6-2　单相渗流模拟与岩心测试结果对比

样号	层位	成岩相	气测渗透率 /mD	模拟绝对渗透率 /mD
162	山 1	B	0.056	0.123
123	盒 8	C	0.119	0.206
18	盒 4	C	0.141	0.215
233	山 1	G	0.035	0.061
115	盒 8	H	0.059	0.131
187	山 1	H	0.036	0.046
193	山 1	H	0.007	0.0144

$y=1.5449x^{0.9507}$
$R^2=0.9608$
数字岩心模拟绝对渗透率/mD
气测渗透率/mD

6.1.2　不同成岩相渗透率控制因素研究

差异致密化对于砂岩孔隙度和渗透率的影响是不同的，致密成因的异同导致孔隙度值在不同成岩相砂岩间差别大，在同类成岩相砂岩中则相对集中，由于砂岩微观孔隙结构的复杂性与非均质性对渗透率的影响，渗透率差异不仅体现在不同类型成岩相砂岩间，也表现为同类成岩相砂岩间的较大差别。渗透率的差异受微观孔隙非均质性的影响，同时也控制了流体在宏观储层空间内的渗流非均质性。

研究选取以下几个参数评价与渗透率相关的储层物性非均质性（见表6–3）。

1）孔隙度、渗透率值

2）渗透率变异系数（K_v）

$$K_v=\frac{\delta}{\overline{K}} \tag{6–6}$$

$$\delta=\sqrt{\sum_{i=1}^{n-1}\left(K_i-\overline{K}\right)^2/n} \tag{6–7}$$

一般地，K_v 小于0.5时，层内非均质程度弱，K_v=0.5～0.7时，非均质性程度中等，$K_v>0.7$ 时，非均质程度严重。

3）渗透率极差（J_k）

渗透率 J_k 值越接近1.0,储层越接近均值,而此值越大,非均质性越严重。

$$J_k=\frac{K_{max}}{K_{min}} \tag{6–8}$$

4）突进系数（T_k）

$$T_k=\frac{K_{max}}{\overline{K}} \tag{6–9}$$

$T_k<2$ 时，非均质性程度弱，T_k2～3时，表示非均质性中等，而 $T_k>3$ 时，非均质程度强。

表6–3　不同成岩相物性参数

成岩相类型	孔隙度/%	渗透率/mD			K_v	J_K	T_K	样品数	非均质性
		最大值	最小值	均值					
A	2.32	0.055	0.007	0.028	0.43	7.86	1.97	43	中等
B	3.05	0.066	0.013	0.035	0.38	5.08	1.86	30	中等
C	10.22	0.721	0.041	0.275	2.09	17.59	2.62	9	强
D	3.39	0.125	0.018	0.041	1.30	6.94	3.04	17	强
E	1.42	0.045	0.012	0.024	0.38	3.75	1.85	17	中等
F	2.41	0.107	0.022	0.052	0.95	4.86	2.06	14	中～强
G	3.34	0.031	0.012	0.020	0.36	2.58	1.59	12	中等
H	6.98	0.481	0.043	0.119	1.89	11.19	4.04	26	强

各相孔隙度均值与渗透率均值具有较好的相关关系，但各相砂岩的渗透率分布则相对分散。欠压实相（C）砂岩渗透率变异系数最高，其次为溶蚀相（H）、石英加大边胶结相（D）和粒间自生石英胶结相（F），其余相则低于0.7；渗透率极差C相最高为17.59，其次为H相（11.19），其余各相分布在2.58～7.86；H，C相突进系数大于3，C，F相分布在2～3，其余各相则小于2。对比结果中C，H两个孔隙发育程度高的成岩相砂岩具有强非均质性，而其余致密化程度高、孔隙发育程度低的砂岩非均质性则呈现中等或弱均质性（见表6-3）。这种现象的成因主要是渗透率不仅与孔隙度相关，同时受微观孔隙结构非均质性影响强烈，根据微观孔隙结构测试得到的特征参数，评价和筛选渗透率主控因素。

常规压汞测试得到的参数与渗透率相关性普遍较差，其中相关程度最高的为中值压力、相对分选系数与中值半径，相对分选系数与渗透率的相关方程判定系数 R^2 最高，大于0.34。根据压汞曲线计算得到的孔隙结构分形维数中，小孔隙的分形维数与渗透率显著负相关，对渗透率具有强烈的控制。根据相关关系判断系数分析，相对分选系数、中值半径及小孔隙部分的分形维可以作为渗透率评价的有效指标（见图6-2）。

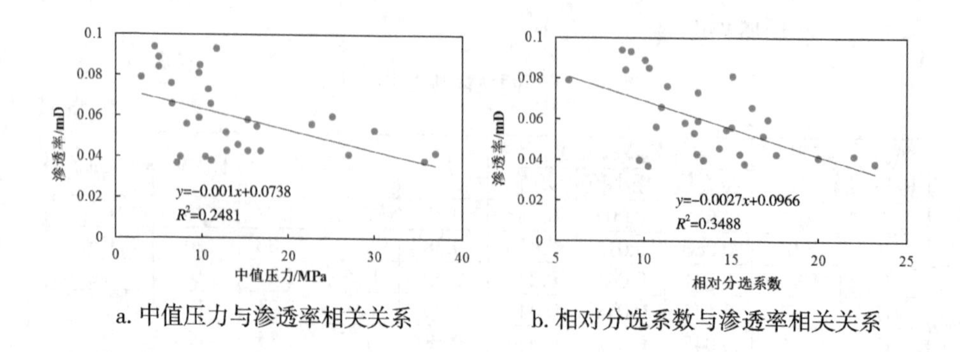

a. 中值压力与渗透率相关关系　　b. 相对分选系数与渗透率相关关系

图6-2　压汞参数与物性参数相关关系

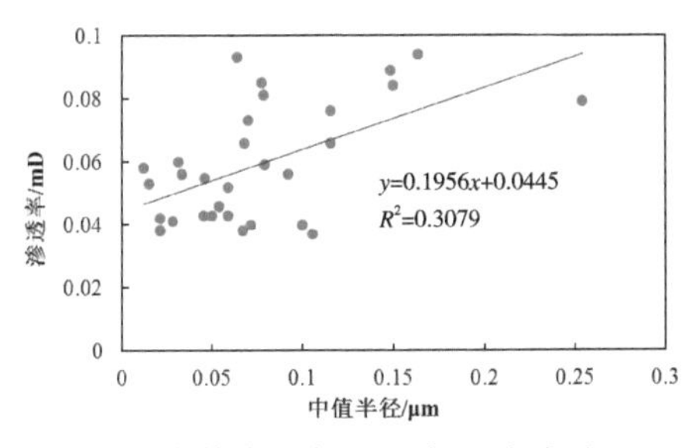

c. 中值半径与渗透率相关关系

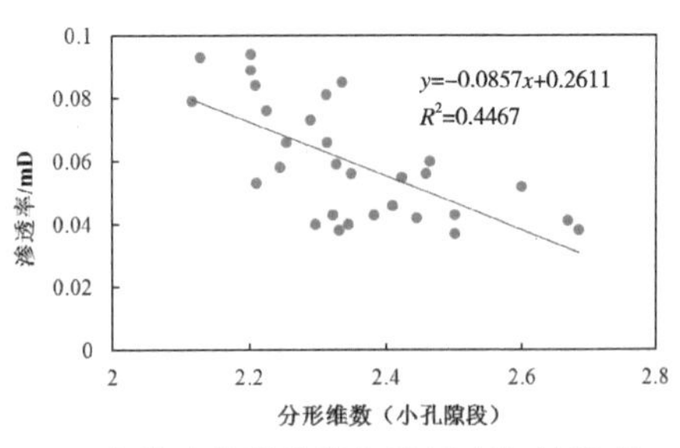

d. 小孔隙分形维数与渗透率相关关系

图 6–2　压汞参数与物性参数相关关系（续图）

相对分选系数反映孔隙大小分布的均匀程度，中值半径反映孔喉大小特征，小孔隙分形维数能够表征拐点半径以下微小孔隙的非均质性。根据相关关系可知，相对分选系数越低、中值半径越高，小孔隙分形维数越低，则砂岩的渗透率越高。

核磁共振测试通过岩石孔隙内流体的弛豫信号幅度和弛豫速率表征孔隙的大小与分布，由于无法直接得到定量评价参数，需要结合 T_2 谱分形特征参数与渗透率的相关关系，开展渗透率影响因素评价。小孔隙、大孔隙及全部孔隙的分形维数都与渗透率成强负相关，特别是全部孔隙的分形维数与渗透率的相关判断系数更是高达 0.81（见图 6–3）。分形维数越大，孔隙非均质性越强，渗透率与孔隙度也相应越低，因此孔隙结构的微观非均质性对渗透率的影响具有控制作用，基于核磁共振测试算得的分形维数可以作为渗透率评价的有效参数。

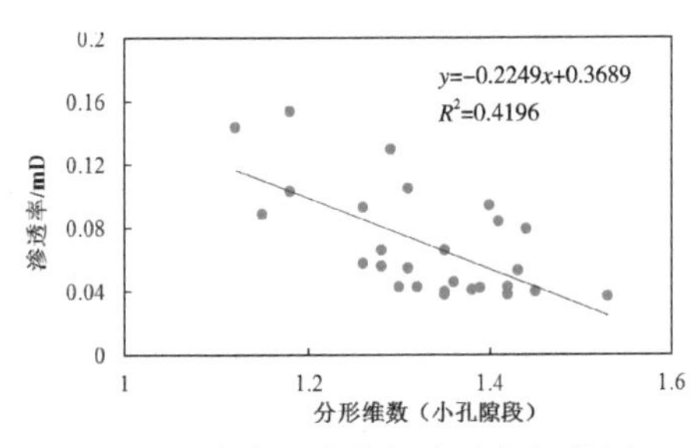

a. 小孔隙分形维数与渗透率相关图

b. 大孔隙分形维数与渗透率相关图

图 6–3　核磁分形维数与物性相关关系

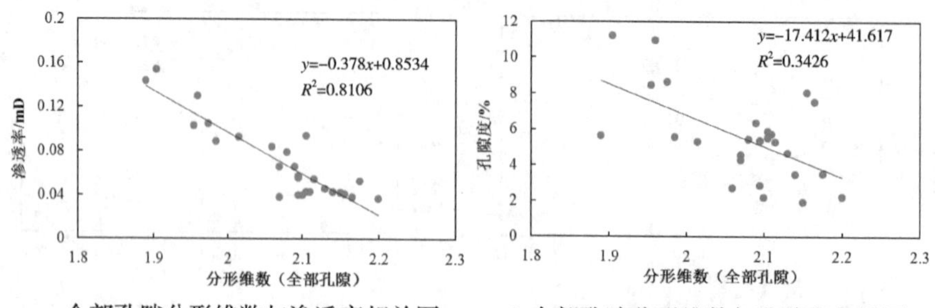

c. 全部孔隙分形维数与渗透率相关图　　d. 全部孔隙分形维数与孔隙度相关图

图 6-3　核磁分形维数与物性相关关系（续图）

在 CT 扫描基础上建立的数字岩心能够提供定量化的三维孔隙结构参数，在众多参数中，平均孔隙半径、有效孔隙连通率与渗透率具有强正相关关系（见图 6-4），即样品内部孔隙的平均半径越大，连通孔隙比例越高，越有利于气体渗流。

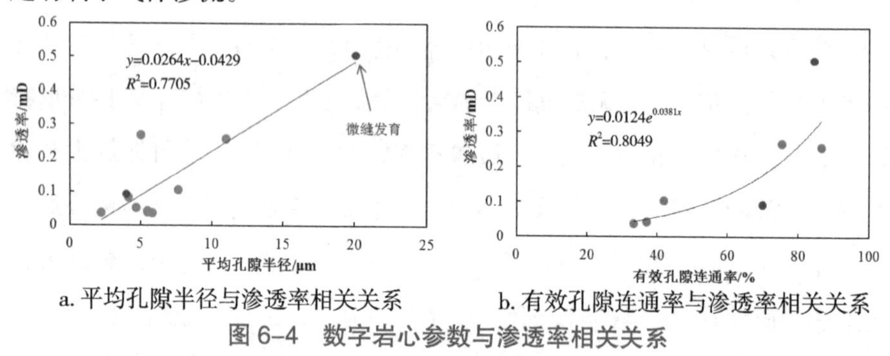

a. 平均孔隙半径与渗透率相关关系　　b. 有效孔隙连通率与渗透率相关关系

图 6-4　数字岩心参数与渗透率相关关系

岩心内部只有连通的孔隙与喉道参与气体渗流，为确定连通孔隙相关参数对渗透率的影响，在全部孔隙中提取连通孔隙体，并连通孔隙的各参数与渗透率相关关系。根据孔隙空间类型将样品分为孔隙型和微裂缝型。

连通的孔隙的平均喉道长度与渗透率相关性最好，判定系数可达 0.9883，其次为平均连通孔隙体积。孔隙型样品的连通孔隙平均孔喉配位数与渗透率正相关性较高，裂缝型无明显规律。平均孔隙半径、平均孔喉半径与渗透率正相关，判定系数大于 0.5（见图 6-5）。对比结果表明连通孔隙的性质决定了渗透率的高低，以连通孔隙体的平均喉道长度、平均孔喉配位数、平均孔隙体积评价渗透率较为理想，对于微裂缝发育的样品可以结合平均孔隙半径与平均孔喉半径。

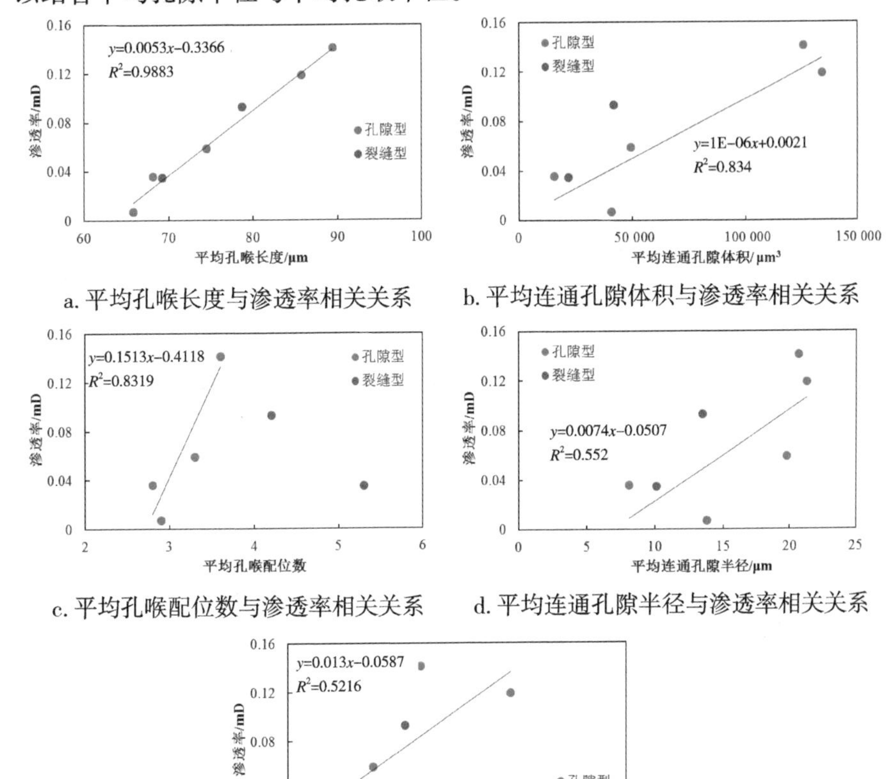

a. 平均孔喉长度与渗透率相关关系

b. 平均连通孔隙体积与渗透率相关关系

c. 平均孔喉配位数与渗透率相关关系

d. 平均连通孔隙半径与渗透率相关关系

d. 平均孔喉半径与渗透率相关关系

图 6–5　连通孔隙参数与渗透率相关关系

恒速压汞测试参数中，不考虑个别微裂缝样品异常点的情况下，平均孔隙半径、平均孔喉比等参数与渗透率成正相关，但仅平均孔隙半径与渗透率的相关方程判定系数 R^2 大于 0.5。主流喉道半径、喉道微观均质系数与渗透率成正相关，不受样品类型的影响。启动压力与渗透率成明显的负相关，相关方程的判定系数高达 0.835，相关关系相对于常规压汞的排驱压力更为明显。启动压力与孔隙度关系显示出明显的负相关，因此无论样品发育微裂缝或孔隙，样品越致密，启动压力越高，渗透性也就相应越差，而相同孔隙度级别的砂岩，微裂缝样品具有更低的启动压力（见图 6–6）。

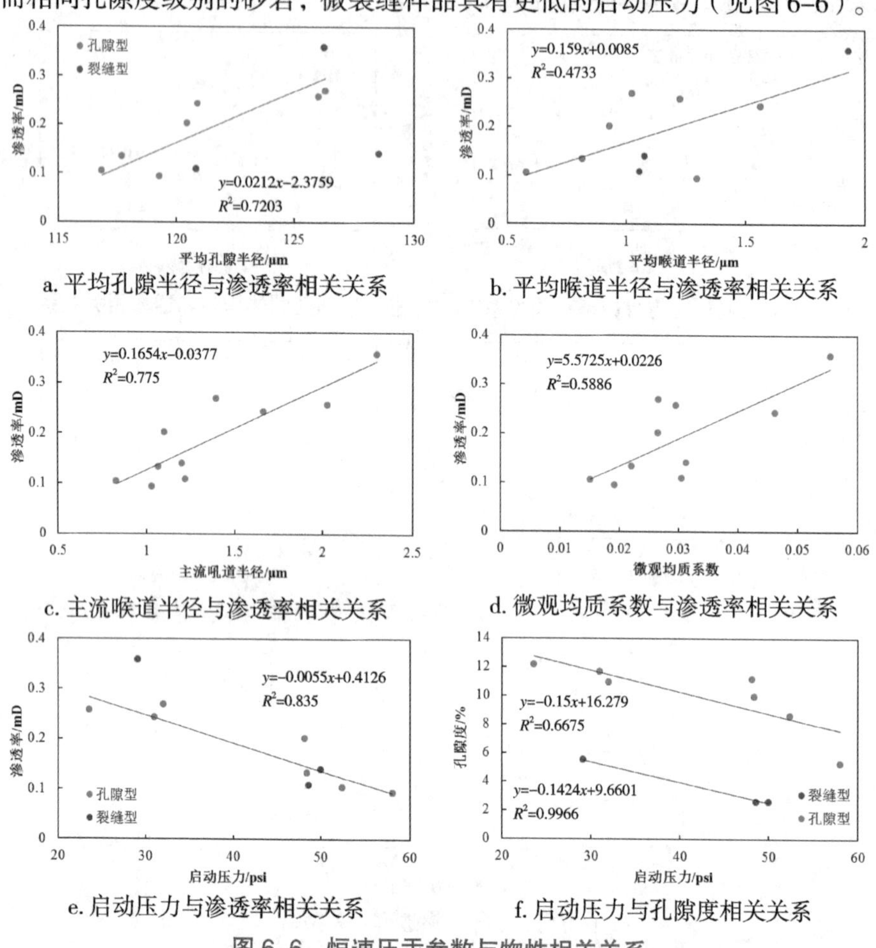

a. 平均孔隙半径与渗透率相关关系　b. 平均喉道半径与渗透率相关关系

c. 主流喉道半径与渗透率相关关系　d. 微观均质系数与渗透率相关关系

e. 启动压力与渗透率相关关系　f. 启动压力与孔隙度相关关系

图 6–6　恒速压汞参数与物性相关关系

系统分析每种测试方法得到的孔隙结构参数对于渗透率的影响，建立了渗透率主控因素评价表（见表 6–4），根据参数的类型分为孔隙参数、喉道参数、孔隙体参数与实验条件三类，孔隙相关参数中平均连通孔隙体积、有效连通孔隙率和总体孔隙的非均质性（总体分形维数）对渗透率控制显著；喉道相关参数中连通孔隙体内的平均喉道长度对渗透率影响最强，其次为主流喉道半径、喉道微观均质系数及平均连通喉道半径；孔隙体相关参数平均孔喉配位数对于渗透率具有积极影响。综上分析，砂岩内部连通孔隙与喉道的发育状况与性质决定了储层的渗透率，而致密化造成的这些参数差异促进了渗透率差异的形成。

表 6–4　渗透率主控因素统计表

参数性质	类型	R^2	相关关系	测试方法
孔隙	平均连通孔隙体积	0.834	正相关	数字岩心
	有效连通孔隙率	0.805		
	总体分形维数	0.811	负相关	核磁共振
	平均连通孔隙半径	0.552	正相关	数字岩心
	小孔隙分形维数	0.447	负相关	常规压汞
	相对分选系数	0.349		
	中值半径	0.308	正相关	
喉道	连通孔隙体平均喉道长度	0.988	正相关	数字岩心
	主流喉道半径	0.775	正相关	恒速压汞
	喉道微观均质系数	0.589		
	平均连通孔喉半径	0.522	正相关	数字岩心
孔隙体	平均孔喉配位数（孔隙型）	0.832	正相关	数字岩心

选取 8 种成岩相砂岩孔隙微观结构测试得到的上述参数，按参数的大小进行排序，建立不同成岩相对渗透率影响分级评价表。同一类型参数中，排序分级越靠前，渗透率越高；同一级别中，岩相参数类型越多，则表明该类参数在该等级中占主导地位（见表 6–5）。

表 6–5　各成岩相孔隙结构分级评价表

参数类型	孔隙结构参数分级排序							
	1	2	3	4	5	6	7	8
孔隙度	C	H	B	D	G	A	F	E
连通孔隙体平均喉道长度	C	H	G	B	D	A	F	E
平均连通孔隙体积	C	B	H	G	D	A	F	E
平均孔喉配位数（孔隙型）	H	C	G	B	D	F	E	A
有效连通孔隙率	C	G	B	H	F	D	E	A
总体分形维数	A	F	H	G	B	D	E	C
主流喉道半径	C	H	B	G	D	F	E	A
喉道微观均质系数	B	G	C	H	D	A	F	E
平均连通孔隙半径	C	H	B	G	D	A	F	E
连通孔隙平均喉道半径	C	B	H	G	D	A	F	E
小孔隙分形维数	E	G	A	G	H	F	B	C
相对分选系数	E	G	A	B	D	H	F	C
中值半径	H	A	G	B	D	C	E	F

为定量对比不同成岩相对渗透率影响程度差异，对不同参数级别赋予不同的权系数，累加同一成岩相孔隙结构参数在不同级别中的影响程度，从而得到该成岩相对渗透率的总影响程度。1 ～ 4 级参数的差别较大，渗透率差异强，系数间隔设置为 0.2，而 5 ～ 8 级参数，由于参数间差距较小，导致渗透率的差别程度较弱，系数间隔设置为 0.1。参数等级 1 影响最强，系数最高，为 1，参数等级 8 影响最弱，权系数定为 0。

综合评价结果欠压实相（C）、溶蚀相（H）孔隙结构对于渗透率的建设性影响最高，大于 8（见表 6–6）。两相砂岩总体特征表现为孔隙度，连通孔隙发育程度高，与连通孔隙相关的孔隙、喉道和主流喉道等参数均较高，有利于形成高渗通道，因此相对于其他相，这两相砂岩渗透率值普遍高。孔隙发育程度高，孔隙、喉道的半径分布范围大，孔喉均匀程度低，这也导致这两相砂岩非均质性极强，同类砂岩由于非均质程度差异大而出现渗透率的巨大差异。特别对于 C 相，强非均质性导致砂岩渗透率极差，超过 17。

铁方解石胶结相（G）、强压实相（B）两相致密化程度高，对渗透率的建设性影响程度分布在 5~8（见表 6–6），虽然孔隙发育程度低，但受超压、压实等地应力影响，微裂缝相对发育，裂缝在空间上表现出较好的连通性，且参与渗流的空间特征参数接近或超过孔隙型为主的 C，H 相砂岩，因此，虽然孔隙度较低，但可形成相对高的渗透率。

其余各相的孔隙结构对渗透率的影响程度小于 4（见表 6–6），这些砂岩孔隙度低、孔隙均质性参数较高，但连通孔隙欠发育，渗透率低，各相砂岩间经历的致密化改造越简单，其内部孔隙非均质性越低，有利于形成相对高的渗透率。

表 6-6　差异致密化成岩相孔隙结构参数对渗透率影响分级评价表

成岩相	不同级别参数发育个数									影响程度	主要储渗空间	综合孔隙结构分级
	级别	1	2	3	4	5	6	7	8			
	权系数	1	0.8	0.6	0.4	0.3	0.2	0.1	0			
C		7	1	1	—	—	1	—	3	8.6	孔隙	Ⅰ
H		2	4	3	2	1	1	—	—	8.3	孔隙	Ⅰ
G		4	3	5	1	—	—	—	—	7.7	微裂缝	Ⅱ
B		1	2	4	5	—	—	1	—	6.4	微裂缝	Ⅱ
A		1	1	2	—	—	6	—	3	4.2	孔隙	Ⅲ
D		—	—	1	9	2	—	—	3.5	—	孔隙	Ⅳ
E		2	—	—	—	—	—	5	6	2.5	孔隙	Ⅳ
F		1	—	—	1	3	7	1	2.4	—	孔隙	Ⅳ

综上分析，不同成岩相砂岩间的渗透率差异受微观孔隙结构控制，孔隙发育岩相因连通孔隙发育而具有较好的渗流条件，但孔隙喉道的非均质性强，导致与渗透率相关的非均质性参数高；微裂缝发育的砂岩，连通裂缝能够成为有效渗流通道；致密化程度高的砂岩渗透率差异主要与砂岩经历的成岩改造过程密切相关，成岩过程越复杂，形成的孔隙非均质越强，导致渗透率也较低。

6.2　不同成岩相对可动流体饱和度影响研究

低渗气藏开发过程中，凝析水、地层水及外来水侵入会导致储层具有较高的含水饱和度，水的赋存状态与可动流体特征会影响气体的相对渗透率，进而影响气井产能。利用核磁共振技术对低渗致密砂岩可动流体饱和度研究已经日趋成熟，该技术基本原理为，饱和水的砂岩样品被磁化后，加射频场，流体分子中的 1H 发生核磁共振，射频场撤掉后，激发态的 1H 会在孔隙中发生横向弛豫而损失能量，向低能级跃迁，横向弛豫过程中仪器可测得 1H 核磁信号由强到弱直至消失的衰减信号，衰减时间即为横向弛豫时间 T_2。T_2 值与孔隙直径对应，其频率分布可反映孔喉体积的大小，结合离心测试或选取合理的时间截止值即能计算可动流体饱和度（张一果，

2014）。

6.2.1 不同成岩相可动流体饱和度表征

可动流体饱和度是指岩样中可动流体所占的孔隙体积 V_f 与岩样中总孔隙体积 V_p 之比（式 6–10），即

$$\phi_f = \frac{V_f}{V_p} \times 100\% \tag{6-10}$$

基于 NMR 的岩石的 T_2 分布表征岩石可动流体饱和度的方法有两种：T_2 截止值（$T_{2cut\ off}$）法和谱系数法。T_2 截止值法假设：束缚水全部存在于小孔隙，可动水全部存在于大孔隙。而弛豫时间长短和孔径大小成正比，因此饱水岩石的 T_2 谱上存在一个截止值，在该值左侧的 T_2 谱的信号为束缚水的信号，右侧为可动水的信号（见图 6–7）。

本次研究利用离心 – 核磁共振结合称重法计算个样品的束缚水、可动流体饱和度。

实验过程如下。

1）岩心烘干，称干重 M_1，测试长度、直径参数。

2）抽空 – 自吸 – 高压饱和纯水，测量岩心饱水重量 M_2，测试饱水岩心核磁共振 T_2 谱，得到累计孔隙度分量曲线（M_{PHI}）。

3）以最佳离心速度离心，每 20 min 调整岩心方向，称重。直至岩心重量稳定，称取重量 M_3。此时岩心孔隙空间中只剩下束缚水，测试相应的核磁共振 T_2，得到束缚水状态下累计孔隙度分量曲线（M_{BVI}）。

4）以 M_{BVI} 作一条与纵轴垂直的平行线，找到与 100% 饱和时累计信号幅度曲线（M_{PHI}）的交点，以该交点作一条与横轴垂直的平行线，与横轴交点对应的 T_2 值即确定的 $T_{2cut\ off}$ 值。分别用 $T_{2cut\ off}$ 左侧的累计孔隙度分量及右侧累计孔隙度分析与总孔隙度比，即可获得束缚水、可动流体饱和

度（见图 6–7）。

5）利用称重法计算束缚水饱和度，验证核磁测试结果：

$$S_{wi} = \frac{M_3 - M_1}{M_2 - M_1} \tag{6-11}$$

计算显示各类样品的束缚水饱和度分布在 16.6% ～ 62.5%，平均值为 44%，这表明致密砂岩普遍具有较高的束缚水饱和度。而强压实相（B）、欠压实相（C）、自生石英胶结相（F）和溶蚀相（H）的束缚水饱和度均值低于 40%，其余相均值在 50% 左右（表 6–7，图 6–8）。

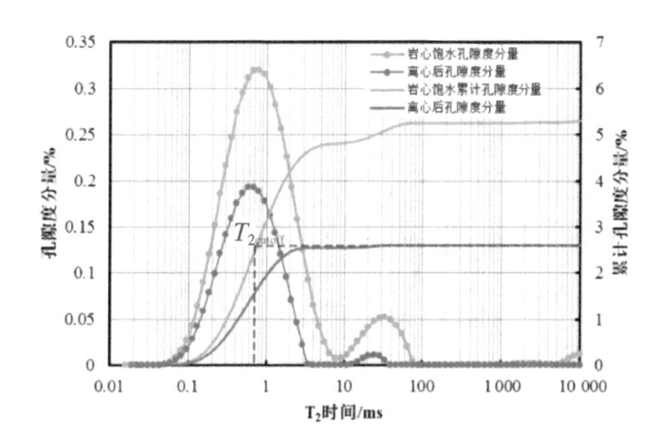

图 6–7　T_2 截止值求取方法及原理示意图

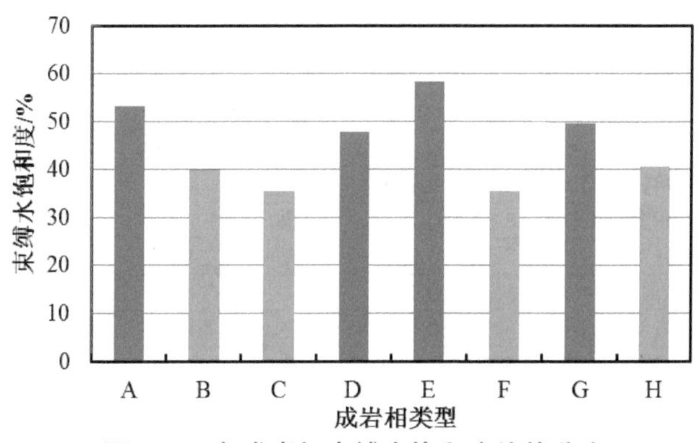

图 6–8　各成岩相束缚水饱和度均值分布

表 6–7 砂岩可动流体饱和性信息

样品信息				物性参数			核磁及氮气吸附参数			
成岩相	样号	深度 /m	层位	孔隙度 /%	渗透率 /mD	核磁孔隙度 /%	束缚水饱和度 /%	$T_{2cut-off}$/ms	比表面 m^2/g	水膜厚度 /nm
A	158	2 974.94	山 1	2.69	0.084	2.90	48.95	0.80	16.80	6.81
	161	2 975.79	山 1	5.31	0.093	3.11	44.70	0.20	14.90	7.34
	294	3 032.59	山 1	2.24	0.037	3.40	56.70	2.50	16.40	5.71
	297	3 033.14	山 1	2.18	0.040	3.13	62.51	2.70	15.30	5.94
均值				3.11	0.064	3.14	53.22	1.55	15.85	6.45
B	63	2 933.63	盒 8	5.38	0.058	2.50	57.76	0.70	16.80	12.71
	113	2 948.41	盒 8	5.39	0.056	3.27	52.74	0.58	14.80	12.73
	156	2 974.7	山 1	5.89	0.043	4.19	50.87	0.70	16.70	17.91
	162	2 976.83	山 1	5.32	0.055	4.99	26.55	0.70	15.20	6.50
	255	3 012.4	山 2	4.29	0.066	4.84	30.15	1.60	13.50	5.83
均值				5.25	0.056	3.96	40.07	0.86	15.40	11.13
C	18	2 799.78	盒 4	10.95	0.269	8.41	27.50	0.46	18.90	9.73
	46	2 808.13	盒 5	11.19	0.202	5.99	22.76	0.32	22.30	9.97
	123	2 951.73	盒 8	8.06	0.041	3.91	55.83	0.53	23.10	11.52
均值				10.07	0.171	6.10	35.36	0.44	21.43	10.41
D	167	2 979.12	山 2	4.68	0.046	4.70	49.43	1.00	17.10	10.91
	282	3 019.29	山 2	4.58	0.038	3.92	46.16	2.00	15.60	5.73
均值				4.63	0.042	4.31	47.80	1.50	16.35	8.32
E	61	2 933.45	盒 8	3.52	0.053	2.29	60.08	0.70	16.10	9.72
	276	3 017.71	山 1	3.47	0.043	4.11	56.51	1.80	17.20	6.47
均值				3.50	0.048	3.20	58.30	1.25	16.65	8.10
	86	2 942.26	盒 8	1.92	0.042	2.01	54.15	0.69	15.60	6.65
	310	3 045.15	山 2	4.33	0.507	4.25	16.55	22.00	10.20	2.67
均值				3.13	0.275	3.13	35.35	11.35	12.90	4.66
G	233	3 004.31	山 1	2.85	0.040	2.77	49.62	1.60	15.60	4.66
H	115	2 948.97	盒 8	7.53	0.038	2.94	50.02	0.52	21.30	9.49
	181	2 979.52	山 1	6.35	0.066	5.25	49.50	0.70	14.60	14.03
	187	2 981.3	山 1	5.73	0.043	4.64	46.29	0.65	19.30	7.63
	190	2 981.56	山 1	8.44	0.103	6.56	43.31	0.75	15.40	12.86
	193	2 982.02	山 1	8.63	0.105	8.53	35.15	0.65	15.30	15.05
	261	3 013.77	山 2	5.52	0.094	6.46	29.09	2.40	18.90	5.14
	265	3 014.56	山 2	5.62	0.144	6.04	39.74	3.90	18.50	6.03
	268	3 015.42	山 2	5.57	0.089	6.02	40.24	3.00	23.10	5.04
	304	3 042.98	山 2	5.46	0.079	6.33	32.76	18.00	16.50	4.72
均值				6.54	0.085	5.86	40.68	3.40	18.10	8.89

6.2.2　不同成岩相可动流体饱和度影响因素研究

岩石孔隙中可动流体饱和度主要受物性、孔隙结构及黏土矿物等因素影响，可以从岩石物理特性及矿物学性质两个方面展开讨论。

（1）岩石物理参数的影响

砂岩绝对渗透率影响因素中已明确孔隙结构参数中喉道及连通孔隙相关的参数对渗透率起决定性作用，这一结论我们认为也适用于对可动流体的影响。但由于地层水的流动方式与单相气体渗流具有明显不同的特征，特别对于致密砂岩可动流体饱和度还可能与物性参数相关。

致密砂岩样品物性参数与可动流体饱和度相关关系显示（见图 6–9）：随着孔隙度与渗透率的增大，可动流体饱和度呈上升趋势，特别与渗透率相关性明显，这也表明砂岩本身的渗透性很大程度上决定了流体的可动性。虽然这种相关关系明显，我们仍发现在测试样品中存在 “低孔 – 高可动流体饱和度”与“低渗 – 高可动流体饱和度”两类异常点。对比发现，前一类主要为微裂缝发育样品，虽然孔隙度低，但微裂缝形成有效连通网络，流体可动性强，而后者则主要受微观孔隙结构影响，为明确影响因素，建立不同测试手段得到的孔喉结构参数与可动流体饱和度的相关关系，考虑参数较多，只选取相关系数大于 0.1 的参数，结果显示压汞测试中的最大进汞饱和度（0.3452），数字岩心测试的平均连通喉道长度（0.4703）、平均连通喉道半径（0.4674）、平均孔喉配位数（0.3025）、恒速压汞测试的平均连通孔隙半径（0.384）和主流喉道半径（0.2648）与可动流体饱和度正相关，这些参数反映了流通流动空间的尺度特性及连通情况，参数越大则微观毛细管力越小，有利于流体流动。压汞测试的中值压力（0.2608）、相对分选系数（0.1851）、结构系数（0.1198）和恒速压汞测试的平均孔喉比（0.4473）等参数则与可动流体饱和度成负相关，这些参数反映的是孔喉微观结构非均质性、迂曲性等特征，非均质性越强，结构越复杂，孔隙空间对流体的束缚能力越强。

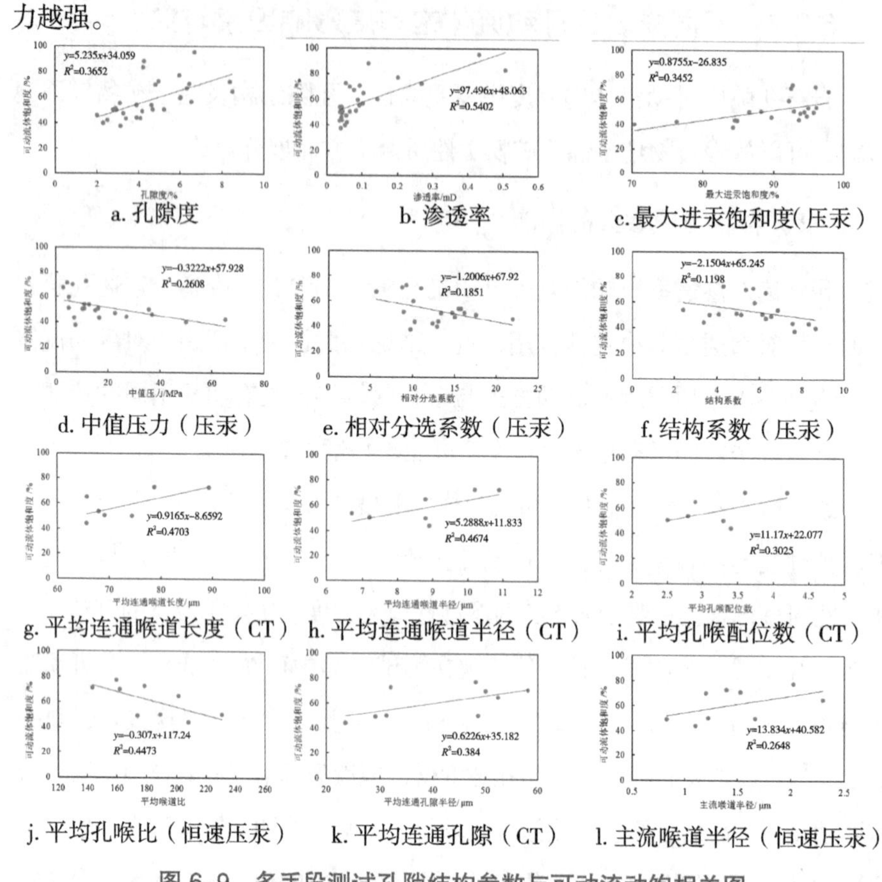

图 6-9　多手段测试孔隙结构参数与可动流动饱相关图

（2）矿物岩石的影响

岩石物理参数可以作为渗流特征影响因素，实质上反映的是不同致密化进程形成砂岩微观结构最终状态与渗流的关系，因此这种影响程度的分析只是一种相关性的体现。而渗流特征差异的形成，其本质成因需要结合矿物岩石学特征进行解释。

对比 8 种成岩相砂岩典型核磁共振测试结果，岩心真空饱水后，核磁测试显示各模式 T_2 谱多数呈“双峰态”分布，砂岩普遍具有两个主要的孔隙分布区间，主峰与次峰信号幅度差异较大，T_2 谱峰值弛豫时间一般为

0.4 ～ 3 ms（见图 6–10 a）。与压汞分析结合将 T_2 谱转化为孔隙半径发现，各类砂岩孔隙普遍以 0.01 ～ 0.3 μm 的小孔隙为主，其中强压实相（B）、欠压实相（C）和溶蚀相（H）主峰的信号强度相对较高，孔隙发育且集中程度高，同时发育一定比例半径大于 1 μm 的孔隙，其余模式由于孔隙发育程度低，信号幅度相对较弱（见图 6–10 b）。饱水岩心离心后再次测试 T_2 谱，弛豫时间分布在 10 ～ 100 ms 的信号基本消失（见图 6–10 c），大孔隙（半径 0.5 ～ 10 μm）中的大部分流体被流出，残余的微弱信号来自孔隙表面的水膜（李海波等，2015；高洁等，2018），小孔隙（半径 0.001 ～ 0.1 μm）部分的谱峰信号幅度也有所降低（见图 6–10 d）。在各成岩相中，孔隙发育的样品信号幅度降低较大，致密程度高的样品降低幅度微弱。离心后的信号主要来自微孔隙中的流体，可以认为在一定的离心力下，除了孔隙发育样品有部分流体从小孔隙中流出，其余样品小孔隙中的水为束缚水。

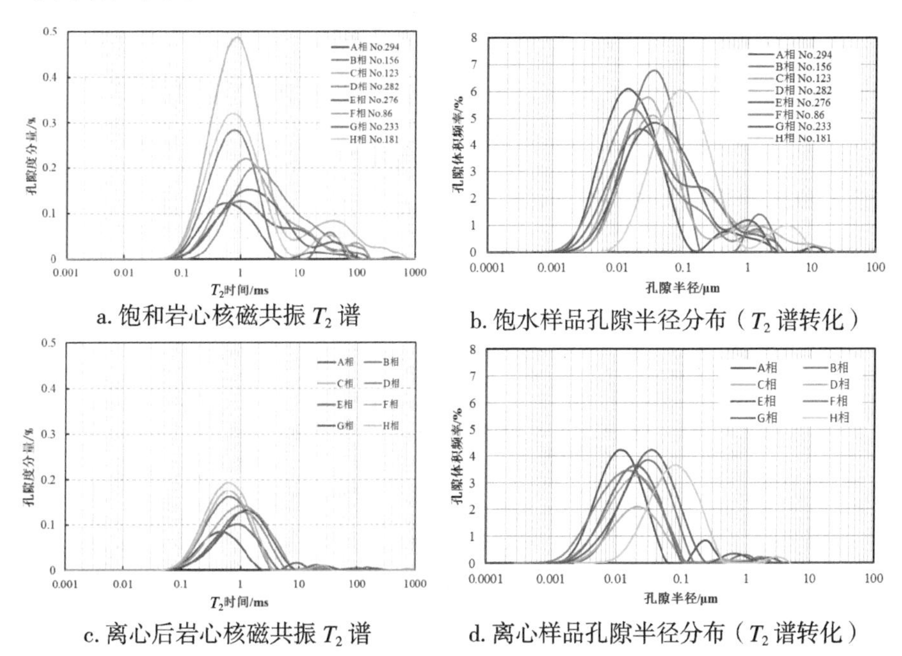

a. 饱和岩心核磁共振 T_2 谱

b. 饱水样品孔隙半径分布（T_2 谱转化）

c. 离心后岩心核磁共振 T_2 谱

d. 离心样品孔隙半径分布（T_2 谱转化）

图 6–10　不同含水状态的岩石孔隙结构信息对比

统计分析全部样品的可动流体饱和度，随着砂岩经历的成岩演化路径越复杂，特别是胶结作用类型越多，孔隙结构的非均质性增强、复杂程度增高，相应的砂岩对流体的束缚能力越强（强胶结相 D，E，F，G）。强压实相（A，B）孔隙结构破坏形式以机械压实为主，受胶结作用影响较弱，但由于储层致密，储集渗流能力相对较差，对流体的束缚性较强，如果后期受应力作用微裂缝发育，流体可动性会增强。主要储层发育在欠压实相（C）、溶蚀相（H）砂岩中，孔隙发育程度高，且具有较好的连通性，可动流体饱和度大于 50%，其中 C 相绿泥石胶结虽然降低了渗透率，但砂岩内部流体仍保持了较高的可动性。

成岩作用除了通过破坏储渗空间直接改变孔隙结构性质，也会通过成岩形成的黏土矿物对骨架矿物颗粒表面性质进行改造。研究区砂岩中黏土矿物主要为高岭石、绿泥石、伊利石及伊－蒙混层矿物。黏土矿物绝对含量与可动流体饱和度相关性分析显示，随着黏土矿物含量的增加，可动流体饱和度明显降低（见图 6-11）。黏土矿物的存在一方面减小了有效孔隙、喉道半径，使孔隙连通性变差，另一方面将大的孔隙空间孔隙转变为喉道细小、数量较多的黏土矿物晶间孔，使骨架颗粒表面积急剧增大，束缚水水膜形成的面积增大，流体可动饱和度大大降低。

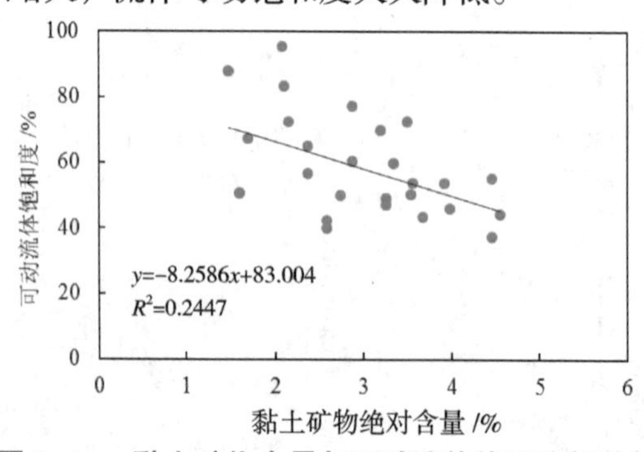

图 6-11 黏土矿物含量与可动流体饱和度相关性

在较亲水的油气储层中，束缚水以水膜的形式吸附在岩石孔隙表面，水膜厚度一方面影响水锁损害程度，另一方面也决定了储层物性下限（王俊杰，2017）。束缚水膜厚度不是固定值，其与孔喉半径、流体性质及实验条件有关。多数学者研究认为致密储层水膜厚度介于 0.05 ～ 1 μm（李洋等，2001；刘辉等，2009），也有研究认为水膜厚度最低仅为 0.005 μm（贺承祖等，1998）。随着核磁共振、低温吸附和压汞技术等测试技术的发展，越来越多的研究颠覆了束缚水膜厚度约为 50 nm 左右这一传统认识。曹青等（2013）根据向阳等（1999）提出的束缚水膜厚度公式，计算鄂尔多斯盆地东部上古生界盒 8 段、山 2 段致密砂岩束缚水膜厚度，结果表明孔隙度分布在 6% ～ 14% 的砂岩束缚水膜厚度介于 3 ～ 18 nm。李海波等（2015）在对鄂尔多斯盆地长 7、长 6 致密砂岩储层的研究中，结合气水高速离心核磁分析和低温吸附实验等技术，有效区分小于 50 nm 喉道控制的微毛细管束缚水，以及大于 50 nm 的大孔隙空间的表面束缚水。计算大孔隙空间的束缚水膜厚度 分布范围为 4.92 ～ 38.94 nm，平均值为 12.88 nm。刘洪平（2017）在鄂尔多斯盆地定北地区太原组致密砂岩研究中，利用核磁共振与压汞测试计算孔隙度为 4.4% ～ 8.3% 的砂岩样品的束缚水膜厚度介于 10 ～ 20 nm，平均值为 15 nm。

上述研究表明渗透率越小，微孔隙百分数、束缚水饱和度增大，束缚水膜厚度越大，有效渗流喉道半径和可流动孔隙空间越小（李海波，2015）。参考前人的研究成果，本书采用核磁共振、比表面积等手段测试砂岩束缚水水膜厚度。实验过程在束缚水饱和度测试的基础上进行如下操作。

1）对束缚水饱和度测试结束的样品烘干，将岩样破碎为 3 mm 颗粒，利用 Nova 2000e N20-20E 型低压氮气吸附仪测试砂岩比表面积。

2）结合核磁共振实验，计算束缚水重量 M_w 及束缚水水膜厚度 H：

$$M_w=M_3-M_1 \tag{6-12}$$

$$H=\frac{M_w}{\rho \cdot M_1 \cdot S} \tag{6-13}$$

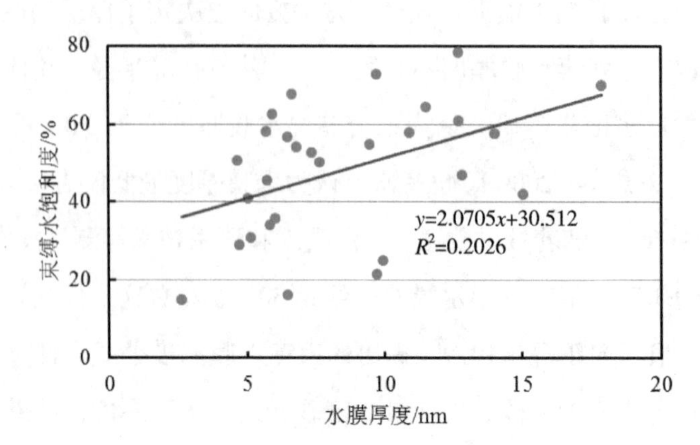

图 6-12　水膜厚度与束缚水饱和度相关关系

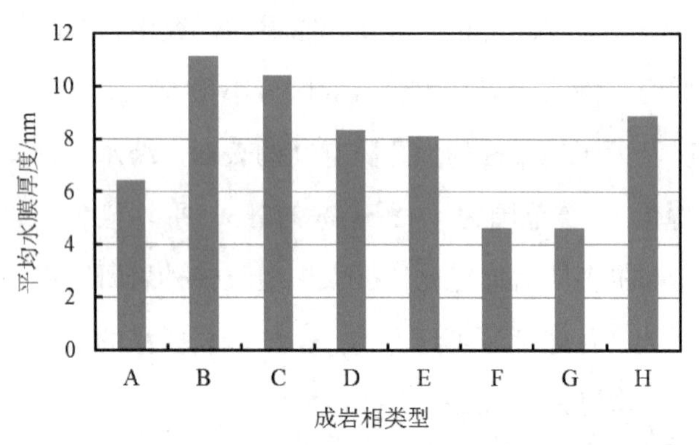

图 6-13　各岩相平均水膜厚度分布

计算结果显示: 各相砂岩中平均水膜喉道分布在 4 ～ 11 nm(见表 6-7)。总体上水膜厚度越大，束缚水饱和度也相应越高（见图 6-12）。由于岩石学及孔隙结构特征差异，依据孔隙结构进行分类后，同一孔隙结构级别的样品对比这种规律更为直观（见图 6-13）。例如欠压实相相岩石中，由于孔喉发育，虽然水膜厚度达到了 10 nm，但孔喉半径比束缚水水膜厚度大十几个数量级，甚至更大。水膜对于油气渗流阻碍影响小，但对于更为致密的铁方解石胶结相（G）而言，孔隙以微米级为主，虽然水膜平均厚度仅有 4 nm 左右，但微孔数量多、孔喉半径与水膜厚度相近，因此水膜水会强烈地减小油气的渗流通道，砂岩对流体束缚性更强。

6.3　不同成岩相对气 – 水相渗特征影响研究

致密砂岩气开发是一个包含气 – 水两相渗流的过程，对于这种复杂的渗流规律研究，需要在单相渗流及可动流体饱和度的研究基础上，结合气 – 水相渗实验。由于研究区样品渗透率较低，研究选取非稳态法测定相对渗透率曲线。实验测得气水相渗曲线反映的是不同含水饱条件下储层内部两相渗流能力的变化特征，相对渗透率是相（有效）渗透率的无因次化，可有效对比气相和水相的渗流能力（杨胜来，2004）。气 – 水相对渗透率比值能够有效评价两相流体的干扰程度。

气 – 水相渗曲线（见图 6–14）包含束缚水点（*A*），残余气点（*C*）和气 – 水两相等渗点（*B*），这三个特征点构成的三角形区域为气 – 水两相共渗区。*AB* 与 *BC* 的长度可以定性评价气 – 水两相干扰程度，*AB* 段越短，水相干扰程度越强；*AC* 长度代表了两相共渗区范围，长度越长则范围越大；*BD* 作为三角形的高，实际上是等渗点的的气 – 水相渗值，其值越高气 – 水共渗能力越强（张一果，2014）。

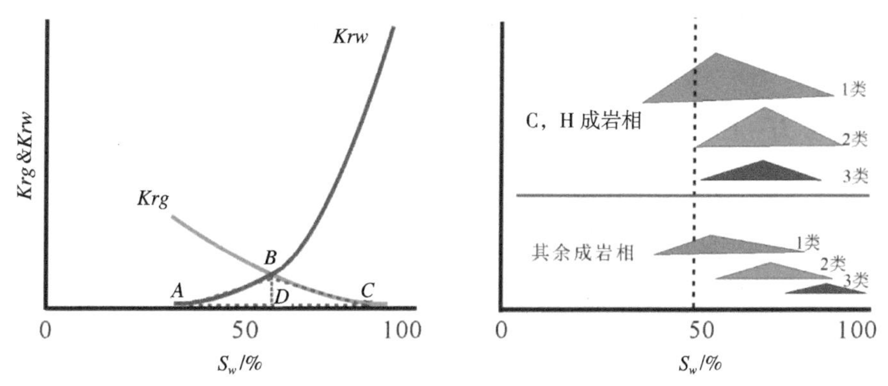

图 6–14　相渗曲线渗流三角图示意图及分类（据张一果，2014）

屈雪峰等（2012）提出“两相共渗区面积”的概念，利用启动压力梯度与共渗区面积的关系，确立了判识初期油井的单井产能定量标准，此后这种方法也被利用到气藏的渗流评价中。共渗三角区面积对比法考虑了共渗区含水饱和度范围、等渗点相对渗透率和共渗区内气－水两相相对渗透率的变化。实际研究发现：同一坐标轴下共渗三角区越靠右侧储层越差；渗透率越低，共渗三角区的面积越小；共渗三角区高度（等渗点相对渗透率）代表了两相渗流时渗透率的最大损害程度，其值越大越有利于两相渗流，储层也越好。

对比研究区储层气－水相渗曲线共渗三角区特征将相渗曲线分为孔隙发育的Ⅰ级（束缚水饱和度低、两相区宽、气－水干扰程度低）和致密化程度高的Ⅱ级（束缚水饱和度高、两相区窄、气水干扰程度强）（见图 6-14，见表 6-8），孔隙发育的欠压实相（C）、溶蚀相（H）砂岩气－水相渗曲线为Ⅰ级，其余各相为Ⅱ级。H 相可细分为 3 个类型，各类型特征如下。

1）C 相（Ⅰ-1）：样品孔隙度分布在 10.4% ~ 10.6%，平均值为 11%；渗透率分布在 0.65 ~ 0.817 mD，平均值为 0.643 mD；束缚水饱和度较低，分布在 32% ~ 41%，平均值为 35.8%；束缚水处气相相对渗透率为 0.711 ~ 0.810，平均值为 0.744；等渗点处含水饱和度分布在 66.13% ~ 69.92%，平均值为 67.7%，气－水相对渗透率为 0.119 ~ 0.182，平均值为 0.154；残余气处含水饱和度为 77.81% ~ 91.89%，平均值为 84%，对应的水相相对渗透率分布在 0.51 ~ 0.875，平均值为 0.672。两相共渗区范围宽，分布 43.39% ~ 60.18%，平均值为 51.4%。共渗三角区 $AB \approx BC$，AC 较长，BD=0.154，Krg，Krw 下凹。此类曲线特征反映气水干扰程度弱，渗流区间内气相相对渗流均匀平缓下降，储层渗流能力强，有利于气水两相流动，开采难度低（见图 6-15~ 图 6-16）。

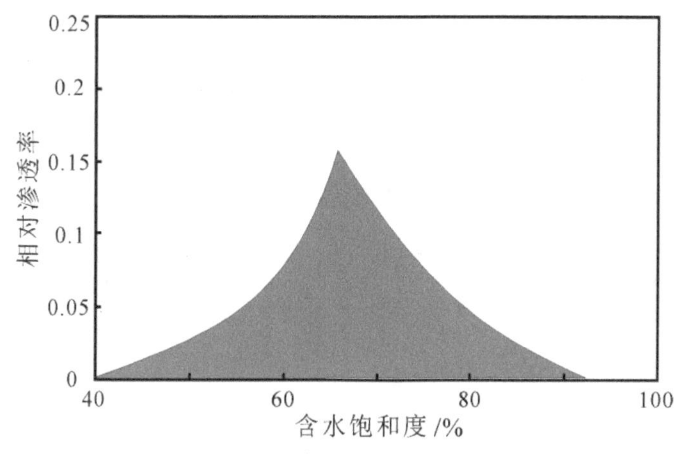

图 6–15　C 相气 – 水两相共渗区特征

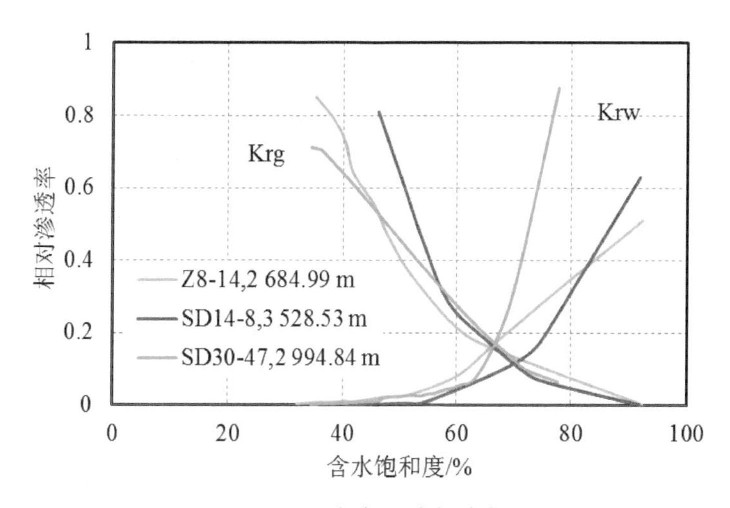

图 6–16　C 相气 – 水相渗曲线

2）H 相（Ⅰ–1）：样品孔隙度分布在 7.4% ～ 8.7%，平均值为 8.1%；渗透率分布在 0.252 ～ 0.389 mD，平均值为 0.321 mD；束缚水饱和度较低，分布在 36.62% ～ 41.3%，平均值为 39.0%；束缚水处气相相对渗透率为 0.531 ～ 0.606，平均值为 0.569；等渗点处含水饱和度分布在 62.65% ～ 63.81%，平均值为 63.2%，气 – 水相对渗透率为 0.156 ～ 0.240，平均值为 0.198；残余气处含水饱和度为 80.06% ～ 90.4%，平均值为

85.2%，对应的水相相对渗透率分布在 0.726 ～ 0.734，平均值为 0.73，两相共渗区范围较宽，为 43.44% ～ 49.09%，平均值为 46.3%。共渗三角区 $AB \approx BC$，AC 较长，BD=0.2，Krg，Krw 下凹。此类曲线特征与 C 相相渗曲线特征相似，但共渗区范围相对较窄，且束缚水饱和度、气水干扰程度也有所增加（见图 6-17 ～图 6-18）。

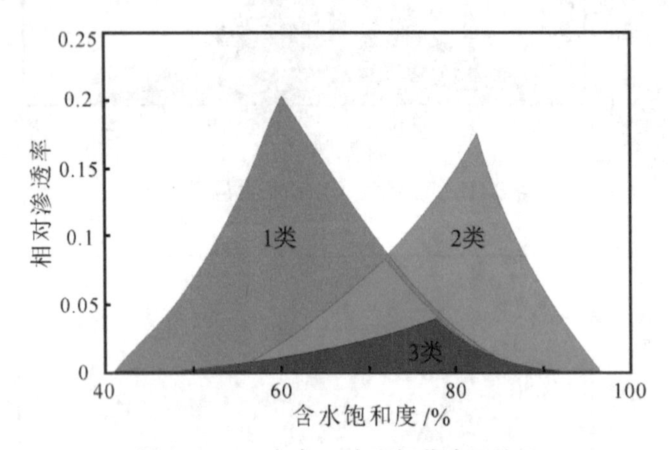

图 6-17　H 相气 – 水两相共渗区特征

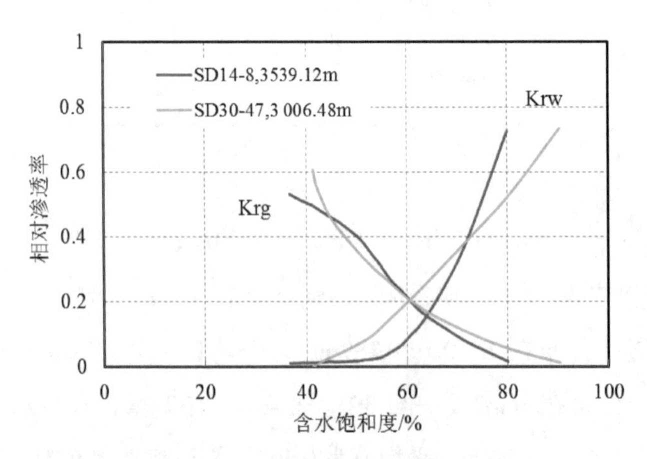

图 6-18　H 相 1 级气 – 水相渗曲线

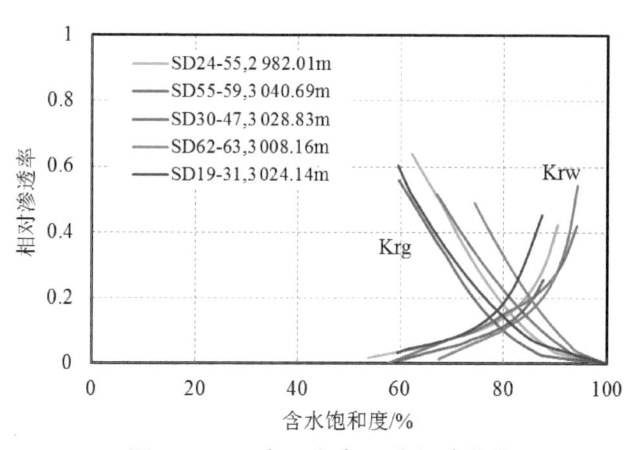

图 6-19　H 相 2 级气 - 水相渗曲线

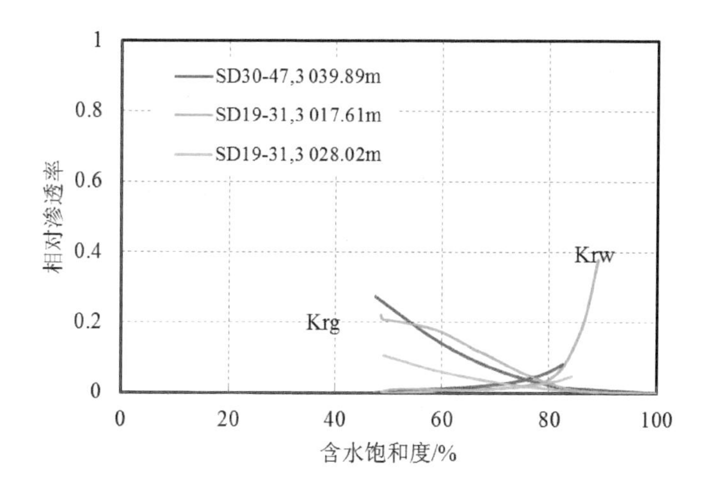

图 6-20　H 相 3 级气 - 水相渗曲线

3）H 相（Ⅰ-2）：样品孔隙度分布在 7.83% ～ 8.7%，平均值为 8.25%；渗透率分布在 0.11 ～ 0.53 mD，平均值为 0.264 mD；束缚水饱和度较高，分布在 48.79% ～ 67.49%，平均值为 57.45%；束缚水处气相相对渗透率为 0.559 ～ 0.895，平均值为 0.71；等渗点处含水饱和度分布在 77.7% ～ 86%，平均值为 81.46%，气 - 水相对渗透率为 0.11 ～ 0.182，平均值为 0.158；残余气处含水饱和度为 87.5 ～ 94.13，平均值为 90.83%，对应的水相相对渗透率分布在 0.256 ~ 0.544，平均值为 0.419，两相共渗区范围较窄，为 26.75% ~ 38.71%，平均值为 33.38%。共渗三角区 *AB* > *BC*，*AC* 较长，*BD*=0.16，Krg 下凹或高斜率陡降、Krw 下凹。气水两相干干扰程度较1类强，此类样品在开发过程中见水较慢，当含水率达到70%后，含水率开始迅速上升，气相相对渗透率迅速降低，采气指数下降（见图 6–17、图 6–19）。

4）H 相（Ⅰ–3）：样品孔隙度分布在 6.7% ~ 7.3%，平均值为 7.1%；渗透率分布在 0.063 ~ 0.19 mD，平均值为 0.114 mD；束缚水饱和度较高，分布在 47.48% ~ 49.03%，平均值为 48.36%；束缚水处气相相对渗透率为 0.106 ~ 0.273，平均值为 0.2；等渗点处含水饱和度分布在 75% ~ 79.27%，平均值为 76.76%，气水相对渗透率为 0.062 ~ 0.098，平均值为 0.078；残余气处含水饱和度为 82.44% ~ 88.9%，平均值为 85.17%，对应的水相相对渗透率分布在 0.0.047 ~ 0.379，平均值为 0.169，两相共渗区范围较窄，为 34.96% ~ 40.34%，平均值为 36.81%。共渗三角区 *AB* > *BC*，*AC* 较短，*BD*=0.03，Krg 下凹或高斜率陡降、Krw 下凹。有效储层发育的砂岩中，该类砂岩气水干扰程度最强，开发过程表现为初期产气程度低且持续时间段，见水后气相相对渗透率陡降，含水率超过等渗点后，基本产水（见图 6–17、图 6–20）。

致密相砂岩相渗曲线由于致密成因及微孔、微缝发育程度的不同，相渗曲线形态有较大差别。依据气 – 水相渗曲线渗流三角区的形态细分为三个类型（见图 6–21、图 6–22）。

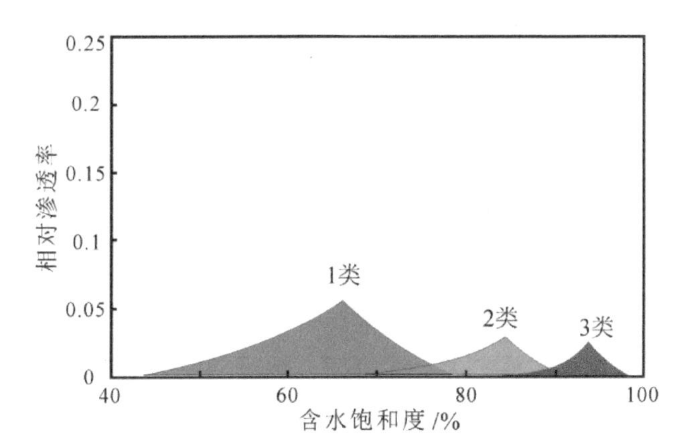

图 6–21　致密相气 – 水两相共渗区特征

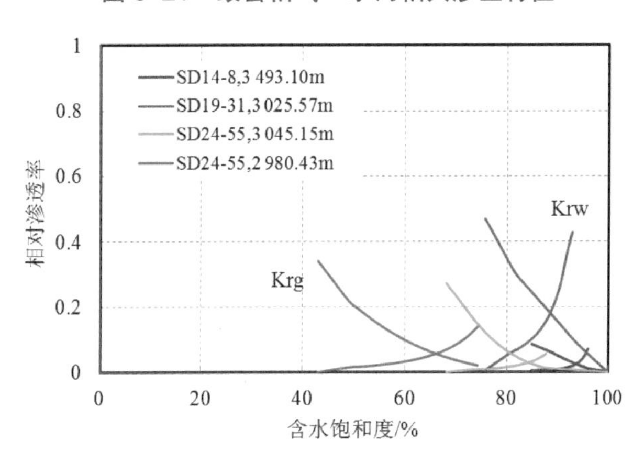

图 6–22　致密相典型气 – 水相渗曲线

1）B 相（Ⅱ –1），孔隙度为 5.52%，渗透率为 0.36 mD，束缚水饱和度较低，为 43.06%，束缚水处气相相对渗透率为 0.342；等渗点处含水饱和度为 66%，气水相对渗透率为 0.06；残余气处含水饱和度为 74.23%，对应的水相相对渗透率为 0.139，两相共渗区范围为 31.16%。共渗三角区 *AB* > *BC*，*AC* 较长，*BD*=0.03，Krg 陡降、Krw 下凹。

2）F 相（Ⅱ –2），孔隙度为 4.33%，渗透率为 0.51mD，束缚水饱和度较低，为 68.14%，束缚水处气相相对渗透率为 0.271；等渗点处含水饱和度为84%，气水相对渗透率为0.03；残余气处含水饱和度为87.84%，对应的水相相对渗透率为0.055，两相共渗区范围为19.71%。共渗三角区*AB* ＞*BC*，*AC*较长，*BD*=0.03，Krg陡降、Krw下凹。

3）A，G相（Ⅱ-3），样品渗透率小于0.1 mD，束缚水饱和度大于75%，束缚水处对应的气相相对渗透率小于0.1，等渗点含水饱和度大于88%，对应的气水相对渗透率小于0.05，残余气处的含水饱和度大于95%，对应的水相相对渗透率小于0.07，两相共渗区较窄，小于15%。共渗三角区*AB*≈*BC*，*AC*短，*BD*=0.03，Krg、Krw高斜率陡降。

综合对比各成岩相气水相渗特征，可得以下几点结论。

1）致密化程度对气水相渗影响强烈。岩石越致密，非均质性越强，束缚水饱和度越高，两相共渗区间越窄，等渗点对应的气水相对渗透率也越低。

2）相渗曲线特征欠压实相（C）最佳，而H相1类和2类相渗特征则代表了研究区储层的主要渗流特征。

3）致密相气水干扰程度强，见水后含水率迅速上升，气相渗流能力迅速减弱，等渗点后以水相渗流为主，这类储层工业产能极低（见图6-23～图6-28）。

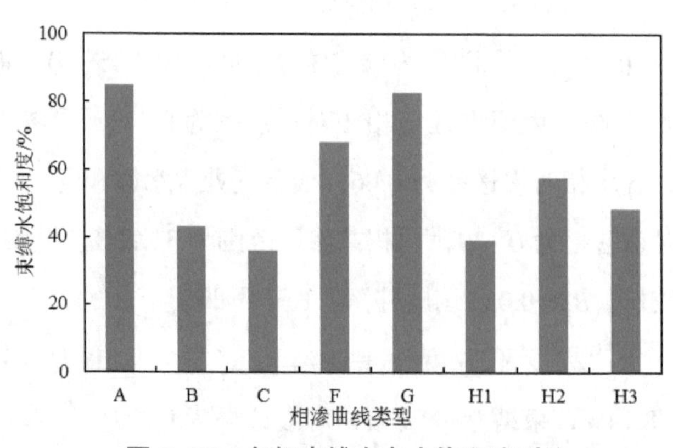

图6-23　各相束缚水点水饱和度对比

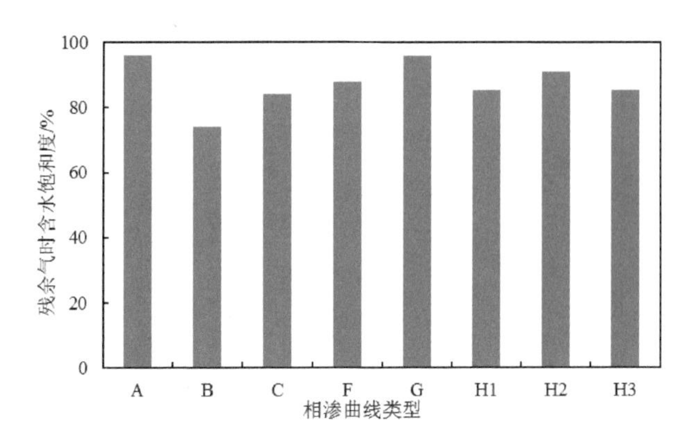

图 6-24　各相残余气点含水饱和度对比

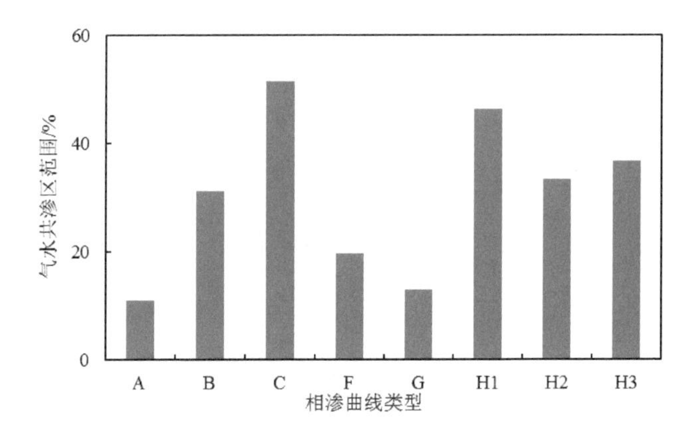

图 6-25　各相气水共渗范围对比

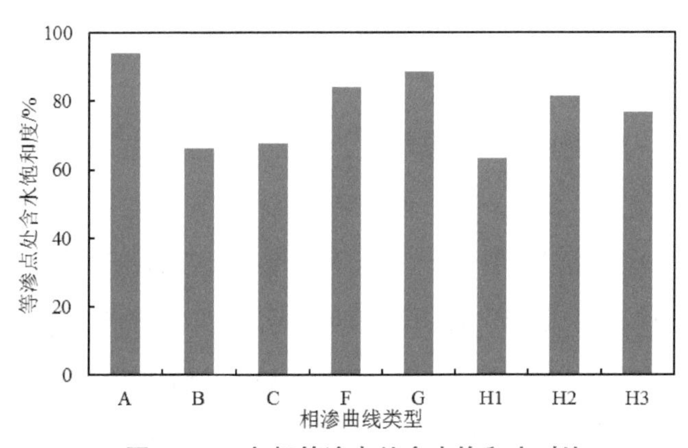

图 6-26　各相等渗点处含水饱和度对比

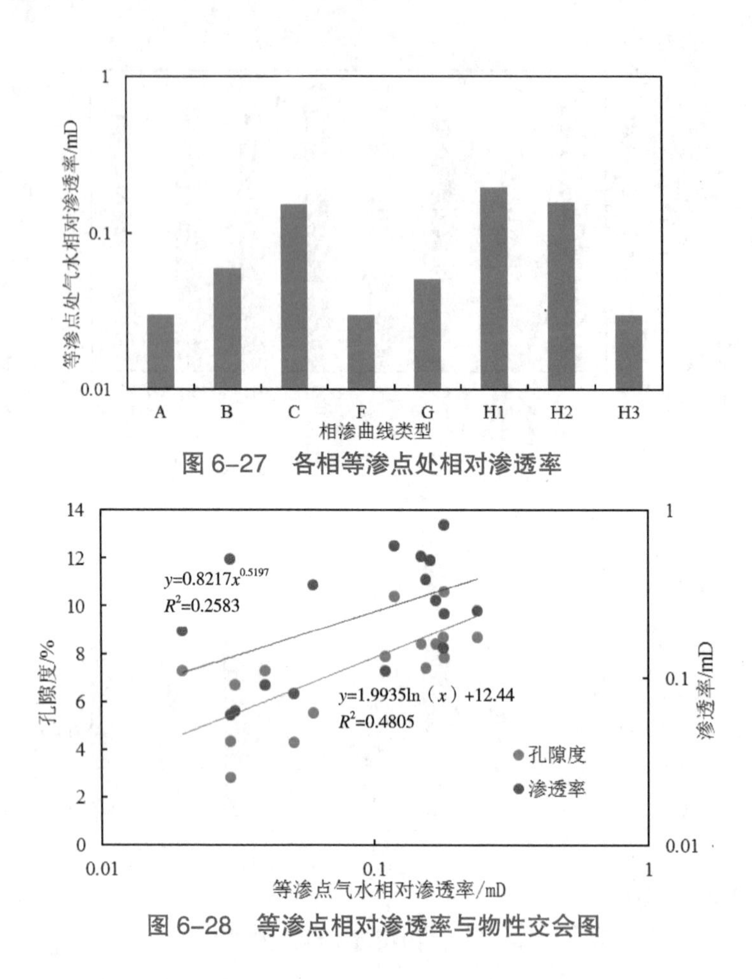

图 6-27　各相等渗点处相对渗透率

图 6-28　等渗点相对渗透率与物性交会图

6.4　不同砂体结构渗流特征综合评价

在各相砂岩渗流特征研究基础上，结合成岩预测结果，对盒 8 下段辫状河沉积和盒 8 上、山 1 ～山 2 段曲流河沉积的典型砂体渗流特征进行对比评价。建立砂体的岩性、物性、成岩相和相渗特征综合剖面(见图 6–29 ～图 6–30），将同一成岩相带作为一个流动单元，选取渗透率、气水相渗等渗点气水相对渗透率、两相共渗区范围作为流动单元渗流性质评价参数，综合评价成岩相带对储层的渗流贡献。

表 6-8　各成岩相砂岩气－水相渗参数统计表

成岩相	相渗曲线类型	井名	深度/m	层位	物性参数		气－水两相渗流实验参数						
							束缚水处		等渗点处		残余气处		两相共渗区/%
					孔隙度/%	气测渗透率/mD	含水饱和度/%	气相相对渗透率	含水饱和度/%	气水相对渗透率	含水饱和度/%	水相相对渗透率	
C	Ⅰ-1	Z8-14	2 684.99	山 2	10.6	0.817	34.41	0.711	67.1	0.182	77.81	0.510	43.39
		SD14-8	3 528.53	盒 8	10.4	0.613	41.02	0.810	69.92	0.119	91.89	0.630	50.71
		SD30-47	2 994.84	盒 8	11.9	0.5	32.02	0.711	66.13	0.162	82.35	0.875	60.18
均值					11.0	0.643	35.8	0.744	67.7	0.154	84.0	0.672	51.4
H	Ⅰ-1	SD14-8	3 539.12	盒 8	7.4	0.389	36.62	0.531	63.81	0.156	80.06	0.726	43.44
		SD30-47	3 006.48	盒 8	8.7	0.252	41.3	0.606	62.65	0.240	90.4	0.734	49.09
均值					8.1	0.321	39.0	0.569	63.2	0.198	85.2	0.730	46.3
H	Ⅰ-2	SD24-55	2 982.01	山 2	8.41	0.53	53.81	0.895	81.60	0.150	90.54	0.423	36.72
		SD55-59	3 040.69	山 1	8.40	0.29	57.50	0.772	83.00	0.170	94.13	0.420	36.63
		SD30-47	3 028.83	盒 8	7.90	0.11	59.64	0.559	79.00	0.110	87.72	0.256	28.07
		SD62-63	3 008.16	盒 8	7.83	0.24	67.49	0.719	86.00	0.182	94.24	0.544	26.75
		SD19-31	3 024.14	盒 8	8.70	0.15	48.79	0.604	77.70	0.180	87.50	0.452	38.71
均值					8.25	0.264	57.45	0.710	81.46	0.158	90.83	0.419	33.38
H	Ⅰ-3	SD30-47	3 039.89	山 1	7.30	0.09	47.48	0.273	76.00	0.062	82.44	0.082	34.96
		SD19-31	3 017.61	盒 8	6.7	0.063	48.56	0.221	79.27	0.098	88.90	0.379	40.34
		SD19-31	3 028.02	盒 8	7.30	0.19	49.03	0.106	75.00	0.075	84.18	0.047	35.14
均值					7.10	0.114	48.36	0.200	76.76	0.080	85.17	0.169	36.81
B	Ⅱ-1	SD24-55	2 980.43	山 1	5.52	0.36	43.06	0.342	66.00	0.060	74.23	0.139	31.16
F	Ⅱ-2	SD24-55	3 045.15	山 2	4.33	0.51	68.14	0.271	84.00	0.030	87.84	0.055	19.71
G	Ⅱ-3	SD19-31	3 025.57	盒 8	4.28	0.08	82.66	0.071	88.60	0.051	95.70	0.063	13.04
A	Ⅱ-3	SD14-8	3 493.10	盒 8	2.80	0.06	85.07	0.086	94.00	0.030	96.05	0.071	10.98

欠压实相（C）的渗流特征最佳，将C相砂岩三个参数的均值作为最优储层标准，即C相对于储层的贡献度为100%，分别计算其他相砂岩与C相三个参数比值，再求取平均值，即可得到该相相对于C相（最优储层）的贡献度，由于D，E相砂岩渗透率低，未测得相渗数据，考虑物性参数与A相接近，对这两相的影响程度赋值16.7%（见表6–9）。

表6–9　各成岩相对储层的贡献程度统计

成岩相类型	渗透率 /mD		等渗点气水相对渗透率		两相共渗区范围 /%		总贡献程度 /%	分级
	参数均值	贡献度	参数均值	贡献度	参数均值	贡献度		
C	0.643	100	0.154	100	51.4	100	100	Ⅰ
H_1	0.321	49.9	0.198	128.6	46.3	90.1	89.5	Ⅰ
H_2	0.264	41.1	0.158	102.6	33.38	64.9	69.5	Ⅱ
H_3	0.114	17.7	0.078	50.6	36.81	71.6	46.7	Ⅳ
B	0.36	56.0	0.06	39.0	31.16	60.6	51.9	Ⅲ
F	0.51	79.3	0.03	19.5	19.71	38.3	45.7	Ⅳ
G	0.08	12.4	0.051	33.1	13.04	25.4	23.6	Ⅴ
A	0.06	9.3	0.03	19.5	10.98	21.4	16.7	Ⅴ

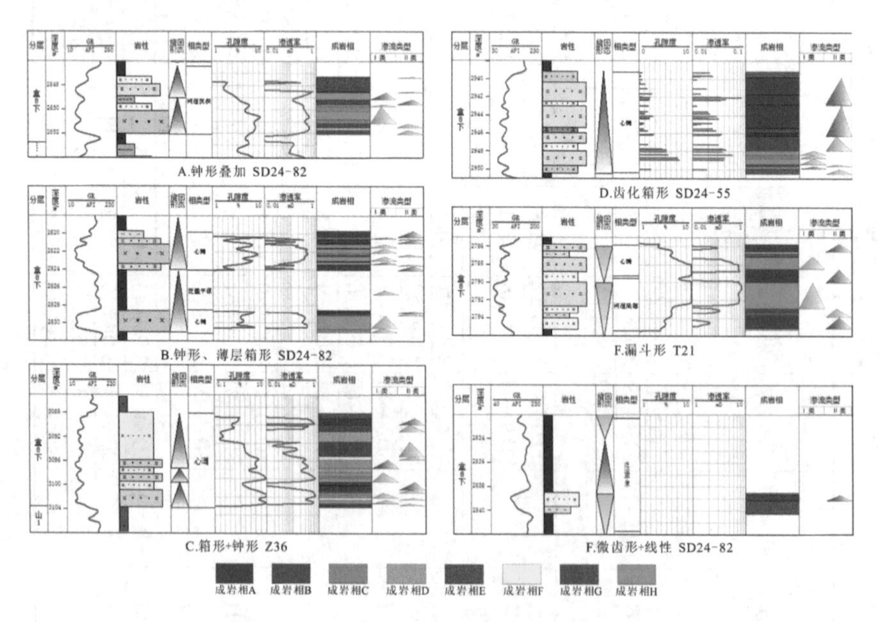

图6–29　辫状河砂体渗流特征对比图

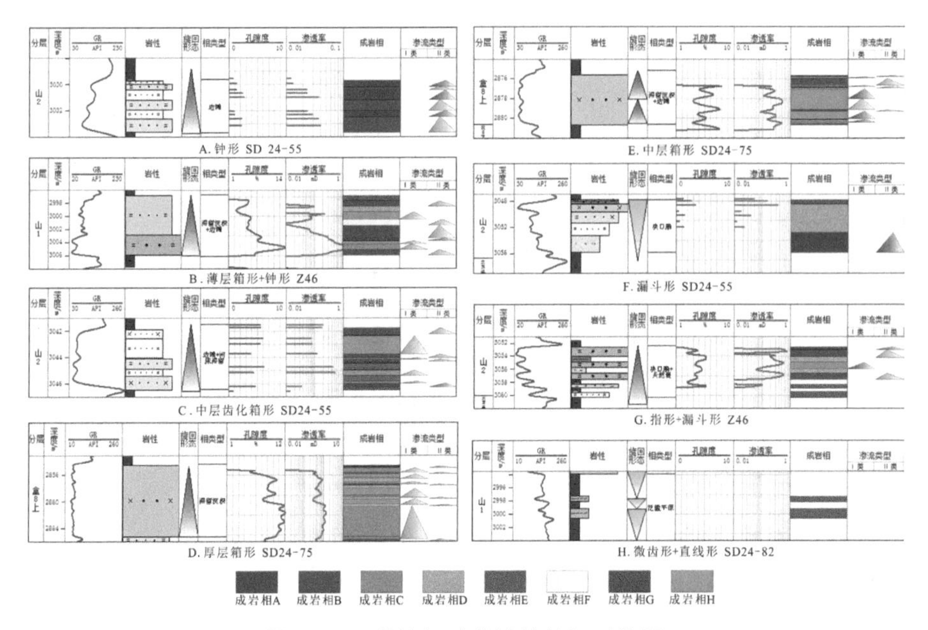

图 6-30　曲流河砂体渗流特征对比图

在明确不同成岩相的渗流贡献程度此基础上，计算不同成岩相带在砂体中的厚度比例与渗流贡献程度的乘积，对结果累加即可得到砂体整体的渗流能力特征值，砂岩内部是一个欠压实相（C）组成的均质体，则该值为 1，渗流能力特征值越大，则表明储层的渗流能力越好。

表 6-10　典型砂体渗流分级

沉积类型	微相类型	砂体结构形态	厚度/m	成岩相带厚度比例 /%							渗流特征值	渗流分级
				Ⅰ级				Ⅱ级				
				C	H_1	H_2	H_3	B	F	A，D，F，G		
辫状河	滞留沉积	钟形	2~4	15	30	2	10	20	—	23	0.63	2
	心滩	箱形	2~4	3	12	40	5	15	—	25	0.57	2
		齿化箱形	>6	3	3	10	2	15	10	60	0.36	3
		钟形 + 箱形	>6	5	10	3	10	35	5	32	0.48	3
	河道底部	漏斗形	3~6	—	—	50	-	10	—	40	0.48	3
	泛滥平原	微齿形 + 线形	<2	—	—	—	—	—	—	100	0.20	4

续表

沉积类型	微相类型	砂体结构形态	厚度/m	成岩相带厚度比例/%							渗流特征值	渗流分级
				Ⅰ级				Ⅱ级				
				C	H_1	H_2	H_3	B	F	A，D，F，G		
曲流河	边滩	钟形	2~5	—	—	—	—	60	—	40	0.39	3
	滞留沉积+边滩	箱形+钟形	4~8	3	7	20		55	10	5	0.57	2
		中层齿化箱形	2~4	—	—	55	5	30	—	10	0.58	2
		中层箱形	>3	—	—	30	45	20	—	5	0.53	2
	滞留沉积	厚层箱形	>6	35	25	25	—	10	—	5	0.81	1
	决口扇	漏斗形	>4	—	—	—	—	—	—	100	0.20	4
	决口扇+天然堤	指形+漏斗形	4~8	—	—	—	35	60	—	5	0.48	3
				—	—	—	—	—	—	—	—	—
	泛滥平原	微齿形+直线形	<2	—	—	—	—	—	—	—	—	—

综合对比，典型沉积砂体渗流特征值分布在0.2～0.81，平均值为0.48，根据渗流特征值将砂体的渗流能力分为四级，1级＞0.65；2级为0.5～0.65；3级为0.35～0.5；4级为＜0.35。其中，渗流能力为1级和2级的砂体构成了研究区的主力储层，3级砂体显示出相对差的渗流能力，开采难度极大，4级砂体基本属于无效储层，失去工业开采价值（见表6-10）。辫状河沉积砂体类型中，有利于形成优质储层的砂体主要为中厚层钟形河道滞留沉积砂体，其次为中厚层箱形心滩砂体。曲流河砂体类型中，优质储层则主要发育在厚层箱形河道滞留沉积砂体中，其次为中层齿化箱形、中层箱形及中厚层箱形－钟形的河道滞留－边滩沉积叠加砂体。

综上，由于原始沉积环境与结构的差别以及后期成岩作用的差异，影响不同的砂泥岩成岩体系内部形成了物质组成与孔隙结构均具差别的差异致密化成岩相，岩相间因孔隙结构特征的差异而具有不同的渗流特征，砂体内成岩相组合的差异促进了纵向上储层渗流特征的分异。

6.5 小结

本章在前文储层特征、差异致密化成因和孔隙结构特征综合研究的基础上，利用绝对渗透率测试、数字岩心渗流模拟、可动流体饱和度测试和气－

水相渗实验，开展差异致密化对渗流的影响研究。

（1）孔隙结构参数分为孔隙、喉道和孔隙体三类，孔隙参数中平均连通孔隙体积、有效连通孔隙率和总体孔隙分形维数（核磁共振法）对渗透率控制显著；喉道参数中连通孔隙体内的平均喉道长度对渗透率影响最强，其次为主流喉道半径、喉道微观均质系数及平均连通喉道半径；孔隙体参数中平均孔喉配位数对于渗透率具有积极影响。连通孔隙与喉道的发育状况与性质决定了储层的渗透率，而差异致密化造成导致了渗透率差异的形成。

（2）8 类成岩相普遍具有较高的束缚水饱和度，分布在 16.6% ～ 62.5%，平均值为 44%，B，C，F，H 相束缚水饱和度均值低于 40%，其余相均值在 50% 左右。连通喉道长度、连通喉道半径、孔喉配位数和连通孔隙半径、主流喉道半径、平均孔喉比对可动流体饱和度控制明显。成岩相经历的致密化路径越复杂，形成的强非均质孔隙结构对流体的束缚能力越强。黏土矿物会减小有效孔隙、喉道半径，增大骨架颗粒表面积和束缚水水膜形成的面积，降低可动流体饱和度。

（3）气 – 水相渗测试表明致密化程度对气水相渗影响强烈。岩石越致密，非均质性越强，束缚水饱和度越高，两相共渗区间越窄，等渗点对应的气 – 水相对渗透率也越低。相渗曲线特征欠压实相（C）最佳，孔隙度大于 7.8% 的溶蚀相（H）相渗代表了主要储层的渗流特征，其余各相气水干扰程度强，见水后含水率迅速上升，气相渗流能力迅速减弱。

（4）辫状河沉积中厚层钟形河道滞留沉积最有利于优质储层形成，其次为中厚层箱形心滩砂体。曲流河沉积优质储层主要发育在厚层箱形河道滞留沉积砂体，其次为河道滞留 – 边滩沉积叠加砂体。

第7章　结论与展望

7.1　主要结论

致密砂岩储层质量“因层而异”“因砂体而异”，其本质是差异致密化形成的非均质性叠加。为揭示不同尺度的层间－层内差异致密机理与控制因素，明确差异致密化对储层渗流的控制，本书以苏里格气田东区上古生界二叠系盒8段、山1段和山2段致密砂岩储层为研究对象，开展了储层差异致密化机理及其对渗流的影响的综合研究，取得以下主要研究成果与认识。

（1）山2~盒8段发育大型河流－冲积平原沉积典型辫状河与曲流河沉积，储层主要发育在心滩、边滩和河床滞留沉积等微相中，具有14种典型砂体形态，以中－粗粒岩屑砂岩为主。不同微相间及微相内部砂岩岩屑、填隙物类型与含量差异大，孔隙结构与物性空间分异性强，孔隙度极差大于4，渗透率极差大于10，层内－层间不同尺度储层非均质性强。

（2）以研究层段典型砂岩成岩与孔隙演化序列为约束，综合砂岩组分、成岩作用、孔隙结构差异与成因的关联性，将砂岩划分为强压实相、强胶结相、欠压实相和溶蚀相等4类，细分为8种成岩演化模式，结合测井响应相与概率神经网络方法开展成岩相分布预测。

（3）基于成岩相连续分布预测结果，在完整的砂泥岩成岩系统中明确了成岩相及典型单砂体成岩系统内差异致密化机理。持续埋深至快速沉积期，薄层砂体及中厚层砂体顶－低界面砂岩在受强压实致密化；同期泥岩向砂岩排水并形成垂向流动屏障，砂体内局部形成欠压实相，相对封闭的成岩环境流体介质逐变为成碱性，有利于绿泥石形成；埋藏增大，在持续压实和有机质生烃作用下，隔夹层泥岩周期性释放 CO_2，富 Ca^{2+}，Mg^{2+} 地层水向砂岩扩散，在砂岩边界形成方解石等胶结相；油气充注期有机酸与 CO_2 等对长石等颗粒溶蚀，形成了溶蚀相；溶蚀作用引起成岩环境改变，酸性环境中形成了石英加大边胶结相、自生石英胶结相，碱性条件形成铁方解石胶结相。

（4）砂岩－泥岩组成的成岩系统内，压实相与方解石胶结相促进了封闭成岩系统的形成，欠压实相保存了成岩系统内部异常高孔隙度，强溶蚀作用对储层内部进行有效改，多形式的强胶结相联合加剧了成岩系统内部致密化，隔夹层泥页岩封隔砂岩成岩系统的同时，为溶蚀作用、胶结作用提供流体与物质来源。

（5）利用多元线性逐步回归综合评价沉积和成岩因素对储层物性的影响，明确塑性岩屑、石英、长石、刚性岩屑、压实作用和碳酸盐岩胶结物是影响孔隙度的主要因素。砂岩渗透率主要受硅质胶结、石英、伊利石、高岭石、压实作用和长石含量的控制。

（6）多手段联合定量刻画差异致密化对储层渗流特征影响程度，明确了差异致密化导致的连通孔隙与喉道特征分异，促进了渗透率、可动流体饱和度和气－水相渗差异的形成。优选 12 种孔隙结构参数将成岩相分为 4 类，孔隙结构与渗流特征优次程度依次为，Ⅰ类（含欠压实相与溶蚀相）粒间孔或次生溶孔发育，孔隙连通性好，孔喉半径大，绝对渗透率分布在 0.04 ～ 0.72 mD，均值大于 0.15 mD，核磁测试束缚水饱和度一般低于 40%，两相共渗区间，30% ～ 45%，气水干扰程度较弱，Ⅱ类（铁方解石胶结相、富刚性颗粒强压实相）微孔或微裂缝发育，微裂缝有效连通率大于 70%，Ⅲ类（石英加大胶结相）次生石英胶结作用强，孔隙发育程度极低，其余成岩相为Ⅳ类。Ⅱ、Ⅲ、Ⅳ类砂岩渗透率一般小于 0.06 mD，束缚水饱和度大于 40%，两相共渗区普遍小于 30%，气水干扰程度强。

（7）成岩相是微观 - 宏观渗流研究的有效结合点，同一成岩相带可视为一个均质流动单元，选取渗透率、气水相渗等渗点相对渗透率、两相共渗区范围作为渗流特征评价参数，依据不同成岩相对储层的渗流贡献程度，综合评价典型沉积砂体渗流特征，优质储渗砂体主要为中厚层钟形河道滞留沉积，厚层箱形河道滞留沉积，其次中厚层箱形心滩砂体、中层 - 中厚层滞留 - 边滩沉积叠加砂体。

7.2 后续研究展望

（1）开展复杂叠置关系砂体的差异致密化研究，丰富对差异致密化机理的认识。

（2）进一步开展成岩期温度、压力和流体性质等因素差异分析，明确各因素对于差异成岩演化的控制。

（3）结合物理模拟实验，开展差异致密化研究，正演致密化过程。

参考文献

［1］白松涛，程道解，万金彬，等．砂岩岩石核磁共振 T2 谱定量表征［J］．石油学报，2016，37（3）：382–391.

［2］白振华，詹燕涛，王赢，等．苏里格气田苏 14 井区盒 8 段河流相砂体展布与演化规律研究［J］．岩性油气藏，2013，25（1）：56–62.

［3］曹锋，邹才能，付金华，等．鄂尔多斯盆地苏里格大气区天然气近源运聚的证据剖析［J］．岩石学报，2011，27（3）：857–866.

［4］曹思远，梁春生．储层预测中 BP 神经网络的应用［J］．地球物理学进展，2002，17（1）：84–90.

［5］曹廷宽．致密气藏微观流动模拟研究［D］．成都：西南石油大学，2015.

［6］曹铮，林承焰，董春梅，等．构造活动及层序格架约束下的沉积、成岩作用对储层质量的影响——以松辽盆地南部大情字井地区葡萄花油层为例［J］．石油与天然气地质，2018，39（2）：279–290.

［7］曾允孚，夏文杰．沉积岩石学［M］．北京：地质出版社，1986.

［8］陈安定，李剑锋，代金友．论硫化氢生成的地质条件［J］．海相油气地质，2009，14（4）：24–34.

[9] 陈启林，黄成刚．沉积岩中溶蚀作用对储集层的改造研究进展［J］．地球科学进展，2018，33（11）：1112-1129.

[10] 陈义才，张胜，魏新善，等．苏里格气田下二叠统盒8段异常低压成因及其分布特征［J］．天然气工业，2010，30（11）：30-33.

[11] 陈兆荣，侯明才，董桂玉，等．苏里格气田北部下石盒子组盒8段沉积微相研究［J］．沉积与特提斯地质，2009，29（2）：39-47.

[12] 单敬福，杨文龙．苏里格气田苏东区块山西组沉积体系研究［J］．海洋地质与第四纪地质，2012（1）：109-117.

[13] 单敬福，赵忠军，李浮萍，等．砂质碎屑储层钙质夹层形成机理及其主控因素分析［J］．地质论评，2015，61（3）：614-620.

[14] 邓秀芹，刘新社，李士祥．鄂尔多斯盆地三叠系延长组超低渗透储层致密史与油藏成藏史［J］．石油与天然气地质，2009，30（2）.

[15] 杜伟．储层非均质性研究方法综述［J］．地下水，2016，38（1）：242-243.

[16] 段威，罗程飞，刘建章，等．莺歌海盆地LD区块地层超压对储层成岩作用的影响及其地质意义［J］．中国地质大学学报—地球科学，2015，40（9）：1517-1528.

[17] 樊曼劼．机场跑道异物（FOD）检测研究［D］．北京：北京交通大学，2011.

[18] 冯佳睿，高志勇，崔京钢，等．准南斜坡带砂岩储层孔隙演化特征与有利储层评价：基于成岩物理模拟实验研究［J］．地质科技情报，2014（5）：134-140.

[19] 付金华．鄂尔多斯盆地上古生界天然气成藏条件及富集规律［D］．西安：西北大学，2004.

[20] 高洁，任大忠，刘登科，等．致密砂岩储层孔隙结构与可动流体赋

存特征：以鄂尔多斯盆地华庆地区长 63 致密砂岩储层为例［J］．地质科技情报，2018，37（4）：184-189.

［21］高永利，牛慧赟，关新，等．烃源岩上、下砂岩储层孔隙演化差异：以合水地区长 7 和长 8 储层为例［J］．地质科技情报，2018，37（2）：129-136.

［22］贡一鸣．苏里格气田苏 59 井区山西组致密砂岩储层特征［D］．成都：成都理工大学，2016.

［23］古娜，田景春，张翔，等．蜀南低陡构造区须家河组储层砂岩致密化成因机制分析［J］．东北石油大学学报，2014，38（5）：7-14.

［24］顾战宇．川南东峰场地区须二、须六段成岩演化差异对储层的影响［J］．成都理工大学学报（自然科学版），2017，44（2）：139-148.

［25］郭佳，曾溅辉，宋国奇，等．东营凹陷中央隆起带烃类流体活动在成岩作用上的响应［J］．吉林大学学报（地球科学版），2014，44（4）．

［26］郭思祺，肖佃师，卢双舫，等．徐家围子断陷沙河子组致密储层孔径分布定量表征［J］．中南大学学报（自然科学版），2016（11）：3742-3751.

［27］郭正权，齐亚林，楚美娟，等．鄂尔多斯盆地上三叠统延长组储层致密史恢复［J］．石油实验地质，2012，34（6）：594-598.

［28］郭智，孙龙德，贾爱林，等．辫状河相致密砂岩气藏三维地质建模［J］．石油勘探与开发，2015，42（1）：76-83.

［29］韩宝平，冯启言．充州矿区红层砂岩中自生绿泥石的产状和成因［J］．中国矿业大学学报，1999，28（1）：53—56.

［30］韩登林，李维锋，许晓宏，等．储层性能层间差异的成岩因素——以塔里木盆地群苦恰克构造带泥盆系东河塘组砂岩为例［J］．中南

大学学报（自然科学版），2012，43（2）：656–662.

［31］韩如冰，田昌炳，孙海航，等．层序格架内成岩特征差异及其成因机制［J］．中国石油大学学报（自然科学版），2017（2）：12–20.

［32］韩文学，侯连华，姚泾利，等．鄂尔多斯盆地长 7 段致密砂岩储层特征及成因机理［J］．中国矿业大学学报，2016，45（4）：765–771.

［33］郝乐伟，王琪，唐俊．储层岩石微观孔隙结构研究方法与理论综述［J］．岩性油气藏，2013，25（5）：123–128.

［34］郝乐伟，王琪，廖朋，等．番禺低隆起—白云凹陷北坡第三系储层次生孔隙形成机理分析［J］．沉积学报，2011，29（4）：734–743.

［35］何生，杨智，何治亮，等．准噶尔盆地腹部超压顶面附近深层砂岩碳酸盐胶结作用和次生溶蚀孔隙形成机理［J］．地球科学：中国地质大学学报，2009，34（5）：759–768.

［36］何雨丹，毛志强，肖立志，等．核磁共振 T2 分布评价岩石孔径分布的改进方法［J］．地球物理学报，2005，48（2）：737–742.

［37］何自新，付金华，席胜利，等．苏里格大气田成藏地质特征［J］．石油学报，2003，24（2）：6–12.

［38］贺伟，冯曦，钟孚勋．低渗储层特殊渗流机理和低渗透气井动态特征探讨［J］．天然气工业，2002，22（S1）：91–94.

［39］胡才志，罗晓容，张立宽，等．鄂尔多斯盆地中西部长 9 储层差异化成岩与烃类充注过程研究［J］．地质学报，2017（5）：1141–1157.

［40］胡才志，罗晓容，张立宽，等．鄂尔多斯盆地中西部长 9 储层差异化成岩与烃类充注过程研究［J］．地质学报，2017，91（5）：

1141–1157.

[41] 胡宗全. 鄂尔多斯盆地上古生界砂岩储层方解石胶结物特征[J]. 石油学报，2003，24（4）：40–44.

[42] 黄福堂，邹信方，张作祥. 地层水中主要酸类对储层物性影响因素研究[J]. 大庆石油地质与开发，1998，17（3）：7–9.

[43] 黄思静，杨俊杰，张文正，等. 不同温度条件下乙酸对长石溶蚀过程的实验研究[J]. 沉积学报，1995（1）：7–17.

[44] 黄思静，谢连文，张萌，等. 中国三叠系陆相砂岩中自生绿泥石的形成机制及其与储层孔隙保存的关系[J]. 成都理工大学学报（自科版），2004，31（3）：273–281.

[45] 纪友亮，王艳艳，刘玉瑞，等. 高邮凹陷阜一段差异成岩作用及成因[J]. 同济大学学报（自然科学版），2014，42（3）：474–479.

[46] 蒋裕强，王猛，刁昱翔，等. 川中低孔渗砂岩成岩相定量评价与快速预测——以遂宁—蓬溪须二段为例[J]. 中国地质，2014，41（2）：437–449.

[47] 金文辉. 低渗透砂岩气藏气水分布规律研究[D]. 成都：成都理工大学，2013.

[48] 金振奎，石良，闫伟，等. 沉积和成岩因素对碎屑岩储集层质量贡献率的定量分析方法 -- 单因素比较法[J]. 古地理学报，2016，18（4）：535–544.

[49] 赖锦，王贵文，郑懿琼，等. 低渗透碎屑岩储层孔隙结构分形维数计算方法——以川中地区须家河组储层 41 块岩样为例[J]. 东北石油大学学报，2013，37（1）：1–7.

[50] 兰朝利，何顺利，门成全. 利用岩心或露头的交错层组厚度预测辫状河河道带宽度 -- 以鄂尔多斯盆地苏里格气田为例[J]. 油气地

质与采收率，2005，12（2）：16-18.

[51] 雷健，潘保芝，张丽华 . 基于数字岩心和孔隙网络模型的微观渗流模拟研究进展 [J]. 地球物理学进展，2018，33（2）：0653-0660.

[52] 黎菁 . 苏里格气田东区致密砂岩储层特征及物性下限研究 [D]. 成都：西南石油大学，2012.

[53] 李军，赵靖舟，凡元芳，等 . 鄂尔多斯盆地上古生界准连续型气藏天然气运移机制 [J]. 石油与天然气地质，2013，34（5）：592-600.

[54] 李杪，罗静兰，赵会涛，等 . 不同岩性的成岩演化对致密砂岩储层储集性能的影响：以鄂尔多斯盆地东部上古生界盒 8 段天然气储层为例 [J]. 西北大学学报自然科学版，2015，45（1）：97-106.

[55] 李爱芬，任晓霞，王桂娟，等 . 核磁共振研究致密砂岩孔隙结构的方法及应用 [J]. 中国石油大学学报（自然科学版），2015，39（6）：92-98.

[56] 李凤昱，许天福，杨磊磊，等 . 不同碎屑矿物 CO 参与的水 - 岩作用效应数值模拟 [J]. 石油学报，2016，37（9）：1116-1128.

[57] 李海波，郭和坤，李海舰，等 . 致密储层束缚水膜厚度分析 [J]. 天然气地球科学，2015，26（1）：186-192.

[58] 李海波 . 岩心核磁共振可动流体 T2 截止值实验研究 [D]. 北京：中国科学院渗流力学研究所，2008.

[59] 李海燕，彭仕宓 . 苏里格气田低渗透储层成岩储集相特征 [J]. 石油学报，2007，28（3）：100-104.

[60] 李宏勋，吴复旦 . 我国进口天然气供应安全预警研究 [J]. 中国石油大学学报（社会科学版），2018，34（4）：1-6.

[61] 李咪，姚泾利，郭英海，等 . 鄂尔多斯盆地东部二叠系山西组 23 段石英砂岩砂体结构类型及成岩作用差异 [J]. 古地理学报，2018，

20（3）：121–132.

［62］李杪，罗静兰，赵会涛，等．不同岩性的成岩演化对致密砂岩储层储集性能的影响——以鄂尔多斯盆地东部上古生界盒 8 段天然气储层为例［J］. 西北大学学报（自然科学版），2015，45（1）：97–106.

［63］李鹏举，谷宇峰．核磁共振 T2 谱转换伪毛管压力曲线的矩阵方法［J］. 天然气地球科学，2015，26（4）：700–705.

［64］李丕龙，庞雄奇，陈冬霞，等．济阳坳陷砂岩透镜体油藏成因机理与模式［J］. 中国科学：地球科学，2004，34（S1）：143–151.

［65］李奇，高树生，叶礼友，等．致密砂岩气藏渗流机理及开发技术［J］. 科学技术与工程，2014，14（34）：79–87.

［66］李文厚，魏红红，赵虹，等．苏里格庙地区二叠系储层特征及有利相带预测［J］. 西北大学学报（自然科学版），2002，32（4）：335–347.

［67］李先锋．鄂尔多斯盆地低渗砂岩气藏水平井开发整体部署技术研究［D］. 西安：西北大学，2012.

［68］李易霖，张云峰，丛琳，等．X–CT 扫描成像技术在致密砂岩微观孔隙结构表征中的应用——以大安油田扶余油层为例［J］. 吉林大学学报（地球科学版），2016，46（2）：379–387.

［69］李忠，张丽娟，寿建峰，等．构造应变与砂岩成岩的构造非均质性——以塔里木盆地库车坳陷研究为例［J］. 岩石学报，2009，25（10）：2320–2330.

［70］梁宏伟，吴胜和，王军，等．基准面旋回对河口坝储集层微观非均质性影响——以胜坨油田三区沙二段 9 砂层组河口坝储集层为例［J］. 石油勘探与开发，2013，40（4）：436–442.

［71］林承焰，吴玉其，任丽华，等．数字岩心建模方法研究现状及展望［J］.

地球物理学进展，2018，33（2）：679-689.
[72] 刘畅，张琴，庞国印，等．致密砂岩储层孔隙度定量预测——以鄂尔多斯盆地姬塬地区长 8 油层组为例 [J]．岩性油气藏，2013，25（5）：70-75.
[73] 刘建清，赖兴运，于炳松，等．成岩作用的研究现状及展望 [J]．石油实验地质，2006，28（1）：65-72.
[74] 刘建章，陈红汉，李剑，等．运用流体包裹体确定鄂尔多斯盆地上古生界油气成藏期次和时期 [J]．地质科技情报，2005，4（4）：60-66.
[75] 刘建章，陈红汉，李剑，等．鄂尔多斯盆地伊－陕斜坡山西组 2 段包裹体古流体压力分布及演化 [J]．石油学报，2008，29（2）：226-231.
[76] 刘善华，廖伟，周辉．新场须家河组气藏气水两相渗流启动压力梯度实验研究 [J]．石油地质与工程，2011，25（6）：115-117.
[77] 刘堂宴，马在田，傅容珊．核磁共振谱的孔喉结构分析 [J]．地球物理学进展，2003，18（4）：328-333.
[78] 刘向君，熊健，梁利喜，等．基于微 CT 技术的致密砂岩孔隙结构特征及其对流体流动的影响 [J]．地球物理学进展，2017，32（3）：1019-1028.
[79] 刘新社，席胜利，付金华，等．鄂尔多斯盆地上古生界天然气生成 [J]．天然气工业，2000，20（6）：19-23.
[80] 刘占良，樊爱萍，李义军，等．碎屑组分差异对成岩作用的约束——以苏里格气田东二区砂岩储层为例 [J]．天然气工业，2015，35（8）：30-38.
[81] 刘震，孙迪，李潍莲，等．沉积盆地地层孔隙动力学研究进展 [J]．

石油学报，2016，37（10）：1193–1215.

［82］刘志远，杨正明，刘学伟，等. 低渗透油藏非线性渗流实验研究［J］. 科技导报，2009（17）：57–60.

［83］刘子威，郑荣才，张建武，等. 鄂尔多斯盆地榆北气田山 2 段砂岩储层特征［J］. 矿物岩石，2012，32（4）：108–116.

［84］柳广弟，王雅星. 库车坳陷纵向压力结构与异常高压形成机理［J］. 天然气工业，2006，26（9）：29–31.

［85］罗静兰，刘新社，付晓燕，等. 岩石学组成及其成岩演化过程对致密砂岩储集质量与产能的影响：以鄂尔多斯盆地上古生界盒 8 天然气储层为例［J］. 地球科学 – 中国地质大学学报，2014，39（5）：537–545.

［86］罗静兰，刘新社，付晓燕，等. 岩石学组成及其成岩演化过程对致密砂岩储集质量与产能的影响：以鄂尔多斯盆地上古生界盒 8 天然气储层为例［J］. 地球科学—中国地质大学学报，2014，39（5）：537–545.

［87］罗晓容，张刘平，杨华，等. 鄂尔多斯盆地陇东地区长 81 低渗油藏成藏过程［J］. 石油与天然气地质，2010，31（6）：770–778.

［88］吕成福，付素英，李晓峰，等. 鄂尔多斯盆地镇北地区长 8 油层组砂岩成岩相与优质储层分布［J］. 石油天然气学报，2011，31（7）：1–7.

［89］马新仿，张士诚，郎兆新. 用分段回归方法计算孔隙结构的分形维数［J］. 石油大学学报：自然科学版，2004，28（6）：54–56.

［90］马永平. 里格气田致密砂岩储层微观孔隙结构研究［D］. 西安：西北大学，2013.

［91］孟元林，许丞，谢洪玉，等. 超压背景下自生石英形成的化学动力

学模型［J］. 石油勘探与开发，2013，40（6）：701–707.
［92］明红霞，孙卫，张龙龙，等 . 致密砂岩气藏孔隙结构对物性及可动流体赋存特征的影响——以苏里格气田东部和东南部盒 8 段储层为例［J］. 中南大学学报：自然科学版，2015，46（12）：4556–4567.
［93］潘华贤，程国建，蔡磊 . 基于 PCA 与支持向量回归的储层渗透率预测［J］. 计算机工程与应用，2009，45（35）：223–225.
［94］庞国印，田兵，王琪，等 . 概率神经网络在丽水——椒江凹陷月桂峰组沉积微相识别中的应用［J］. 地球科学与环境学报，2013，35（3）：75–82.
［95］庞小军，王清斌，万琳，等 . 沙南凹陷东北缘东三段储层差异及其成因［J］. 中国矿业大学学报，2018，47（3）：615–630.
［96］彭军，韩浩东，夏青松，等 . 深埋藏致密砂岩储层微观孔隙结构的分形表征及成因机理——以塔里木盆地顺托果勒地区柯坪塔格组为例［J］. 石油学报，2018，39（7）：775–791.
［97］钱凯，魏国齐，席胜利，等 . 中国陆上天然气勘探新领域［M］. 北京：石油工业出版社，2001.
［98］邱隆伟，姜在兴，操应长，等 . 泌阳凹陷碱性成岩作用及其对储层的影响［J］. 中国科学：地球科学，2001，31（9）：752–759.
［99］邱隆伟，姜在兴 . 陆源碎屑岩的碱性成岩作用［M］. 北京：地质出版社，2006.
［100］裘怿楠，薛叔浩，应凤祥 . 中国陆相油气储集层［M］. 北京：石油工业出版社，1997.
［101］屈雪峰，雷启鸿，周雯鸽，等 . 油水两相共渗区面积作为特低渗透油藏储层评价参数的论证［J］. 石油天然气学报，2012，34（8）：

134–138.

［102］任大忠，孙卫，田辉，等．鄂尔多斯盆地姬塬油田长6储层成岩作用特征及孔隙度演化研究［J］．西北大学学报（自然科学版），2016，46（1）：105—112.

［103］任晓娟．低渗砂岩储层孔隙结构与流体微观渗流特征研究［D］．西安：西北大学，2006.

［104］石良，金振奎，闫伟，等．异常高压对储集层压实和胶结作用的影响——以渤海湾盆地渤中凹陷西北次凹为例［J］．石油勘探与开发，2015，42（3）：310–318.

［105］时卓，张海涛，刘天定，等．基于测井资料的苏里格气田致密砂岩储层产能预测方法［J］．低渗透油气田，2012，17（1）：71–77.

［106］史基安，晋慧娟，薛莲花．长石砂岩中长石溶解作用发育机理及其影响因素分析［J］．沉积学报，1994，12（3），67–75.

［107］寿建峰，朱国华，张惠良．构造侧向挤压与砂岩成岩压实作用：以塔里木盆地为例［J］．沉积学报，2003，21（1）：90–95.

［108］宋土顺，马锋，刘立，等．大庆长垣扶余油层砂岩中方解石胶结物的碳、氧同位素特征及其成［J］．2015，36（2）：255–261.

［109］苏奥，陈红汉，王存武，等．低渗致密砂岩储层的致密化机理与成岩流体演化——以东海西湖凹陷中央背斜带北部花港组为例［J］．中国矿业大学学报，2016，45（5）：972–981.

［110］苏永进，唐跃刚，张世华，等．川西坳陷上三叠统天然气成藏主控因素及形成模式［J］．石油与天然气地质，2010，31（1）：107—113.

［111］孙海涛，钟大康，刘洛夫，等．沾化凹陷沙河街组砂岩透镜体表面与内部碳酸盐胶结作用的差异及其成因［J］．石油学报，2010，31

（2）：246–252.

[112] 孙军昌，杨正明，刘学伟，等. 核磁共振技术在油气储层润湿性评价中的应用综述［J］. 科技导报，2012，30（27）：65–71.

[113] 唐颖，侯加根，任晓旭，等. 沉积、成岩作用对致密储层质量差异的控制——以苏里格气田东区为例［J］. 西安石油大学学报（自然科学版），2015，30（6）：26–32.

[114] 陶鹏. 基于数字岩心的低渗储层微观渗流机理研究［D］. 成都：西南石油大学，2017.

[115] 滕建彬，谢忠怀，王伟庆. 超压封存箱内碱性成岩作用的发现：以车 66 扇体为例［J］. 石油地质与工程，2015，29（1）：4–7.

[116] 田建锋，陈振林，凡元芳，等. 砂岩中自生绿泥石的产状、形成机制及其分布规律［J］. 矿物岩石地球化学通报，2008，27（2）：200–205.

[117] 田亚铭，施泽进，宋江海，等. 鄂尔多斯盆地宜川 – 旬邑地区长 8 储集层碳酸盐胶结物特征［J］. 成都理工大学学报（自然科学版），2011，38（4）：378–384.

[118] 万丛礼，付金华，杨华，等. 鄂尔多斯盆地上古生界天然气成因新探索［J］. 天然气工业，2004，24（8）：1–3.

[119] 王大锐. 油气稳定同位素地球化学［M］. 北京：地质出版社，2000.

[120] 王道成. 低渗透油藏渗流特征实验及理论研究［D］. 成都：西南石油大学，2006.

[121] 王飞雁，魏新善，王怀厂，等. 鄂尔多斯盆地上古生界古压力分布特征及其压力降低原因浅析［J］. 低渗透油气田，2004，9（1）：10–14.

[122] 王凤娇 . 致密气藏微尺度渗流机理研究 [D]. 大庆：东北石油大学，2017.

[123] 王行信，周书欣 . 泥岩成岩作用对砂岩储层胶结作用的影响 [J]. 石油学报，1992，13（4）：20–30.

[124] 王金勋，吴晓东，杨普华，等 . 孔隙网络模型法计算气液体系吸吮过程相对渗透率 [J]. 天然气工业，2003，22（3）：8–11.

[125] 王俊杰 . 致密砂岩气储层损害评价体系研究 [D]. 成都：西南石油大学，2017.

[126] 王琪，史基安，薛莲花，等 . 碎屑储集岩成岩演化过程中流体—岩石相互作用特征——以塔里木盆地西南坳陷地区为例 [J]. 沉积学报，1999，17（4）：87–93.

[127] 王琪，史基安，肖立新，等 . 石油侵位对碎屑储集岩成岩作用序列的影响及其与孔隙演化的关系：以塔西南石炭系石英砂岩为例[J]. 沉积学报，1988，16（3）：97–101.

[128] 王清斌，李建平，臧春艳，等 . 辽中凹陷 A21 构造沙四段储层自生绿泥石产状、富集因素及对储层物性的影响 [J]. 中国海上油气，2012，24（5）：11–15.

[129] 王世成，郭亚斌，杨智，等 . 苏里格南部盒 8 段沉积微相研究 [J]. 岩性油气藏，2010，22（S1）：31–36.

[130] 王世谦，何生 . 有机质在沉积物成岩中的作用 [J]. 地质科技情报，1993，12（4）：27–33.

[131] 王涛，侯明才，王文楷，等 . 苏里格气田召 30 井区盒 8 段层序格架内砂体构型分析 [J]. 天然气工业，2014，34（7）：27–33.

[132] 王卫红 . 苏里格气田东区盒 8 段河流砂体沉积及其非均质性研究 [D]. 成都：成都理工大学，2016.

[133] 王新民，郭彦如，付金华，等. 鄂尔多斯盆地延长组长 8 段相对高孔渗砂岩储集层的控制因素分析［J］. 石油勘探与开发，2005，32（2）：35-38.

[134] 魏红红，李文厚，邵磊，等. 苏里格庙地区二叠系储层特征及影响因素分析［J］. 矿物岩石，2002，22（3）：42-46.

[135] 文华国. 苏里格气田苏 6 井区下石盒子组盒 8 段沉积相特征［J］. 沉积学报，2007，25（1）：90-98.

[136] 文慧俭，闫林，姜福聪，等. 低孔低渗储层孔隙结构分形特征［J］. 大庆石油学院学报，2007，31（1）：15-18.

[137] 吴松涛，朱如凯，李勋，等. 致密储层孔隙结构表征技术有效性评价与应用［J］. 地学前缘，2018，25（2）：191-203.

[138] 肖佃师，卢双舫，陆正元，等. 联合核磁共振和恒速压汞方法测定致密砂岩孔喉结构［J］. 石油勘探与开发，2016，43（6）：961-970.

[139] 肖前华. 典型致密油区储层评价及渗流机理研究［D］. 北京：中国科学院研究生院（渗流流体力学研究所），2015.

[140] 徐湖山. 基于 CT 技术的数字岩心重构及其应用研究［D］. 大连：大连理工大学，2014.

[141] 徐樟有，魏萍，熊琦华. 枣南油田孔店组一、二段成岩作用及成岩相［J］. 石油学报，1994，15（S1）：60-67.

[142] 许静华，郝石生. 储层自生矿物在油气运移研究中的应用［J］. 石油大学学报，1997，21（5）：5-8.

[143] 杨俊杰. 鄂尔多斯盆地构造演化与油气分布规律［M］. 北京：石油工业出版社，2002.

[144] 杨华，刘新社，闫小雄. 鄂尔多斯盆地晚古生代以来构造 - 沉积演

化与致密砂岩气成藏［J］. 地学前缘，2015，22（3）：174–183.

［145］杨满平，王翠姣，王倩，等. 鄂尔多斯盆地差异压实作用及其石油地质意义［J］. 河北工程大学学报（自然科学版），2017，34（2）：74–79.

［146］杨仁超，王秀平，樊爱萍，等. 苏里格气田东二区砂岩成岩作用与致密储层成因［J］. 沉积学报，2012，30（1）：111–119.

［147］杨胜来，魏俊之. 油层物理学［M］. 北京：石油工业出版社，2004.

［148］杨宪彰，毛亚昆，钟大康，等. 构造挤压对砂岩储层垂向分布差异的控制——以库车前陆冲断带白垩系巴什基奇克组为例［J］. 天然气地球科学，2016，27（4）：591–599.

［149］杨智，付金华，刘新社，等. 苏里格气田上古生界连续型致密气形成过程［J］. 深圳大学学报（理工版），2016，33（3）：221–233.

［150］姚广聚，熊钰，朱琴，等. 特低渗砂岩气藏不同原生水下渗流特征研究［J］. 石油地质与工程，2008，22（4）：84–86.

［151］姚泾利，王怀厂，裴戈，等. 鄂尔多斯盆地东部上古生界致密砂岩超低含水饱和度气藏形成机理［J］. 天然气工业，2014，34（1）：37–43.

［152］姚军，赵秀才，衣艳静，等. 数字岩心技术现状及展望［J］. 油气地质与采收率，2005，12（6）：52–54.

［153］姚军，赵秀才. 数字岩心及孔隙级渗流模拟理论［M］. 北京：石油工业出版社，2010.

［154］叶聪林，郑国东，赵军. 油气储层中水岩作用研究现状［J］. 矿物岩石地球化学通报，2010，29（1）：89–97.

[155] 应凤祥，杨式升，张敏，等.激光扫描共聚焦显微镜研究储层孔隙结构[J].沉积学报，2002，20（1）：75-79.

[156] 于春生.随机孔隙网络建模与多相流模拟研究[D].成都：西南石油大学，2011.

[157] 袁彩萍，姚光庆，徐思煌，等.油气储层流动单元研究综述[J].地质科技情报，2006，25（4）：21-26.

[158] 袁静，李欣尧，李际，等.库车坳陷迪那 2 气田古近系砂岩储层孔隙构造—成岩演化[J].地质学报，2017，91（9）：2065-2078.

[159] 袁静，俞国鼎，钟剑辉，等.构造成岩作用研究现状及展望[J].沉积学报，2018，36（6）：1177-1189.

[160] 袁珍，李文厚.鄂尔多斯盆地东南缘上三叠统延长组砂岩方解石胶结物成因[J].吉林大学学报，2011（s1）：17-23.

[161] 远光辉，操应长，杨田，等.论碎屑岩储层成岩过程中有机酸的溶蚀增孔能力[J].地学前缘，2013，20（5）：207-219.

[162] 运华云，赵文杰，周灿灿，等.利用 T2 分布进行岩石孔隙结构研究[J].测井技术，2002，26（1）：18-21.

[163] 张超谟，陈振标，张占松，等.基于核磁共振 T2 谱分布的储层岩石孔隙分形结构研究[J].石油天然气学报，2007，29（4）：80-86.

[164] 张海涛.苏里格地区有效储层测井识别方法研究[D].西安：西北大学，2010.

[165] 张金川，刘丽芳，唐玄，等.川西坳陷根缘气藏异常地层压力[J].地学前缘，2008，15（2）：147-155.

[166] 张俊杰，吴泓辰，何金先，等.应用扫描电镜与 X 射线能谱仪研究柳江盆地上石盒子组砂岩孔隙与矿物成分特征[J].地质找矿论

丛，2017，32（3）：434–439.

[167] 张凯逊，白国平，金凤鸣，等 . 层序地层格架内成岩作用——以饶阳凹陷中南部沙河街组三段砂岩为例[J]. 石油学报，2016，37(6)：728–742.

[168] 张娜，赵方方，王水兵，等 . 岩石孔隙结构与渗流特征核磁共振研究综述［J］. 水利水电技术，2018，49（7）：28–36.

[169] 张茜，孙卫，杨晓菁，等 . 致密砂岩储层差异性成岩演化对孔隙度演化定量表征的影响 -- 以鄂尔多斯盆地华庆地区长 63 储层为例［J］. 石油实验地质，2017，39（1）：126–133.

[170] 张庆，朱玉双，郭兵，等 . 杏北区长 6 储层非均质性对含油性分布的影响［J］. 西北大学学报（自然科学版），2009，39（2）：277–281.

[171] 张哨楠 . 致密天然气砂岩储层：成因和讨论［J］. 石油与天然气地质，2008，29（1）：1–10.

[172] 张顺康 . 水驱后剩余油分布微观实验与模拟［D］. 东营：中国石油大学，2007.

[173] 张文忠，郭彦如，汤达祯，等 . 苏里格气田上古生界储层流体包裹体特征及成藏期次划分［J］. 石油学报，2009，30（5）：685–691.

[174] 张宪国，张涛，林承焰 . 基于孔隙分形特征的低渗透储层孔隙结构评价［J］. 岩性油气藏，2013，25（6）：40–45.

[175] 张一果 . 鄂尔多斯盆地苏里格气田东区致密砂岩储层微观地质特征研究［D］. 西安：西北大学，2014.

[176] 张枝焕，胡文瑄，曾溅辉，等 . 东营凹陷下第三系流体—岩石相互作用研究［J］. 沉积学报，2000，18（4）：560–566.

[177] 赵国泉，李凯明，赵海玲，等．鄂尔多斯盆地上古生界天然气储集层长石的溶蚀与次生孔隙的形成［J］．石油勘探与开发，2005，21（1）：53-55.

[178] 赵华伟，宁正福，赵天逸，等．恒速压汞法在致密储层孔隙结构表征中的适用性［J］．断块油气田，2017（3）：413-416.

[179] 赵娟．苏里格气田东二区山1段和盒8段沉积相特征与储层评价［D］．青岛：山东科技大学，2011.

[180] 赵秀才．数字岩心及孔隙网络模型重构方法研究［D］．北京：中国石油大学，2009.

[181] 郑军．西湖凹陷中央背斜带中北部深部优质储层孔隙保存机理［J］．地质科技情报，2016，37（3）：173-179.

[182] 郑浚茂，应凤祥．煤系地层（酸性水介质）的砂岩储层特征及成岩模式［J］．石油学报，1997，18（4）：19-24.

[183] 国内外油气行业发展报告［M］．北京：中国石油集团经济技术研究院，2018.

[184] 中国石油勘探开发研究院．致密砂岩气评价方法［S］．北京：标准出版，2011.

[185] 中华人民共和国国务院办公厅．能源发展战略行动计划（2014-2020）［Z］．国办发［2014］31号，2014.

[186] 中华人民共和国自然资源部．中国矿产资源报告［M］．北京：地质出版社，2018.

[187] 朱如凯，邹才能，张鼐，等．致密砂岩气藏储层成岩流体演化与致密成因机理——以四川盆地上三叠统须家河组为例［J］．中国科学：地球科学，2009，39（3）：327-339.

[188] 朱筱敏，米立军，钟大康，等．济阳坳陷古近系成岩作用及其对储

层质量的影响［J］. 古地理学报，2006，8（3）：295-305.

［189］邹才能，侯连华，匡立春，等. 准噶尔盆地西缘二叠—三叠系扇控成岩－储集相成因机理［J］. 地质科学，2007，42（3）：587-601.

［190］邹才能，陶士振，周慧，等. 成岩相的形成、分类与定量评价方法［J］. 石油勘探与开发，2008，35（5）：526-540.

［191］邹才能，朱如凯，白斌，等. 中国油气储层中纳米孔首次发现及其科学价值［J］. 岩石学报，2010，27（6）：1857-1864.

［192］Aase N E，Walderhaug O. The effect of hydrocarbons on quartz cementation：diagenesis in the Upper Jurassic sandstones of the Miller Field, North Sea, revisited［J］. Petroleum Geoscience, 2005, 11（3）：215-223.

［193］Abid I，Hesse R. Illitizing fluids as precursors of hydrocarbon migration along transfer and boundary faults of the Jeanne d'Arc Basin offshore Newfoundland，Canada［J］. Marine & Petroleum Geology，2007，24（4）：237-245.

［194］Ajdukiewicz J M，Lander R H. Sandstone reservoir quality prediction：The state of the art［J］. Aapg Bulletin，2010，94（8）：1083-1091.

［195］Al-Kharusi A S，Blunt M J. Network extraction from sandstone and carbonate pore space images［J］. Journal of Petroleum Science and Engineering，2007，56（4）：219-231.

［196］Aminzadeh F，Barhen J，Glover C W，et al. Reservoir parameter estimation using a hybrid neural network［J］. Computers & Geosciences，2000，26（8）：869-875.

［197］Anovitz L M，Cole D R. Characterization and Analysis of Porosity and

Pore Structures [J] . Reviews in Mineralogy and Geochemistry, 2015, 80 (1) : 61–164.

[198] Aydin A. Small faults formed as deformation bands in sandstone [J] . Pure and Applied Geophysics, 1978, 116 (4/5) : 913–930.

[199] Banerjee T, Singh S B, Srivastava R K. Development and performance evaluation of statistical models correlating air pollutants and meteorological variables at Pantnagar, India [J] . Atmospheric Research, 2011, 99 (3–4) : 505–517.

[200] Bauer D, Youssef S, Fleury M, et al. Improving the estimations of petrophysical transport behavior of carbonate rocks using a dual pore network approach combined with computed microtomography [J] . Transport in Porous Media, 2012, 94 (2) : 505–524.

[201] Beard D C, Weyl P K. Influence of texture on porosity and permeability of unconsolidated sand [J] . AAPG Bulletin, 1973, 57 (2) : 349–369.

[202] Billault V, Beaufort D, Baronnet A, et al. A nanopetrographic and textural study of grain–coating chlorites in sandstone reservoirs [J] . Clay Minerals, 2003, 38 (3) : 315–328.

[203] Bjørlykke K, Egeberg P K. Quartz cementation in sedimentary basins [J] . AAPG Bulletin, 1993 (77) : 1538–1548.

[204] Bjørlykke K. Principal aspects of compaction and fluid flow in mudstones [J]. Geological Society London Special Publications, 1999, 158 (1): 73–78.

[205] Bjørlykke K. Relationships between depositional environments, burial history and rock properties. some principal aspects of diagenetic process

in sedimentary basins[J]. Sedimentary Geology, 2013, 301(3): 1–14.

[206] Bloch S, Lander R H, Bonnell L. Anomalously high porosity and permeability in deeply buried sandstone reservoirs: origin and predictability [J] . AAPG Bulletin, 2002, 86 (2) : 301–328.

[207] Boles J R, Franks S G. Clay diagenesis in Wilcox sandstones of southwest Texas: implications of smectite diagenesis on sandstone cementation [J] . Journal of Sedimentary Petrology, 1979 (49) : 55–70.

[208] Boulet S, Boudot E, Houel N. Relationships between each part of the spinal curves and upright posture using Multiple stepwise linear regression analysis [J] . Journal of biomechanics, 2016, 49 (7) : 1149–1155.

[209] Brown D M, McAlpine K D, Yole R W. Sedimentology and sandstone diagenesis of Hibernia Formation in Hibernia oil field, Grand Banks of Newfoundland [J] . AAPG Bull, 1989 (73) : 557–575.

[210] Burtner R L, Warner M A. Relationship between illite/smectite diagenesis and hydrocarbon generation in Lower Cretaceous Mowry and Skull Creek Shales of the Northern Rocky Mountain area [J] . Clays & Clay Minerals, 1986, 34 (4) : 390–402.

[211] Busch B, Hilgers C, Gronen L, et al. Cementation and structural diagenesis of fluvio–aeolian Rotliegend sandstones, northern England [J]. Journal of the Geological Society, 2017, 174 (5) : 855–868.

[212] Cade C A, Evans I J, Bryant S L. Analysis of permeability controls e a new approach [J] . Clay Miner, 1994 (29) : 491–501.

[213] Cerepi A, Barde J P, Labat N. High–resolution characterisation

and integrated study of a reservoir formation: the Danian carbonate platform in the Aquitaine Basin (France) [J]. Marine & Petroleum Geology, 2003, 20 (10): 1161–1183.

[214] Chen G J, Du G C, Zhang G C, et al. Chlorite cement and its effect on the reservoir quality of sandstones from the Panyu low–uplift, Pearl River Mouth Basin [J]. Petroleum Science, 2011, 8 (2): 143–150.

[215] Conrad S H, Wilson J L, Mason W R, et al. Visualization of Residual Organic Liquid Trapped in Aquifers [J]. Waterresources research, 1992, 28 (2): 467–478.

[216] Daigle H, Johnson A. Combining mercury intrusion and nuclear magnetic resonance measurements using percolation theory [J]. Transport in Porous Media, 2016 (111): 669–679.

[217] De Ros L F. Compositional controls on sandstone diagenesis: Comprehensive summaries of Uppsala dissertations from the aculty of Science and Technology, 1996 (198): 1–24.

[218] Dong H. Micro–CT imaging and pore network extraction [D]. London: Imperial College, 2007.

[219] Dutton S P, Loucks R G. Diagenetic controls on evolution of porosity and permeability in lower Tertiary Wilcox sandstones from shallow to ultradeep (200–6700 m) burial, Gulf of Mexico Basin, U. S. A [J]. Marine & Petroleum Geology, 2010, 27 (1): 69–81.

[220] Dutton S P, White C D, Willis B J, et al. Calcite cement distribution and its effect on Fuid Fow in a deltaic sandstone, Frontier Formation, Wyoming [J]. AAPG Bulletin, 2002, 86 (12): 2007–2021.

[221] Dutton S P，Calcite cement in Permian deep-water sandstones，Delaware Basin，west Texas：origin，distribution，and effect on reservoir properties [J]. AAPG Bulletin，2008，92（6）：765-787.

[222] Ehrenberg S N. Preservation of anomalously high porosity in deeply buried sandstones by grain-coating chlorite：examples from the Norwegian continental shelf [J]. AAPG Bulletin，1993，77（7）：1260-1286.

[223] Ehrenberg S N，Measuring sandstone compaction from modal analyses of thin sections：how to do it and what the results mean [J]. Journal of Sedimentary Research，1995，65（2a）：369-379.

[224] Ehrenberg S N，Aqrawi，A A M，Nadeau P H. An overview of reservoir quality in producing Cretaceous strata of the Middle East [J]. Petroleum Geoscience. 2008，14（4）：307-318.

[225] Ehrenberg S N，Nadeau P H. Formation of diagenetic illite in sandstones of the Garn Formation，Haltenbanken area，mid-Norwegian continental shelf [J]. Clay Minerals，1989（24）：233-253.

[226] Einsele G. Sedimentary basins：Evolution，facies and sediment budget [M]. Berlin：Springer，2000：788.

[227] Espinoza D N，Shovkun I，Makni O，et al. Natural and induced fractures in coal cores imaged through X-ray computed microtomography—Impact on desorption time [J]. International Journal of Coal Geology，2016，154-155：165-175.

[228] Fan A，Yang R，Li J，et al. Siliceous cementation of chlorite-coated grains in the permian sandstone gas reservoirs，ordos basin [J]. Acta Geologica Sinica（English Edition），2017，91（3）：1147-1148.

[229] Fatt I. The network model of porous media III: dynamic properties of networks with tube radius distribution [J]. Petroleitm Transactions, AIME, 1956 (207): 164–181.

[230] Folk R L. Petrology and sedimentary rocks [M]. Unwin Hyman, 1974: 182.

[231] Fossen H, Soliva R, Ballas G, et al. A review of deformation bands in reservoir sandstones: geometries, mechanisms and distribution [M] //Ashton M, Dee S J, Wennberg O P. Subseismicscale reservoir deformation. Geological Society, London, Special Publications, 2017.

[232] Franks S G, Forester R W. Relationships among carbon–dioxide, pore–fluis chemistry, and secondary porosity, Texas Gulf–Coast [J]. AAPG Bull, 1984, 68 (4): 478.

[233] Fulmar formation. United Kingdom Central Graben [J]. AAPG Bulletin, 1997, 81 (5): 803–813.

[234] Gao H, Li H. Determination of movable fluid percentage and movable fluid porosity in ultra–low permeability sandstone using nuclear magnetic resonance (NMR) technique [J]. Journal of Petroleum Science and Engineering, 2015 (133): 258–267.

[235] Ghosh S, Chatterjee R, Shanker P. Estimation of ash, moisture content and detection of coal lithofacies from well logs using regression and artificial neural network modelling [J]. Fuel, 2016 (177): 279–287.

[236] Gould K, Pepiper G, Piper D J W. Relationship of diagenetic chlorite rims to depositional facies in Lower Cretaceous reservoir sandstones of the Scotian Basin [J]. Sedimentology, 2010, 57 (2): 587–610.

[237] Grigsby J D. Origin and Growth Mechanism of Authigenic Chlorite in Sandstones of the Lower Vicksburg Formation, South Texas [J] . Journal of Sedimentary Research, 2010, 71 (1) : 654–656.

[238] Giles M R, Boer R B D. Origin and significance of redistributional secondary porosity [J] . Marine & Petroleum Geology, 1990, 7 (4) : 378–397.

[239] Haile B G, Hellevang H, Aagaard P. Experimental nucleation and growth of smectite and chlorite coatings on clean feldspar and quartz grain surfaces [J] . Marine and Petroleum Geology, 2015 (68) : 664–674.

[240] Handhal A M. Prediction of reservoir permeability from porosity measurements for the upper sandstone member of Zubair Formation in Super–Giant South Rumila oil field, southern Iraq, using M5P decision tress and adaptive neuro–fuzzy inference system (ANFIS) : a comparative study [J] . Modeling Earth Systems and Environment, 2016, 2 (3) : 1–8.

[241] Hesse R, Abid L A. Carbonate cementation–the key to reservoir properties of four sandstone levels (Cretaceous) in the Hibernia Oilfield, Jeanne d'Arc Basin, Newfoundland, Canada. In: Morad, S. (Ed.) [J] . Carbonate Cementation in Sandstones: Distribution Patterns and Geochemical Evolution, International Association of Sedimentologists Special Publication, 1998 (26) : 363–393.

[242] Higgs K E, Zwingmann H, Reyes A G. Diagenesis, porosity evolution, and petroleum emplacement in tight gas reservoirs, Taranaki basin, New Zealand [J] . Journal of Sedimentary Research, 2007 (77):

1003–1025.

[243] Hillier S. Origin, diagenesis, and mineralogy of chlorite minerals in Devonian lacustrine mudrocks, Orcadian Basin, Scotland [J]. Clays Clay Minerals, 1993, 41 (2): 240–259.

[244] Houseknecht D W. Assessing the relative importance of compaction processes and cementation reduction of porosity in sandstone [J]. AAPG Bull, 1987, 71 (6): 633–642.

[245] Idowu N A. Pore-scale modeling: stochastic network generation and modeling of rate effects in waterflooding [D]. London: Imperial College, 2009.

[246] Islam A M. Diagenesis and reservoir quality of Bhuban sandstones (Neogene), Titas Gas Field, Bengal Basin, Bangladesh [J]. Journal of Asian Earth Sciences, 2009, 35 (1): 89–100.

[247] Jansa L F, Noguera V H. Geology and genesis of overpressured sandstone reservoirs in venture gas field, offshore nova scotia, Canada [J]. AAPG Bulletin (United States), 1989, 73 (10): 1640–1658.

[248] Jeans C V. Clay diagenesis, overpressure and reservoir quality: an introduction [J]. Clay Minerals, 1994, 29 (4): 415–423.

[249] Kassab M A, Hashish M F A, Nabawy B S, et al. Effect of kaolinite as a key factor controlling the petrophysical properties of the Nubia sandstone in central Eastern Desert, Egypt [J]. Journal of African Earth Sciences, 2017 (125): 103–117.

[250] Kim J C, Lee Y I, Hisada K. Depositional and compositional controls on sandstone diagenesis, the Tetori Group (Middle Jurassic–Early

Cretaceous), central Japan [J]. Sedimentary Geology, 2007 (195): 183–202.

[251] Kuila U, Prasad M. Specific surface area and pore–size distribution in clays and shales [J]. Geophysical Prospecting, 2013, 61 (2): 341–362.

[252] Lai J, Wang G, Wang Z, et al. A review on pore structure characterization in tight sandstones [J]. Earth–Science Reviews, 2018 (177): 436–457.

[253] Land L S. Diagenesis of Calcite Cement in Frio Formation Sandstones and its Relationship to Formation Water Chemistry [J]. Journal of Sedimentary Research, 1996, 66 (3): 439–446.

[254] Lanson B, Beaufort D, Berger G, et al. Authigenic kaolin and illitic minerals during burial diagenesis of sandstones: a review [J]. Clay Minerals, 2002, 37 (1): 1–22.

[255] Laubach S E, Eichhubl P, Hilgers C, et al. Structural diagenesis [J]. Journal of Structural Geology, 2010, 32 (12): 1866–1872.

[256] Law B E, Dickinson W W. Conceptual Model for Origin of Abnormally Pressured Gas Accumulations in Low–Permeability Reservoirs [J]. AAPG Bulletin, 1985, 69 (8): 1295–1304.

[257] Law B E. Relationships of source rock, thermal maturity, and overpressuring to gas generation and occurrence in low–permeability upper Cretaceous and lower Tertiary rocks, Greater Green River basin, Wyoming, Colorado, Utah [J]. AAPG BULL, 1984, 68 (7): 940.

[258] Lindquist S J. Secondary porosity development and subsequent

reduction，overpressured Frio Formation sandstone （Oligocene），south Texas：Gulf Coast Association of Geological Societies [J]. Transactions，1977（27）：99–107.

[259] Liu Z Y，Huang J F，Shi J J，et al. Characterizing and estimating rice brown spot disease severity using stepwise regression，principal component regression and partial least–square regression [J]. Journal of Zhejiang University–Science B，2007，48（10）：738–744.

[260] Lowry M I，Miller C T. Pore–scale modeling of nonwetting–phase residual in porous media[J]. Water Resources Research，1995，31(3)：455–473.

[261] Ma B B，Cao Y C，Wang Y Z，et al. Origin of carbonate cements with implications for petroleum reservoir in Eocene sandstones，northern Dongying depression，Bohai Bay basin，China [J]. 2016，34（2）：199–216.

[262] Maast T E，Jahren J，Bjørlykke K，Diagenetic controls on reservoir quality in Middle to Upper Jurassic sandstones in the South Viking Graben，North Sea [J]. AAPG Bull，2011，95（11）：1937–1958.

[263] Matlack K S，Houseknecht D W，Applin K R. Emplacement of clay into sand by infiltration [J]. Journal of Sedimentary Petrology，1989，59（1）：77–87.

[264] Maurya S P，Singh N P. Application of lp and ml sparse spike inversion with probabilistic neural network to classify reservoir facies distribution – a case study from the blackfoot field，Canada [J]. Journal of Applied Geophysics，2018（159）：511–521.

[265] McBride E F, Milliken K L, Cavazza W, et al. Heterogeneous distribution of calcite cement at the outcrop scale in Tertiary sandstones, northern Apennines, Italy [J]. AAPG Bulletin, 1995, 79 (7): 1044–1063.

[266] McBride E F. Secondary porosity—importance in sandstone reservoirs in Texas (short note): Gulf Coast Association of Geological Societies [J]. Transactions, 1977 (27): 121–122.

[267] Mcculloch W S, Pitts W. A logical calculus of the ideas immanent in nervous activity [J]. The bulletin of mathematical biophysics, 1943, 5 (4): 115–133.

[268] McIlroy D, Worden R H, Needham S J. Faeces, clay minerals and reservoir potential [J]. Journal of the Geological Society, 2003, 160(3): 489–493.

[269] Mckinley J M, Atkinson P M, Lloyd C D, et al. How Porosity and Permeability Vary Spatially With Grain Size, Sorting, Cement Volume, and Mineral Dissolution In Fluvial Triassic Sandstones: The Value of Geostatistics and Local Regression [J]. Journal of sedimentary research, 2011, 81 (12): 844–858.

[270] Milliken K L, McBride E F, Land L S. Numerical assessment of dissolution versus replacement in the subsurface destruction of detrital feldspars, Oligocene Frio Formation, South Texas [J]. Journal of Sedimentary Research, 1989, 59 (5): 740–757.

[271] Milliken K L, Lucy T K, Pommer M, et al. SEM petrography of eastern Mediterranean sapropels: analogue data for assessing organic matter in oil and gas shales [J]. Journal of Sedimentary Research, 2014 (84):

961–974.

[272] Morad S, Al–Ramadan K, Ketzer J M, et al. The impact of diagenesis on the heterogeneity of sandstone reservoirs: A review of the role of depositional fades and sequence stratigraphy [J]. AAPG Bulletin, 2010, 94 (8): 1267–1309.

[273] Morad S, Ketzer J M, Ros L F D. Spatial and temporal distribution of diagenetic alterations in siliciclastic rocks: implications for mass transfer in sedimentary basins [J]. Sedimentology, 2000, 47 (S1): 95–120.

[274] Morad S, Aldahan A. Diagenetic chloritization of feldspars in sandstones [J]. Sedimentary Geology, 1987, 51 (3): 155–164.

[275] Moraes M A S, Surdam R C. Diagenetic heterogeneity and reservoir quality; fluvial, deltaic, and turbiditic sandstone reservoirs, Potiguar and Reconcavo rift basins, Brazil [J]. AAPG Bulletin, 1993 (77): 1142–1158.

[276] Mozley P S, Heath J E, Dewers T A, et al. Origin and heterogeneity of pore sizes in the Mount Simon Sandstone and Eau Claire Formation: Implications for multiphase fluid flow [J]. Geosphere, 2016, 12 (4): 1341–1361.

[277] Nedkvitne T, Karlsen D A, Bjørlykke K, et al. Relations hip between reservoir diagenetic evolution and petroleum emplacement in the Ula field, North Sea [J]. Marine and Petroleum Geology, 1993, 10 (6): 255– 270.

[278] Nedkvitne T, Bjørlykke K. Secondary porosity in the Brent Group (Middle Jurassic), Hildra field, North Sea: Implication for predicting lateral

continuity of sandstones [J]. Journal of Sedimentary Petrology, 1992 (62): 23-34.

[279] Needham S J, Worden R H, McIlroy D. Experimental production of clay rims by macrobiotic sediment ingestion and excretion processes [J]. Journal of Sedimentary Research, 2005, 75 (6): 1028-1037.

[280] Nelson P H. Permeability-porosity relationships in sedimentary rocks: The Log Analyst, 1994 (35): 38-62.

[281] Nelson P H. Permeability-porosity data sets for sandstones [J]. The Leading Edge, 2004, 23 (11): 1143-1144.

[282] Nguyen B T T, Jones S J, Goulty N R, et al. The role of fluid pressure and diagenetic cements for porosity preservation in triassic fluvial reservoirs of the central graben, north sea [J]. AAPG Bulletin, 2013, 97 (8): 1273-1302.

[283] Nyman S L, Gani M R, Bhattacharya J P, et al. Origin and distribution of calcite concretions in Cretaceous Wall Creek Member, Wyoming: Reservoir-quality implication for shallow-marine deltaic strata [J]. Cretaceous Research, 2014, 48 (1): 139-152.

[284] Olivarius M, Weibel R, Hjuler M L, et al. Diagenetic effects on porosity-permeability relationships in red beds of the Lower Triassic Bunter Sandstone Formation in the North German Basin [J]. Sedimentary Geology, 2015, 321 (3): 139-153.

[285] Osborne M J, Swarbrick R E. Diagenesis in North Sea HPHT clastic reservoirs: Consequences for porosity and overpressure prediction [J]. Marine and Petroleum Geology, 1999 (16): 337-353.

[286] Owen J E. The resistivity of a fluid-filled porous body [J]. Journal of

Petroleum Technology，1952，4（7）：169–174.

［287］Ozkan A，Cumella S P，Milliken K L，et al. Prediction of lithofacies and reservoir quality using well logs，Late Cretaceous Williams Fork Formation，Mamm Creek field，Piceance Basin，Colorado［J］. AAPG Bulletin，2011，95（10）：1699–1723.

［288］Parker C A. Geopressures and secondary porosity in the deep Jurassic of Mississippi ［J］. Gulf Coast Association of Geological Societies，Transactions，1974（24）：69–80.

［289］Paul D. Allison. 高级回归分析［M］. 上海：格致出版社，2011：195–202.

［290］Pe–Piper G. Weir–Murphy S. Early diagenesis of inner shelf phosphorite and iron–silicate minerals，Lower Cretaceous of Orpheus graben，southeastern Canada：implications for the origin of chlorite rims ［J］. AAPG Bulletin，2008（92）：1153–1168.

［291］Pe–Piper G，Piper D J W，Dolansky L. Alteration of ilmenite in the Cretaceous sandstones of Nova Scotia，southeastern Canada ［J］. Clay Clay Mineral，2005（53）：490–510.

［292］Poursoltani M R，Gibling M R. Composition，porosity，and reservoir potential of the Middle Jurassic Kashafrud Formation，northeast Iran［J］. Marine & Petroleum Geology，2011，28（5）：1094–1110.

［293］Rafik B，Kamel B. Prediction of permeability and porosity from well log data using the nonparametric regression with multivariate analysis and neural network，hassi r’ mel field，Algeria ［J］. Egyptian Journal of Petroleum，2016，26（3）：763–778.

［294］Railsback L B. Carbonate diagenetic facies in the Upper Pennaylvanian

Dennis formation in Lowa, Missiouri and Kansas [J] . Journal of Sedimentary Petrology, 1984, 54 (3) : 986–999.

[295] Ramm M, Bjørlykke K. Porosity depth trends in reservoir sandstones – assessing the quantitative effects of varying pore–pressure, temperature history and mineralogy, Norwegian Shelf Data[J]. Clay Miner, 1994(29): 475–490 .

[296] Ramm M. Porosity–depth trends in reservoir sandstones: theoretical models related to jurassic sandstones offshore Norway [J] . Marine & Petroleum Geology, 1992, 9 (5) : 553–567.

[297] Richard H, Worden. Sadoon Morad. Clay Mineral cements in sandstones [M] . Oxford: Black well Science Ltd, 2003.

[298] Saigal G C, Bjørlykke K. Carbonate cements in clastic reservoir rocks from offshore Norwaydrelationships between isotopic composition, textural development and burial depth. In: Marshal, J. D. (Ed.), Diagenesis of Sedimentary Sequences [J] . Geological Society Special Publications, 1987 (36) : 313–324.

[299] Salem A M, Ketzer J M, Morad S, et al. Diagenesis and Reservoir–Quality Evolution of Incised–Valley Sandstones: Evidence from the Abu Madi Gas Reservoirs (Upper Miocene), the Nile Delta Basin, Egypt[J]. Journal of Sedimentary Research, 2005, 75 (4) : 572–584.

[300] Salman B, Robert H, Lander, et al. Anomalously high porosity and permeability in deeply buried sandstone reservoirs: Origin and Predictability [J] . AAPG Bulletin, 2002, 86 (2) : 301–328.

[301] Samakinde C, Opuwari M, Donker J M V. The effects of clay diagenesis on petrophysical properties of the lower Cretaceous sandstone reservoirs,

[J]. South African Journal of Geology Orange Basin, South Africa, 2016, 119 (1): 187-202.

[302] Sathar S, Jones S. Fluid overpressure as a control on sandstone reservoir quality in a mechanical compaction dominated setting: Magnolia Field, Gulf of Mexico [J]. Terra Nova, 2016, 28 (3): 155-162.

[303] Sathar S, Worden R H, Faulkner D R, et al. The effect of oil saturation on the mechanism of compaction in granular materials: higher oil saturations lead to more grain fracturing and less pressure solution[J]. Journal of Sedimentary Research, 2012 (82): 571-584.

[304] Scherer M. Parameters influencing porosity in sandstones: a model for sandstone porosity prediction [J]. AAPG Bulletin, 1987 (71): 485-491.

[305] Shan X L, Hu J X, Reinhard F, et al. Sedimentary micro-facies and macro heterogeneity of reservoir beds in the third member of the qingshankou formation, qian'an area, songliao basin [J]. Acta Geologica Sinica, 2015, 81 (6): 1033-1040.

[306] Silin D B, Jin G D, Patzek T W. Robust determination of the pore space morphology in sedimentary rocks [C]. Proceedings of SPE Annual Technical Conference and Exhibition. Denver, Colorado, USA: SPE, 2003.

[307] Silin D, Patzek T. Pore space morphology analysis using maximal inscribed spheres [J]. Physica A: Statistical Mechanics and its Applications, 2006, 371 (2): 336-360.

[308] Spotl C, Houseknecht D W, Longstaffe F J. Authigenic chlorites in sandstones as indicators of high-temperature diagenesis, Arkoma

Foreland Basin, USA [J] . Journal of Sedimentary Research, 1994 (64) : 553–566.

[309] Stonecipher S, Winn R, Bishop M. Diagenesis of the frontier formation, Moxa Arch: a function of sandstone geometry, texture and composition, and fluid flux [J] . AAPG Bull, 1982, 66 (5) : 635.

[310] Stricker S, Jones S J. Enhanced porosity preservation by pore fluid overpressure and chlorite grain coatings in the triassic skagerrak, central graben, north sea, uk [J] . Geological Society London Special Publications, 2016, 32 (5) : 423–446.

[311] Surdam R C, Macgowan D B, Dunn T L. Predictive models for sandstone diagenesis [J] . Organic Geochemistry, 1991, 17 (2) : 243–253.

[312] Surdam R C, Crossey L J, Hagen E S, et al. Organic–in–organic internation and sandstone diagenesis [J] . AAPG Bulletin, 1989 (73) : 1–23.

[313] Surdam R C, Boese S W, Crossey L J. The chemistry of secondary porosity [J] . AAPG Memoir, 1984 (37) : 127–149.

[314] Surdam R C, Jiao Z S, Macgowan D B. Redox reactions involving hydrocarbons and mineral oxidants: Mechanism for porosity enhancement [J] . Abstracts of papers of the American chemical society, 1993 (205) : 71.

[315] Taylor T R, Giles M R, Hathon L A, et al. Sandstone diagenesis and reservoir quality prediction: models, myths, and reality [J] . AAPG Bull, 2010, 94 (8) : 1093–1132.

[316] Thomson A. Preservation of porosity in the deep Woodbine/Tuscaloosa

trend, Louisiana: Gulf Coast Association of Geological Societies, Transactions [J]. Journal of petroleum technology, 1982, 34 (5): 1156–1162.

[317] Trevena A S, Clark R A. Diagenesis of sandstone reservoirs of Pattani Basin, Gulf of Thailand [J]. AAPG Bulletin, 1986 (70): 299–308.

[318] Wang G C, Ju Y W, Carr T R, et al. The hierarchical decomposition method and its application in recognizing marcellus shale lithofacies through combining with neural network [J]. Journal of Petroleum Science and Engineering, 2015 (127): 469–481.

[319] Weber K J. Influence of common sedimentary structures on fluid flow in reservoir models [J]. Journal of Petroleum Technology, 1982 (34): 665–672.

[320] Weedman S D, Brantley S L. Shiraki, R, et al. Diagenesis, compaction, and fluid chemistry modeling of a sandstone near a pressure seal: lower tuscaloosa formation, gulf coast [J]. AAPG Bulletin, 1996, 80 (7): 1045–1064.

[321] Wilkinson M, Haszeldine R S. Oil charge preserves exceptional porosity in deeply buried, overpressured, sandstones: central North Sea, UK [J]. Journal of the Geological Society, 2011 (168): 1285–1295.

[322] Wilkinson M, Millikn K L, Haszeldine R S. Systematic destruction of K–feldspar in deeply buried rift and passive margin sandstones [J]. Journal of the Geological Society, 2001, 158 (4): 675–683.

[323] Worden R, Morad S. Clay minerals in sandstones: Controls on formation, distribution and evolution, in R. H. Worden and S. Morad,

eds, Clay cements in sandstones [J] . International Association of Sedimentologists Special Publication, 2003 (34) : 3–41.

[324] Xiong D, Azmy K, Blamey N J. Diagenesis and origin of calcite cement in the Flemish Pass Basin sandstone reservoir (Upper Jurassic) : Implications for porosity development [J] . Marine and Petroleum Geology, 2016 (70) : 93–118.

[325] Yang B H, Wu A X, Yin S H. Simulation of pore scale fluid flow of granular ore media in heap leaching based on realistic model [J] . Journal of Central South University of Technology, 2011, 18 (3) : 848–853.

[326] Zhang Y, Pe–Piper G, Piper D J W. How sandstone porosity and permeability vary with diagenetic minerals in the Scotian Basin, offshore eastern Canada: Implications for reservoir quality [J] . Marine and Petroleum Geology, 2015 (63) : 28–45.

[327] Zhu W P, Yang S B, Liao L M, et al. Structural Characterization of Volatile Components of Rosa Banksiae Ait for Estimation and Prediction of Their Linear Retention Indices and Retention Times [J] . Chinese Journal of Structural Chemistry, 2009, 28 (4) : 391–396.

[328] Zhu X M, Liu C L, Zhong D K, et al. Diagenesis and their succession of gas–bearing and non–gas–bearing reservoirs in the sulige gas field of ordos basin, China [J] . Acta Geologica Sinica (English Edition) , 2009, 83 (6) : 1202–1213.

攻读博士学位期间发表的论文及科研成果

[1] Wang M, Tang H, Zhao F, et al. Controlling factor analysis and prediction of the quality of tight sandstone reservoirs: A case study of the He8 Member in the eastern Sulige Gas Field, Ordos Basin, China [J]. Journal of Natural Gas Science & Engineering, 2017 (46): 680-698.

[2] Meng Wang, Hongming Tang, Haoxuan Tang, et al. Impact of Differential Densification on the Pore Structure of Tight Gas Sandstone: Evidence from the Permian Shihezi and Shanxi Formations, Eastern Sulige Gas Field, Ordos Basin, China [J]. Geofluids, vol. 2019, Article ID 4754601, 25 pages, 2019. https://doi.org/10.1155/2019/4754601.

[3] Meng Wang, Liu shu, Zeng ming. Diagenesis and diagenetic facies distribution prediction of the Chang 8 tight oil reservoir in Maling area, Ordos Basin, NW China [J]. Turkish journal of Earth Sciences, 2019 (28): 457-469.

[4] Meng Wang, Zhaomeng Yang, Changjun Shui. Diagenesis and its influence on reservoir quality and oil-water relative permeability: A case study in Chang 8 tight sandstone, Ordos Basin, China [J]. Open geosciences, 2019 (11): 37-47.

[5] 唐洪明，王猛，赵峰，等. 苏里格气田东区山2段储层致密化主控因素定量分析 [J]. 油气藏评价与开发，2017，7 (3)：7-14.

[6] 王猛，唐洪明，卢浩，等. 苏里格气田东区盒8段-山1段-山2段储集层致密化差异性及影响因素研究 [J]. 矿物岩石地球化学通报，2017 (5)：855-866.

[7] 王猛，唐洪明，刘枢，等. 砂岩差异致密化成因及其对储层质量的影响——以鄂尔多斯盆地苏里格气田东区上古生界二叠系为例[J]. 中国矿业大学学报，2017，46 (6)：1282-1300.

[8] 唐洪明，王猛，屈海洲，等. 一种致密气储层钻井液伤害评价实验方法，CN 106093299 A [P]. 2016.

[9] 王猛，唐洪明，刘枢，等一种基于储层质量主控因素分析的致密砂岩孔隙度、渗透率预测方法，CN106841001A [P]. 2017.

[10] 王珠峰，唐洪明，赵峰，周士琳，王猛，等. 一种致密岩石的饱和装置及方法，CN108152105A [P]. 2018.